北京农学院学位与研究生教育改革与发展项目资助

都市型农林高校研究生培养模式改革与实践
（2016）

姚允聪　　何忠伟　　姬谦龙　　主编

中国农业出版社

《都市型农林高校研究生培养模式改革与实践（2016）》编委会

前　言

　　2016年是"十三五"规划开局之年，也是北京农学院进一步深化改革、内涵发展的开端之年。回首"十二五"时期，北京农学院研究生教育改革取得系列成果，研究生培养体制不断完善与健全，质量意识和发展水平得到较大提升，结构优化调整取得了明显进展，为"十三五"期间学位与研究生教育创新发展奠定了良好基础。

　　2016年同样是北京农学院值得纪念的一年，六十年沧桑砥砺，一甲子春华秋实，北京农学院60周年校庆之时，学校已经为新的五年发展规划了蓝图。"十三五"时期，北京农学院学位与研究生教育改革发展要继续坚持"稳中求进，内涵发展"的原则，以服务需求、提高质量为主线，以优化结构布局、改进培养模式为根本，继续以健全质量监督机制、扩大国际合作为方向，进一步提升研究生教育水平和学位授予质量，从而响应我国加快从研究生教育大国向研究生教育强国迈进的号召。

　　本书内容反映了北京农学院2016年开展研究生培养模式改革与实践的教育教学成果，同时收录了学校学位与研究生教育的部分工作总结和国家2016年出台的重要工作文件。

　　"磨砺以须，及锋而试"，把握发展机遇，主动适应经济发展新常态是学校研究生教育发展的重要战略。面对"四个全面"的深入推进，以及国家和北京市各个领域改革的步伐加快，北京农学院研究生教育迎来了新的发展机遇。相信在学校各部门集体的努力下，认真研判形势，冷静梳理学校未来发展思路，抢抓机遇、迎接挑战，以贡献求生存，以改革求发展。积极推进研究生教育教学改革，全面提升人才培养质量，为建设都市型现代农林大学再立新功！

编　者

2017 年 5 月

目　　录

研究生课程教学和实践基地建设

研究生教育改革管理研究

社 会 实 践 报 告

工 作 报 告

附　　录

学位授权点建设与
人才培养模式创新

"双一流"背景下地方农林高校学科建设的思考

何忠伟　张芝理　董利民

（北京农学院研究生处）

摘　要：农林高校作为我国高等教育体系中的一个重要分支，要贯彻落实好中央推进世界一流大学和一流学科建设的战略部署。而地方农林高校作为其中的重要组成部分，在学科建设中同样要以支撑创新驱动为战略、服务经济社会发展为导向，再结合地方高校自身定位，主动融入我国统筹推进世界一流大学和一流学科的建设中。

关键词：一流大学　一流学科　创新驱动　农林高校

一、地方农林高校"双一流"建设的形势分析

近些年，随着我国高等教育整体的快速发展，高等教育中的研究生教育已经从最初的规模扩张阶段发展到当前质量提升的关键战略转型阶段，各高校研究生教育工作经过多年的积淀，已经形成百花齐放的状态。2015年10月24日，国务院印发了关于《统筹推进世界一流大学和一流学科建设总体方案》（以下简称《方案》），将我国高校的"双一流"即"世界一流大学和一流学科"建设提升到了国家战略层面。《方案》中明确指出了我国发展高等院校的整体目标，并计划按3个阶段发展，即"到2020年，中国若干所大学和一批学科进入世界一流行列，若干学科进入世界一流学科前列；到2030年，更多的大学和学科进入世界一流行列，若干所大学进入世界一流大学前列，一批学科进入世界一流学科前列，高等教育整体实力显著提升；到本世纪中叶，一流大学

基金项目：2016年北京农学院学位与研究生教育教学改革项目资助。

第一作者：何忠伟，教授，博士。主要研究方向：高等农业教育、都市型现代农业。E-mail：hzw28@126.com。

和一流学科的数量和实力进入世界前列，基本建成高等教育强国。"《方案》的提出标志着我国高校冲刺国际前列已经成为人才强国的战略途径之一，同样标志着未来 30 余年的高等教育发展规划由此有了新的蓝图。2017 年 1 月 24 日，教育部、财政部、国家发改委联合印发《统筹推进世界一流大学和一流学科建设实施办法（暂行）》，确定了"双一流"的实施路径。

我国是一个农业大国，即使随着农村人口比例的逐渐下降，我国农村人口依然占到全国人口的 50% 以上，达到 7 亿人，占产业总人口的 50.1%。因此，我国在长期的历史发展中必然将"三农"问题作为重中之重来看待。高等农林院校作为解决"三农"问题的突破口和人才输送基地，长期以来对我国"三农"问题的解决起到重要作用。而在我国众多农林高校中，教育部直属的农林高校仅有 6 所，其余均由地方农林院校所构成。

从我国高等教育整体发展情况来看，20 世纪 90 年代中期以来，我国先后实施了"211 工程""985 工程"等一系列高等院校建设项目，促进了一批重点高校的发展，为我国高等人才培养和集中优势教育资源起到了积极的推动作用。然而，优势教育资源经过一段时间的积累和固化，同样也滋生出一些问题，如重点高校的一些学科在面对与地方高校日趋悬殊的教育资源壁垒的同时也安于享受集中的教育资源所带来的红利，而逐渐丧失了自身学科发展的动力。传统教育运行机制弊端的暴露决定了当前"双一流"背景下新教育资源分配运行机制的改革，"双一流"制度的建立更是"211 工程"和"985 工程"的延续与深化。在新的教育资源分配体系中，引入的动态竞争机制既是对现有重点高校弱势学科的督促，也是给予地方高校强势学科一个发展的机会，从源头上降低了教育资源壁垒。

在"双一流"的背景下，地方农林高校更应该借助此次机遇，着力发展自身优势学科，打破存在多年的教育资源壁垒，将自身优势学科跻身于世界前列，实现走出国门建设世界一流学科的目标。"一流学科"的建设是"一流高校"建设的前提，"一流高校"的建设是"一流学科"建设的依托，二者起到了相互促进的作用。身为农林高校，就应将农林领域作为学科建设的突破口，结合自身情况和地方资源分布着力打造差异化的优势学科。但在地方农林高校学科的建设过程中，依然存在一些遗留的历史发展问题需要克服。

二、地方农林高校"双一流"背景下学科发展情况分析

（一）学科发展不均衡，梯队特征不显著

学科是反映一所高校水平和发展情况的直接体现，学科群的有序建设是高

校软实力和统筹发展能力的间接考量因素。在地方农林高校的学科整体布局过程中，都存在一定的学科发展不均衡的问题，学科发展的不均衡大多是由于历史原因，新学科的建设从理论上应借助后发效应扩大自身优势，缩小与强势学科的差距。但是，从实际发展情况来看，往往新学科的发展并不顺畅，不均衡的资源配置甚至加大了各学科之间的差距。

地方农林高校的学科分布梯队特征并不明显，虽然部分高校的特色学科优势显著，但并没有着重培育弱势学科的发展，造成了学科之间差距逐渐扩大，学科水平参差不齐。学科之间没有形成梯队，其弊端在于无法借助科学的雁阵效应实现自身的整体飞跃。以北京农学院为例，在学科布局方面，学校当前缺乏博士学位授权点；植物保护、畜牧学、生物工程、工商管理等学科还未获得一级学科硕士学位授予权；另外一些特色学科还没有硕士点，没有形成优势学科的统筹发展。根据2012年第三轮学科评估的结果分析，学校参加评估的7个一级学科中，虽然部分学科绝对排名进入前20位，但排名百分位均在前60%之后。其中，居于优势学科的园艺学、兽医学均在前70%之后，学科竞争优势不突出，学科梯队特征不够明显。

（二）地方特色不显著，服务对象同质化

学科的发展要立足于特色，特色的形成要依托于环境。俗话说"一方水土养一方人"，一所高校的特色学科的发展也是如此，只有依托外界的客观环境和地域资源特点才能将自身优势学科做大做强。学科建设承担着"高端人才供给"和"科学技术创新"的双重使命，学科建设之下的研究生培养模式是国家人才培育和科技发展的集中体现，缺乏地方特色的培养理念与当前高等教育大环境相违背，缺乏可持续发展性。

地方农林高校普遍存在地方特色不显著的现象，其学科特色的同质化造成了服务对象的同质化。地域之间的特色是千差万别的，地方的经济和资源也差异明显。但是，在学科的建设中往往忽视了自身的地域特征，盲目跟风建设同质化的学科群，学科照搬的思想明显。而高等农林院校作为"三农"人才的培育基地，其同质化的学科建设往往忽视了地方经济社会所需的人才需求特征，造成人才需求和供给的通道不畅通，一定程度上造成了地方农林院校毕业生的就业不顺利。

（三）学科方向因"人"设置，与学校定位不符

当前，在地方农林高校发展中由于师资力量不足，容易形成"学科带头人"研究的领域引导学校学科发展的现象发生。由于高校中"学科带头人"研

究的领域是经过多年积淀形成相对稳定的方向，不容易随着外在条件的改变而改变，造成在实际教学或科研的过程中忽视其研究内容的前景与实用性。最大的体现在于地方农林院校在引进人才的过程中，更加注重其科研成果与个人能力，而忽视了其研究的领域是否符合学校自身学科的发展和高校的定位。甚至在长期的学科发展中，也可以感受到随着时代的变化，学科带头人所研究的内容逐渐偏离时代发展的需要或城市定位的发展方向，同时也不能准确定位培养相关领域的人才。但基于地方高校科研或教学成果的需要，学科带头人的发展思路没有改变，任其按长期以来形成的研究方向去研究，就造成了学科方向因某"学科带头人"而设置，逐渐脱离了学校的自身定位。

（四）学科方向不稳定，不利于凝练特色

地方农林院校的学科起步和发展速度缓慢，并容易受到外界经济社会环境的影响和各级政府政策的左右。在各高等院校的学科发展成型之前，需要有很长一段时间进行学科的积淀，在这段时间里如果受到外界影响较为严重，极容易造成学科"根基不稳"。高速发展的经济社会在学科的建设面前显得充满诱惑，每所高校的发展过程中都希望能够搭上地方经济这趟便车。然而，在实际的学科建设过程中明显存在发展的滞后性，曾经的经济热点可能已经在学科成型之前消退或转移，造成了学科发展的摇摆不定。

在新的发展形势下，地方农林院校的学科发展阶段性目标要与"双一流"战略的三步走战略相匹配，才能避免出现学科发展受外界影响因素过大的情况。只有用宏观的视角来制订相对长远的规划，才能不受短期出现的社会热点与经济波动影响，实现长期目标与学科规划的统一。

三、地方农林高校建设"双一流"的建议

优化学科结构是学科建设的主要内容和加强学科建设的重要基础，同样也是一所高校未来发展的前提条件和基本框架。合理的学科结构能够引导学科之间进行有序交叉和融合，提升整体水平，进而培养出优势特色学科。

地方农林高校在实际的学科发展中，应继续完善研究生教育质量保障体系，深入推进研究生分类培养模式改革，提高研究生的创新能力和实践能力，巩固研究生教育教学成果，营造体现学校发展定位、学术传统与特色的研究生教育质量文化。以北京农学院为例，在学科提升的过程中应继续巩固、强化学校学科以农为特色，以农、工、管为主干的学科布局，整合学校相关资源，使硕士点建设、研究生招生、导师队伍建设、科学研究等与学科建设计划紧密结

合，促进各相关工作协调发展，按照"做强农科、做大工科、做好管科"的思路，积极培育和发展基础学科以及新兴交叉学科，形成主干学科与支撑学科相得益彰、互相支持、协调发展的学科体系。

学科群建设符合高校发展，引入形成预警淘汰机制。学科资源的不足导致地方农林院校中一些弱势学科缺乏发展的动力，缓慢的发展导致其与学科群发展梯队相脱离，长期落后的学科会消耗有限的教育资源，阻碍其他优势学科的发展。因此，应引入预警淘汰机制，构建实行学科建设项目负责人制度，进一步明确学科负责人的责权利，制定相应的激励政策，定期进行责任考核。

发挥地方农林高校的学科建设管理部门作用，加强学科建设工作的统筹和动态管理，定期发布学校与学院的学科建设与研究生教育年度质量报告，提高学科建设水平与研究生培养质量。进一步促进学科建设和研究生培养工作的齐头并进，实现科学化、规范化、民主化的管理，进而提高研究生管理水平和培养质量。实现学科的动态调整，落实到学生的科研及就业的管理，动态学科调整机制应结合量化考核研究生培养过程中的各个环节，汇总成数据记录研究生能力提升及就业表现的各方面，再通过长期的数据汇总对相应学科的综合评价起到指导作用，实现动态的学科管理机制和学科评价体系。动态学科调整体系从制度上保证了学科发展资源的公平划分，从机制上挖掘各学科的发展潜能，从强制上实现了落后学科的自然淘汰，保证了高校整体教育资源，形成良性的激励机制，更加有利于长远的学科发展和实现"一流大学"的目标。

学科建设与区域经济转型方向相一致，满足地方发展人才需求。学科发展要立足于当地区域经济，紧跟国家发展趋势；学科定位要落实到地方经济的发展与人才缺口的弥补。地方农林高校在学科发展的同时要考虑地方经济转型需要，着眼于区域导向型人才培养模式的转变，适应学科建设和研究生教育的需要，进而完善人才培养、资源分配、队伍建设、平台支持等管理协调机制，逐年加强研究生教育改革发展项目的执行与评估并提高项目绩效。不断改革创新校院两级管理运行机制，保障学科建设和研究生教育的顺利推进，构建顺畅的人才培养通道。

以京津冀地区农林高校为例，推动京津冀协同发展是中共中央、国务院做出的重大国家战略，其战略核心是有序疏解北京非首都功能，实现内涵集约发展，促进区域协调发展。在京津冀协同发展战略的实施中，需要高校主动适应新的形势、寻找新的发展机遇，区域内地方高校的学科建设也要有广阔的视野，着眼于人才培养与京津冀三地整体情况相统筹。京津冀战略的实施深刻影响了三地的经济结构、空间结构和教育结构，为区域内地方高校发展指明了道路。

在农林高校研究生的培养中，学校的办学定位成为培养人才的关键。以北京农学院为例，学科建设和人才培养过程中要依托"立足首都、服务'三农'、辐射全国"的发展定位，研究生就业围绕"三农"展开，可以实现农林类人才的逐年递增。与此同时，加强与京津冀地区农林高校的深度合作成为新形势下区域教育资源整合的必然趋势，从而实行网络课程、教材资源、导师资源、实践基地等方面的资源共享，有效整合和促进校际间资源的流动和共享，实现互惠共赢。

四、结语

综合以上对"双一流"背景下地方农林院校学科建设的思考，要建成世界"一流学科"和"一流大学"的路还很漫长，毕竟当前地方农林院校的整体情况与世界级一流高校的差距普遍比较大，需要通过不懈努力来缩小差距。地方农林院校肩负着区域"三农"人才培养的历史重任，对国家战略需求和"三农"问题的解决起到重要作用，面临着更加艰巨的挑战，在我国高等教育走向国际化的历史洪流中更应该稳步发展，避免盲目增设热门学科、不切实际地追求学科上的"大跃进"等现象发生，集区域之力将高校现有的有限资源高效运用获取最大的提升效益。

参 考 文 献

丁雪华，2007. 新时期地方农林高校深化学科建设的思考 [J]. 高等农业教育（12）.

李利平，庞青山，2004. 学科不均衡发展是高校学科建设的有效策略 [J]. 交通高教研究（6）：5-7.

梁宏伟，2015. 区域经济快速发展背景下地方高校的学科建设 [J]. 开封大学学报（6）.

吴文清，高策，王莉，2013. 地方高校学科建设与区域经济转型适配性研究 [J]. 清华大学教育研究（2）.

全日制农业信息化专业学位研究生实践能力培养探讨

刘艳红　梁晓彤　李小顺　宁　宁

（北京农学院计算机与信息工程学院）

摘　要： 本文在详细区分和分析了全日制学术型和专业学位研究生培养目标差异的基础上，主要阐述了目前农业信息化专业学位的培养方式和现状，并结合北京农学院的农业信息化专业学位研究生实践环节培养的方式和方法，探讨了如何有效提高农业信息化专业学位研究生的实践能力。

关键词： 农业信息化　专业学位　实践能力

一、全日制研究生的类型和培养目标侧重

目前，全日制研究生教育按照培养目标和培养方法的不同分成了两大类：学术型和专业学位型，学术型研究生的培养以理论和研究为主，专业学位研究生的培养侧重的是职业性和实践性。全日制专业学位研究生自 2009 年开始招生，2011 年成立专业学位研究生教育指导委员会。近年来，专业学位研究生培养模式的改革逐步深化，无论是学科领域的调整，还是培养内容的变更，改革的核心始终都在坚持以职业需求为导向，以实践能力培养为重点。如何将这两方面切实贯彻到培养过程中，并取得良好的效果，是各高校一直以来面对的一个难题。

基金项目：北京农学院学位与研究生教育改革与发展项目资助。

第一作者：刘艳红，北京农学院计算机与信息工程学院院长助理，兼职研究生秘书与科研秘书。

二、全日制农业信息化专业学位研究生实践能力培养现状分析

全国农业专业学位研究生教育指导委员会的领域简介中要求：农业信息化领域主要为政府机关、农业院校、农业科研机构、农业推广机构、涉农企业、基层农村等与农业信息化相关的各种岗位培养应用型、复合型高层次人才。同时，领域简介中规定：农业信息化领域专业硕士应掌握农业信息化领域的基础理论、专业知识，以及相关的管理、人文和社会科学知识，具有创新意识和独立从事农业信息化相关领域研究、开发和管理工作的能力，能独立担负农业信息化方面的相关工作。为了全面实现培养目标，一直以来各农业信息化专业学位研究生硕士点都非常重视理论教学中案例的使用和实践培养环节的安排，各硕士点也都依托学科或计算机行业或农业行业优势开展案例教学的研究和实践培养环节的设计。例如：部分高校在试探引入慕课、微课的形式来最大限度地发挥案例教学的优势，同时农业信息化的课程设置中相当大比例的专业课程也的确适合于利用网络开展教学，如农业信息化导论、农业信息化进展、农业信息化案例、农业应用系统开发以及一些专业选修课；一些高校在政策上鼓励教师到企业中去，丰富实践和工作经历，加快向"双师型"人才的转型，同时也开始在企业中聘请导师开展联合培养；鼓励学生获得本学科专业领域相关的职业类证书；加强与企业、科研院所在人才培养和科研上的合作。

三、全日制农业信息化专业学位研究生实践能力培养途径探讨

不同层次的高学历人才培养的目标都是更好地服务社会，与就业单位和岗位尽快地实现衔接，实现向职场人的迅速转变。本文结合北京农学院农业信息化专业学位研究生培养现状探讨提高实践能力的有效途径。

（一）在专业选修课中引入企业讲师资源与慕课形式

因为高校中的导师背景多为学术性研究人员，理论水平较高，在授课过程中难免会有重理论、轻实践的情况，在课堂上对于专业学位研究生的实践能力部分培养上是有一定欠缺的。针对这种情况，学校可聘请具有丰富工程经验的企业讲师采用以案例教学为主线的讲授形式开展教学。同时，考虑到企业技术人员还要完成自己的本职工作，授课时间受限，教学可采用慕课形式，企业讲师将课程录制完成后，学校选择合适的慕课平台，对学生的学习过程进行监督和管理，企业导师只需面授完成导学和答疑环节即可。采用慕课教学的益处是

学生可以反复学习，加深对案例的理解；对于课程建设来说，如果基础理论部分变化不大，只需对新的案例进行补充；教学资源可供在校教师使用，补充教师的企业项目经验。以北京农学院为例，2016 年开始联合实习基地——北京市农林科学院农业信息与经济研究所开展慕课制作工作，借助北京市农林科学院的农业专家优势和农业信息与经济研究所在远程教育技术上的优势，共同制作了以农业物联网为题材的课程。课程利用大量案例来指导学生农业物联网的搭建，作为一门专业选修课，学生可以根据导师的科研方向和自己的兴趣点选择是否修读该课程，结课后可以获得和其他此类性质课程同样的学分。

（二）以专家讲座的形式开展行业动态、职业素养、创新创业教育

行业动态、职业素养、创新创业教育是实践能力提高的内动力和推手。了解行业发展的动态可以让学生有针对性地学习专业知识，提高专业水平，主动开展实践学习和操作；职业素养的学习和提高可以使学生进入项目组和实习企业时，更加顺畅地开展科研和实践工作，更加快速地提高实践能力和水平；创新创业教育可以使学生在实践工作中激发灵感，开阔思维。学校应重视以上三方面的培养，基于以上内容具有一定的灵活性和实效性，建议以专家讲座的形式开展，每学期至少安排一定的学时，同时制定相关管理制度以考勤和累计学分。以北京农学院为例，2016 年，学校邀请农业信息化领域企业为学生开展专家讲座，内容涉及农业物联网、现代农场的运营模式等方面。2016 年，学校借助实习基地大连东软信息学院的 IT 行业培训优势，为全体农业信息化在校研究生安排了职业素养和创新创业教育课程。课程为大家打开了求职的一扇大门，开阔了就业思路。

（三）在管理制度上鼓励学生多参与教师的横向课题

高校横向课题多为教师与企业和科研院所合作，课题的实用性较高，对提高学生的实践能力意义较大。学校应鼓励教师定期在校内以固定的渠道向研究生公布此类课题，在制度上鼓励学生积极参与，并制订相关管理文件，根据课题的工作量累计学分。

（四）鼓励学生参与教学实验室和科研实验室从事教学和管理工作

在专业学位研究生队伍中，一部分研究生的就业意向是进入高校或企事业单位从事与人交流较多的工作。对于这部分学生，应该在实践过程中提供一些培训和管理他人及设备的机会，进入教学实验室和科研实验室从事教学与管理工作，既可以提高学生的专业实践能力，也可以丰富学生的高校实习工作经

历，对于就业工作是非常有益处的。2016年，大部分的在校研究生均参与了本科生项目和各类实验室管理工作。同时，依据实践方案，获得了相应的学分。

（五）建设高质量的实习基地

实习基地是学生完成实践工作、提高实践能力的重要场所，实习基地的软硬件水平是实践能力培养的基础，实习基地可采用校企合作和学校与科研院所合作的形式，也可采用校企校合作的形式。以北京农学院为例，2014—2016年，探索性地与大连东软信息学院和大连东软集团建立了校企校合作的模式，因为企业可以提供真实的实训岗位，而企业办学是将具有丰富项目经验的工程师推上了讲台，即双师型的讲师，学生的实习方案中将实践理论部分放在学校中进行，然后再到企业提供的岗位中完成实习，实践能力得到了很大提高。对于校企合作，2013—2016年，学校也进行了一些探索，以和奥科美科技有限公司为例，学校与企业共同建立了联合实验室，由双方共同管理。实验室的主要工作就是开展企业与高校的联合科研，企业每年会向联合实验室投放一定金额的横向课题，符合其科研方向的教师即可获得相关课题，研究生也可以进入横向课题组开展研究。在实习基地的建设过程中，学校同时聘请了企业导师共同完成研究生的培养和实践工作，还聘请实习基地专家开展专家讲座和开设选修课。

（六）制订实践培养方案，编写实践工作手册

制度和规范是工作的基础和保障，对于研究生实践能力培养工作，实践培养方案的制订具有指导意义，应全面包含能够提升研究生实践能力的项目。除了包含参与纵向和横向的科研项目、教学和实验室工作实践、参加专家讲座，著作的编写、论文的发表、发明专利及软件著作权的发表、各类学术活动的参与都应作为实践培养方案中设置的项目，鼓励学生在以上各个方向上积极参与，并且为其累计相关学分。实践工作手册是记录过程和成绩的依据与标准，是对实践过程的管理。在编写实践工作手册的过程中，务必要注意突出记录的翔实性，同时要注意原始证明的保存。实践工作手册作为培养资料的一部分，应存入培养档案，妥善保存。

随着2016年专业学位研究生领域的再次改革，专业学位研究生的培养工作再次面临新的挑战，关于如何提高专业学位研究生实践能力的培养的探讨与研究将会更加深入和顺应时代的发展，也只有更加完善实践能力提高的途径，才能够培养出更多、更好的专业型人才。

参 考 文 献

李敬锁，2011. 农科全日制专业学位研究生实践教学体系构建三段模式研究 ［J］. 学位与研究生教育（10）.

李力，颜勇，王林军，2014. 以职业能力为导向的专业学位研究生培养模式研究与实践 ［J］. 职业教育研究（5）.

林丽萍，2014. 专业学位研究生实践能力培养现状及提升策略 ［J］. 中国高等教育（12）.

刘宗堡，2014. 全日制专业学位研究生实践能力培养中存在的问题及对策 ［J］. 兰州教育学院学报（1）.

全国农业专业学位研究生教育指导委员会，2011. 农业信息化领域简介 ［EB］. http：//www. mae. edu. cn/infoSingleArticle. do？articleId＝12582&columnId＝11595，03-28.

吴瑾，赵新铭，2014. 全日制专业学位硕士研究生实践能力培养体系研究 ［J］. 高等建筑教育（2）.

农业院校硕士研究生学习效果及提升策略研究

陈　娆[1]　杨为民[2]

（1　北京农学院经济管理学院；2　北京农学院城乡发展学院）

摘　要：目前，国家已经将提高高等教育发展的质量作为教育领域的重中之重，而硕士研究生的学习效果是决定高等教育质量高低的一个关键因素。因此，探讨农业院校硕士研究生学习效果提升和发展策略对于改善我国高级人才的培养质量有着重要的理论意义和实践意义。本文主要采用访谈法，对部分农业院校硕士研究生学习效果的总体情况进行了解，然后深入分析其学习效果提升的屏障，进而提出学习效果提升的策略。

关键词：硕士研究生　学习效果　发展策略

硕士研究生教育是我国国民教育的较高层次，肩负着为现代化建设培养高素质、高层次创新型人才的重任，对实施科教兴国战略、促进科技进步、实现可持续发展、建设和谐社会都具有重要意义。

随着社会经济的快速发展，硕士研究生同样面临着越来越严峻的学习挑战和压力，如何提高其学习效果成为中国教育改革以来人们关注的焦点。正如大家所认识的那样，进入研究生学习阶段，成绩并不是衡量研究生学习成功与否的唯一标准。近年来，受经济发展、社会环境等各方面的影响，学生的学习热情有所减退，随之而来的是学生的学习效果的不佳。研究硕士研究生的学习效果，对于深入探讨其学习过程及如何促进学习良好状况、激发内在学习潜能、

基金项目：北京农学院学位与研究生教育改革与发展项目（编号：2016YJS003）资助。

第一作者：陈娆，教授，系主任。主要研究方向：都市型现代农业、中小企业管理。E-mail：chenraov@163.com。

通讯作者：杨为民，教授，北京农学院城乡发展学院院长。主要研究方向：市场营销、供应链管理。E-mail：ywmv@163.com。

强化学习动机、真正享受学习过程具有标志性的意义。因此，研究者们纷纷探讨如何通过有效的途径提升硕士研究生的学习效果。

一、农业院校硕士研究生教育的特点

研究生教育是现代精英教育的载体，精英性、专业性、探究性是研究生教育本质特征的体现。农业院校硕士研究生教育既具有研究生教育的总体特征，又有其独特性，农业院校研究生教育质量特点主要体现在应用性、多样性以及实践性 3 个方面。

（一）应用性

应用性主要从受教育者方面讲，体现在农业院校硕士研究生教育致力于满足社会发展的需要。农业院校硕士研究生教育主要的目标是为我国培养和输送专业性的农林业人才，为农林业发展服务。农业院校硕士研究生教育是农林业培养专业性高素质人才的稳定基地和解决行业突出问题的重要力量，体现了农业院校硕士研究生教育的应用性。

（二）多样性

经过长期发展，目前国内农业院校已不再仅仅固守农学学科和专业办学，大多都选择走以农为主、多学科发展的办学模式，有的还开始向综合性大学的目标迈进。形成以农为主或作为优势学科，理、工、经、管、文、法、教等多学科协调发展的现状。同时，随着研究生教育规模的发展以及党政人才、农业企业经营管理人才和专业技术人才的提出，农业院校硕士研究生教育的培养目标逐渐由单一走向多样。与此相适应，多样化的硕士研究生质量评价观得到确立和巩固，研究生培养模式呈现出多样化特点，学位论文的形式和要求也不再以学术性为唯一标准，体现了农业院校硕士研究生教育的多样性。

（三）实践性

农业院校硕士研究生教育注重理论与实践的结合，目的在于培养出实用性的专业人才，体现了农业院校硕士研究生教育的实践性。

二、影响硕士研究生学习效果提升的要素

学习效果作为评价硕士研究生水平的重要指标，对硕士研究生学习生活

的影响越来越大，在当前教学中的地位也日益突出。在多年的教学与实践中，笔者认为只有从学生、教师、培养过程和教育管理这 4 个对学习效果有直接影响的关键要素出发，采取针对性措施，才能真正提升硕士研究生的学习效果。

（一）从学生角度分析

事物的发展，内因起决定性作用。从学生角度讲，提高硕士研究生学习效果，离不开硕士研究生的自身素质基础和个人努力。硕士研究生学习效果提升在受教育者方面主要体现在学习动机、学习态度。正确的学习动机关系到硕士研究生的教育质量。在硕士研究生教育中，学习动机是推动学生进行学习活动的内在原因，是激励、指引学生学习的强大动力；硕士研究生的学习受学习动机的支配，同时也与学生的态度等紧密相连，端正的学习态度是提升硕士研究生学习效果的保障，在硕士研究生学习过程中，学习方法和学习时间都是学习态度的体现。

（二）从教师角度分析

师者，所以传道授业解惑也。从教师角度讲，我国硕士研究生教育实行导师制，导师对硕士研究生学习效果也有重要的影响。导师的指导作用贯穿在硕士研究生教育的整个培养过程中，从入学考核、专业课程学习、研究能力培养及学位论文完成，导师都起着重要作用。导师的专业素养对硕士研究生的学习效果起关键性作用，导师的素质修养、思想品德、学术风格是硕士研究生学习的榜样。导师作为学生的学术带头人，只有具有较高的专业素养才能教导好学生。导师的责任心影响硕士研究生学习效果，在硕士研究生教育中，导师的责任心体现在导师对学生的指导频率、指导时间。导师对学生负责的态度直接关系到硕士研究生的学习效果。

（三）从培养过程分析

培养过程质量控制是提高硕士研究生学习效果的重要保证。硕士研究生的培养过程可以分为 3 个阶段，即课程学习阶段、开题及学位论文研究阶段、学位论文写作及答辩阶段。第一，课程学习阶段从课程设置和教学方法方面体现硕士研究生学习效果。合理的课程设置，专业基础理论与实践能力的结合，加强实践教学，避免教学方法的单一，是保证硕士研究生学习效果的重要手段。第二，开题及学位论文研究阶段从论文选题、开题、加强科研训练等方面体现硕士研究生学习效果，研究生教育注重培养学生的科研能力和创新能力。第三，学位论文写作及答辩阶段从论文质量方面体现硕士研究生学习效果。学位论文是硕士研究生教育的总结性成果，是其质量最直接、最综合的反映，保证和提高硕士研究生学位论文的质量就是保证和提高研究生学习效果。

（四）从教育管理过程分析

硕士研究生教育管理对硕士研究生学习效果的保证至关重要。硕士研究生管理工作是一个复杂的系统工程，硕士研究生教育管理工作包括专业培养、教学实践、思想教育、论文答辩、学位授予、就业指导等环节和过程。课程设置建立在基础理论的前沿性和专业理论的适用性之上，结合高校专业特色，满足硕士研究生学习需要、学校培养需要以及社会发展需要；学位论文是对硕士研究生已掌握的基础理论、专业知识以及应用能力的考察，反映硕士研究生是否达到培养目标，具有从事科研工作或独立担负专业技术工作的能力。

三、提升硕士研究生学习效果的策略

如何提升硕士研究生学习效果，以改善农业院校整体的教育质量，笔者认为可以从学校、教师和学生这 3 个方面来考虑（图 1）。

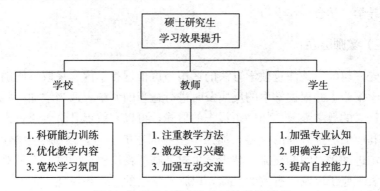

图 1　提升硕士研究生学习效果的策略

（一）学校层面

在硕士研究生阶段，课程安排较少。这样的情况下，学校应为学生提供丰富多样的学习资源，满足硕士研究生在课余时间自学和研究的需要，同时加大对学生学习资源的建设和维护，吸引学生自主地投入到学习和研究中去。这样，学生在学习和研究上所投入的时间和精力便会增多，其学习效果也会得到提高，学习成果也会更加丰硕。

首先，学校应注重对硕士研究生开展系统的科研能力训练，要求并支持硕士研究生积极参加高水平的、前沿性的科研项目，增加学生进行科研活动的专项费用，并积极创造条件，加强学校与企事业单位的联系，为硕士研究生寻找合适的校外实践活动基地，使学生们熟悉实际工作环境，锻炼学生解决实际问题的能力。学校还可以鼓励学生到周边郊区、农村去服务，一是为农村发展尽微薄之力，二是将所学知识运用到实践中去，同时学生也有锻炼的机会。总之，学校应发挥自身优势，充分利用周边资源，如与周边学校联谊，相互学习借鉴，多为学生拓宽拓展学习的渠道。

其次，结合各专业、各学科特点，优化教学内容，改革教学方法。改变以往教师讲授为主体的授课形式，让学生多参与课堂的教学，增加学生主动思考的机会，可通过小组讨论学习、课堂报告等教学方式让学生主动参与课堂学习。同时，继续推行"卓越人才培养计划"等国家重大教育战略计划，大力培养创新型高素质的农林优秀人才。

最后，营造宽松的学习氛围，创建合作性学习机制。宽松的学习氛围有利学生学习，虽然学习氛围是影响学生学习的外在因素，但如果没有良好的学习氛围做铺垫，学生在学习过程中也难达到最佳状态。学校、院系、各基层组织、老师都应努力为学生营造宽松的学习氛围，指引学生发挥其主观能动性，积极引导学生学会合作学习。

（二）教师层面

首先，教师应该注重教学方法的运用，可根据教学内容采取不同的教学方法和教学策略，并根据学生的反应及时进行适当的调整。适当增加一些能让学生参与进来的教学环节，如口头报告的形式，可以有效提升学生语言表达、逻辑思维和应变等各方面的能力，加强学生对问题的思考，鼓励学生学以致用，也能够增进师生之间的交流，减少学生对老师的畏惧感。同时，教师对于学生的学习表现应予以及时有效的反馈，以激发学生的学习积极性。

其次，虽然学习效果的提升与学习投入的时间和精力之间不是成绝对的正相关，但是良好的学业产出离不开时间和精力的倾注。所以，教师应适当增加学生的专业相关文献、期刊的阅读量和论文、综述的写作量。对于缺乏学习自主性的学生，教师通过作业形式布置学习任务也是一种强化学生学习效果的有效形式。学生的学习行为需要良师的积极引导，要提高学生学习效果，就必须打好基础。因此，增加学生的阅读量和写作训练十分有必要，这也是提高学生学习效果的主要方法。同时，教师应为学生多讲授一些本专业相关的最新前沿知识来调动学生的学习兴趣。

最后，教师应加强与学生的课外互动交流，关心、关注学生成长，积极为学生解答学习方面的困惑，为学生今后的发展提出可供参考的建议。改变教师和学生的考核制度，对教师的考核，不仅让同行之间对其业务水平进行互评，而且让学生参与对任课老师的评价，把关心学生、积极与学生互动作为一项考核指标。

（三）学生层面

首先，加强专业认知。专业认知模糊、专业定位不清晰是硕士研究生普遍存在的问题。由于对自己所学专业知识的具体用途、未来职业方向等情况不清楚，许多硕士研究生可能会认为所学习的专业没什么用处，找不到学习的意义，提不起学习的兴趣，直接影响学习效果的提升。学习兴趣是学生对学习的喜爱程度，是影响学生在专业学习上的投入和专业学习目标的规划的重要因素。一些硕士研究生应付学习、被动学习，都与其缺乏学习兴趣这个重要因素分不开。只有对所学的专业有一定程度的了解，学生才会对其产生一定的学习兴趣，从而产生努力学习的行为。因此，学生要主动地、有意识地去了解自己所学专业的未来职业方向、课程的具体用途等情况。另外，硕士研究生自身要有理性判别的能力，并根据个人的具体情况来看待所学专业，而非盲目地听取他人不正确的意见和信息，造成对所学专业的不正确的、非理性的认识。

其次，明确学习动机。在硕士研究生学习过程中，只靠外力的作用是不行的，内力作用占很大的一部分。内力作用是指学生由学习动机而产生的学习动力，这就需要研究生加强对自身各方面的要求。硕士研究生阶段的学习属于接受高等教育的学习，其学习形式不同于任何其他阶段的学习，自主性显得尤为重要。硕士研究生应理性看待自己的学习和未来发展，制订科学的目标规划，生成积极的学习动力。学习目标能够激发学习动力，学习动力反过来促进学习目标的实现，二者相辅相成，共同促进学生学习效果的提升。

最后，提高自控能力和时间管理能力。硕士研究生的自控能力和时间管理能力是影响其学习效果的两个重要方面。一是要提升自控能力就要对自己的学习意识和学习行为进行科学合理的支配、监督和调控。只有合理配置在专业学习上所投入的时间和精力，才能提高学习效率，保证学习活动高效而顺利地进行。二是要提高个人的时间管理能力就要按照自己制定的学习目标、要求和计划进行学习，合理利用时间，提高学习的有效性，保证自己在学习上能有足够的时间投入和精力投入。

参 考 文 献

王楠，2014. 江西农业高校硕士研究生教育质量影响因素分析及对策研究 [D]. 南昌：江西农业大学.

王燕淋，2014. 甘肃省大学生学习性投入现状调查研究 [D]. 兰州：兰州大学.

郑方，2013. 湖北省高校体育学学术硕士研究生学习投入影响因素分析 [D]. 武汉：华中师范大学.

仲雪梅，2011. 我国研究生学习投入的影响因素分析 [D]. 上海：华东师范大学.

朱红灿，2014. 大学生学习投入影响因素的研究 [J]. 高教论坛（4）：36-40.

农业院校硕士研究生学习投入影响因素研究

陈　娆[1]　杨为民[2]

（1　北京农学院经济管理学院；2　北京农学院城乡发展学院）

摘　要：本文结合农业院校硕士研究生的学习特点，通过对京津冀部分农业院校硕士研究生的调查和深度访谈，深入剖析农业院校硕士研究生的学习投入现状，从而重点探讨影响农业院校硕士研究生学习投入的主要因素。

关键词：硕士研究生　学习投入　影响因素

高等教育承担着培养高端人才的任务，而硕士研究生教育作为我国高等教育的重要组成部分，其培养质量高低直接关系我国研究生教育的质量，进而影响我国高等教育发展水平。逐步提高硕士研究生教育质量是促进高等教育发展的重要任务，也是国家科教兴国重大战略的根本要求。

《国家中长期教育改革和发展规划纲要（2010—2020 年）》中明确提出了"提高人才培养质量，需要深化教育改革，充分调动学生学习的积极性和主动性，激励学生刻苦学习。"这为高校提高教育质量指明了路径，也充分认识到学生学习投入在质量提升中的重要作用，学生是学习的主体，也是质量的载体。学习中的积极性、主动性以及刻苦程度是质量形成的条件。学生学习了，学生参与了，学生投入了，质量才能产生。没有投入、没有参与就没有质量。为此，在我国，关于提高高等院校教育教学质量的研究中，有关"学习投入"的课题也越来越多，学生的学习投入研究也逐渐成为研究的重点。

基金项目：北京农学院学位与研究生教育改革与发展项目（编号：2016YJS003）资助。

第一作者：陈娆，教授，系主任。主要研究方向：都市型现代农业、中小企业管理。E-mail：chenraov@163.com。

通讯作者：杨为民，教授，北京农学院城乡发展学院院长。主要研究方向：市场营销、供应链管理。E-mail：ywmv@163.com。

一、研究的目的和意义

我国硕士研究生的学业课程和科学研究主要靠自主学习独立进行，这是硕士研究生区别于本科生独特的学习特点。硕士研究生充分利用学校已有的人力、财力、物力等各种资源自主学习，这样的自主学习是研究生学习的重要特征，也是硕士研究生成长为高层次创新型人才的关键。

因此，通过对硕士研究生学习投入的影响因素研究，将有利于研究生了解自己学习投入的特点、问题及其原因，并且为研究生提高自身学习投入水平和自主学习能力提供重要帮助。同时，也可以进一步指导学校和教师的工作，为他们在如何提高硕士研究生学习投入水平这个问题上，提供一些有益的思路。

二、硕士研究生学习投入的内涵

最先提出学习投入概念的是 Schaufeli，他认为，学习投入是一种与学习相关的积极、充实的精神状态；Fredricks 等人认为，学生投入是学习过程中行为、情感、认知的相互作用或融合。

朱红灿认为，所谓学习投入是指个体学习时具有充沛的精力和良好的心理韧性，认识到学习的意义，对学习充满热情，沉浸于自己学习之中的状态。学生学习投入水平的高低与其学业成就和长期的健康发展有着密切的关系，学习投入水平对学校教育效果的影响也是重大而深远的。学习投入是学业成就的重要预测因素，如果学生未能投入或者对学校存在不满，就会导致低的学业成就。高水平的学习投入意味着发生问题行为的概率低、辍学率低。

三、农业院校硕士研究生学习投入的影响因素

（一）自身因素

硕士研究生自身因素包括硕士研究生的学习动机、硕士研究生的学习态度和情绪与自制力等。由于硕士研究生自身因素有所不同，在学习投入时会表现出不同的投入程度。硕士研究生强烈而明确的需求与学习目标可以使学生更加积极地参与学习，使学生认为学校与学习是关联的，产生对学校强烈的归属感，感受同学与教师的认同，使学生清楚意识到自己的学习动机。积极的学习态度让学生更加容易建立学生与学生、学生与教师的情感联系，更容易融入宿舍环境、班级环境、校园环境；积极的学习态度也使学生能坦然面对困难，增

加对挑战性工作的喜爱。

1. 学习动机　无数研究表明，探讨学习动机时，应该将其分为外部学习动机和内部学习动机两个方面。因为这两个方面差异很大，如果将它们混为一谈的话，很可能造成分析结果的不准确或者与预想结果相去甚远。外部学习动机能够带来课外学习时间的增加，但是，外部学习动机通常带有较强的功利性，由外部学习动机驱使学习的会认为那些不能看到直接成果的学习活动是不必要的。因此，此类的学习投入程度虽然在某些方面较高，但是总体投入程度并不是很高。内部学习动机能激发硕士研究生提高与其他专业的同学探讨学习、参加跨专业学习和其他学术活动、专业实践活动、课堂发言和讨论以及阅读专业相关书籍的频率，课外学习时间也相应增加。这是因为内部学习动机源于学生提升个人学术素养的需要、个人的学习兴趣，具有持续激励和指引学生学习的强大动力。

调研结果显示，仅有一小部分硕士研究生有明确的学习动机，攻读硕士学位是专业和兴趣需要，大部分硕士研究生在本科为缓解就业压力及其他方面原因毕业后选择继续读研。对此，来自某高校农村区域发展专业研一的王同学在访谈中也表示赞同："我选择读研就是为了多积累一些知识和能力，让自己今后就业能有更好的平台，获得更多更好的机会。"

硕士研究生对工作、学习、生活等方面有较高的追求，这成为他们刻苦学习的动力，但同时也在一定程度上使硕士研究生倾向于的实用主义。硕士研究生在入学前期考研动机的复杂性会影响硕士研究生入学后的学习目标，发生学习目标偏离以及缺乏相应研究动力的情况，从而影响硕士研究生教育质量的提高。此外，硕士研究生的年龄跨度大，与本科生相比，硕士研究生具有相对成熟的心理和一定的社会生活经历，可能会面临较多的个人问题。这些会对硕士研究生投入学习与科研的精力产生影响。

2. 学习态度　越是应付学习任务的同学，参与课堂发言和讨论活动的次数越少、频率越低。应付学习任务的同学，大多是由于自己没有积极的学习态度、对学习抱有应付了事的消极态度或者认为学习很枯燥乏味，不善于发现并探索学习的乐趣。硕士研究生的学习态度越是积极主动，他们与其他同学进行学术探讨、参加跨专业、跨领域的学习活动和各种专业学术活动、实践活动、导师课题、课堂发言或讨论、阅读专业相关文献的次数越多、频率就越高，课外学习时间也越多，即越是拥有端正而积极学习态度的学生，其学习投入度就越高。

调研结果显示，有接近 1/3 的硕士研究生每天的学习时间为 3～4 个小时，学习时间相对较短。对于硕士研究生而言，课堂学习和课余学习的时间都是对专业知识和技能学习时间的体现。值得深刻反思的是，仅有 1/10 的硕士研究生将大部分时间投入到学习与科研中去。硕士研究生投入学习的时间较少体现了大部分硕士研究生缺乏自主学习的态度，仅仅将每天的课堂学习作为自己的学习时间。

3. 科研素质 在硕士研究生培养过程中，教学与科研相结合是贯穿其中的本质要求。但当前硕士研究生教育普遍存在不注重科研能力培养的现象，以至于不少研究生科研素质偏低、科研能力不强。这已成为导致硕士研究生学习投入较低的突出影响因素。这一影响表现在多方面，如硕士研究生学习中潜心钻研、探索的氛围不浓，学位论文中资料堆砌的成分多、研究和创新的部分少，对研究知识和方法的了解和利用较为缺乏等。

调查显示，80％的同学认为自己的科研能力相对一般，90％的同学认为自己的创新能力严重不足。对专业的学习和研究局限于课堂教学和课程教材，对专业内容的学习主要还是依靠模仿专业领域里前人的科研研究成果，尚不能有突破性的创新，又没有自我提升的意识，导致学习投入相对较低。

（二）导师因素

硕士研究生教育的核心任务在于培养硕士研究生进行科学探索和寻求科学真理的能力，不仅是硕士研究生学习知识的方式，更是创造知识的途径。硕士研究生导师是培养硕士研究生的执行者和第一责任人，因此，其对提高硕士研究生学习投入具有直接的责任和义务，影响也最为显著。导师对硕士研究生学习投入的影响主要体现在以下几个方面：

1. 言传身教 导师的学术作风、治学态度、道德素养等对研究生会产生潜移默化的作用。导师凭借较高的学术水平、渊博的知识修养、丰富的教学经验和较强的科研能力，引导研究生把握科研选题、进行资料调研、确认科研方法、总结科研成果、提出创新性方法和理论。

2. 正确引导 学习动机是提高学习的投入的核心所在。事实上，并不是所有硕士研究生的学习动机都是以钻研科学为出发点的，不同学生有各自的想法。作为导师，应该正确引导学生认清硕士研究生阶段的科研工作。这不仅能影响其事业的发展，也能影响其世界观和人生观的形成。有了正确的学习动机就能使学生在研究中发挥自己的主观能动性，不断增加学习投入。

3. 激发兴趣 带着个人兴趣的研究是一种主动探究的过程，能够激发强烈的进取精神，从而获得创新性成果。因此，应该发挥硕士研究生所长，选择感兴趣的课题，在兴趣驱使下迸发创新的火花，学习投入自然提高。对于那些没有特别兴趣的学生，导师可用自己的亲身经历和知名学者的经历去启发、引导他们，逐步培养研究生的研究兴趣，进而提高学习投入。

4. 强化创新 硕士研究生从事的科研活动就是运用科学方法去获得新发现、新成果，导师应该依据科学发现的规律，在查阅文献、实验操作、撰写论文和总结课题等重要环节加以指导，使研究生基本掌握科学研究的思路并具备科研创新的能力，从而提高其学习投入。

5. 融合科研 教育硕士研究生必须要有与人合作共事的意识和能力，让每个研究生承担一些实验室的公共事务，诸如一些常用仪器的日常维护、基础试剂的制备等；不同年级、专业研究生之间一些特殊方法的传帮带、文献资料的共享等。硕士研究生在这种和谐的科研氛围中将受到熏陶和影响，逐渐形成良好的心态，大家相互协作，积极探讨问题，每个人的研究都会少走弯路，产生事半功倍的效果。

总之，导师在提高硕士研究生学习投入过程中发挥着不可或缺的作用。

（三）学习环境因素

学习环境因素包括家庭环境因素、学校环境因素、社会环境因素。多数硕士研究生的学习、生活远离家人的监管与指导，但家庭环境依然存在潜在影响，父母的期许是学生努力的源泉之一。另外，学校环境和社会环境对硕士研究生学习的认知有再生产和改造的作用。高校中高水平的教师队伍、高端的教学质量对硕士研究生学习兴趣的培养和学习行为习惯的养成至关重要。毕业生就业的低迷对在校硕士研究生产生一种无形的压力，使他们对自己的未来产生担心、困惑、焦虑等消极情感，一部分学生甚至认为所学专业没有发展前途，因而学习松懈。

1. 人际关系 在硕士研究生学习过程中，可能会受同伴、教师的影响而改变学习投入的程度，从社会认同理论的角度来看，个体渴望被群体接纳并获得群体的认可。良好的师生关系具有紧密的师生互动性，围绕学习内容，学生通过对话、沟通和合作活动与教师交互影响，积极参与相关内容的学习；也能感受到教师的认可和接受。与同伴交往，有了学习他人的机会，能感知到同伴的支持和对学业成功的共同追求，将有助于学生积极参与到学习中去；与同伴的交往，能获取一些不便或不能从他人处获取的知识或信息。这些有助于学生自我概念和自我价值的形成，学生对自身及自身与学习环境之间关系的认知逐步加深。

2. 学校资源及师生互动 学校提供的学习资源越是能满足学生的学习需要，教师的教学方法越是有助于学生有效地学习，导师越是能为学生提供课题研究或相关活动的机会、适时鼓励学生、经常组织学生进行交流研讨、布置小组合作研究任务，学生的学习时间就越多、在学习上花费的精力也越多，学习投入程度也就越高。来自某高校农村区域发展专业研二的赵同学表示，她平均一两个月就会有长达 1～2 周的时间跟随导师到外地做课题项目研究，平时在学校也都在参与课题项目。她的导师组织其指导的不同年级、不同专业的同学举办周总结会，在总结会中，同学们能够了解到一些其他人、其他专业的最新知识和研究方向。在她看来，通过总结会这一活动开阔了眼界，并且让她在学习中学会运用不同学科的视角或思维方式进行思考，同时也增加了与其他同学交流、讨论学习中的问题的机会。硕士研究生学习期间，师生的互动水平直接关系到学生在科研方面能否有很好的提升。

3. 学习体验　学习体验不仅仅局限在学业方面，还包括社会上的应用性学习体验。当前，硕士研究生基本上是以学位论文为核心进行培养，所以研究生的专业知识、专业技能面过窄，不能满足和适应当前社会的需要。校园环境支持包括两个方面：一是物质资源方面，如图书馆资料、体育场地设施、实验室等；二是精神环境支持，如学术氛围、学校提供的帮助（学业方面与非学业方面）、与其他人员的关系等方面。在一种相对的环境下更有助于科研学习，不断地实现价值增值。

调研结果显示，大部分硕士研究生认为学校的学业考核办法给他们带来了一定的压力，学校提供的各类学习资源总体上能够满足学习需要，课程教师的教学方法和导师的指导方法也得到了大多数硕士研究生的认可。然而，学生们对学习资源、教学方式和导师培养方式虽然认可，但是满意程度还不是很高，还有一定的提升空间。

参 考 文 献

冯兰君，2006. 对当前硕士研究生教育的认识与思考 ［J］. 高等农业教育（3）：70-72.

韩晓玲，2014. 基于 NSSE-CHINA 的大学生投入影响因素分析 ［D］. 南京：南京邮电大学.

刘梦君，衡平平，2016. 研究生学习投入影响因素研究评述 ［J］. 企业导报（17）：99.

王楠，2014. 江西农业高校硕士研究生教育质量影响因素分析及对策研究 ［D］. 南昌：江西农业大学.

王熠琦，2016. 云南大学硕士研究生学习投入度影响因素研究 ［D］. 昆明：云南大学.

郑方，2013. 湖北省高校体育学学术硕士研究生学习投入影响因素分析 ［D］. 武汉：华中师范大学.

朱红灿，2014. 大学生学习投入影响因素的研究「J」. 高教论坛（4）：36-40.

研究生综合素质培养的思考

张艳芳

（北京农学院基础教学部）

摘　要：我国是世界上除美国以外第二大研究生培养国，研究生综合素质培养不容忽视。本文从个人基本素质教育和专业素质的培养两方面入手，分析了包括学术道德、身心健康、知识能力和创新能力等研究生综合素质的培养。

关键词：研究生　综合素质　个人基本素质　专业素质

目前，我国是世界上除美国以外第二大研究生培养国。我国研究生教育取得了丰硕的成果，对于培养高层次人才、提高国民素质和科学技术的发展起着不可估量的作用。我国早在 2000 年 1 月 13 日发布了教研〔2000〕1 号《关于进一步改进和加强研究生工作的若干意见》，提出了今后一段时间内研究生教育改革和发展的基本方针：深化改革，积极发展，分类指导，按需建设，注重创新，提高质量。要提高研究生质量，就必须重视研究生综合素质的培养问题。

所谓综合素质，是指人所具有的知识、分析、处理事物的潜能，通常包括思想政治素质、科学文化素质、身体素质等。研究生的综合素质除了上述 3 个基本素质以外，还包括道德素质、心理素质、专业素质和创新能力素质。研究生综合素质的培养和提高是一项长期、复杂、需要不断在实践中发展的系统工程。然而，本科毕业生就业压力的不断加大，考研人数逐年递增，使得研究生教育资源出现匮乏，教育的质量有所下降，培养的人才综合素质有所降低，不利于我国社会和科学技术的发展。近年来，出国留学人员低龄化，而且数量递增，同时人才流失严重。因此，提高研究生的质量，吸引更多的优秀学生留在国内深造，成为国内高校的当务之急。

基金项目：北京农学院学位与研究生教育改革与发展项目资助。

作者简介：张艳芳，北京农学院基础教学部、外语教学部教师。

一、个人基本素质教育

（一）学术道德

通过思想政治教育教研究生怎样做人，培养综合素质。学校通过导师的言传身教及学位课程、学术活动等培养研究生的科学精神，提高团结协作和组织协调能力，使其具有严谨的学风和良好的科研道德，尊重前人和同事的科研成果，自觉抵制各种学术腐败现象。避免研究生在撰写课程论文、实验报告、学术论文时剽窃、抄袭他人的研究成果。这种不规范的学术行为一旦发生，对导师及学校的名誉都会造成一定的影响，必须杜绝。

（二）个人身心素质修养

现代社会生活、工作压力增大，学生家庭情况复杂多样，研究生面临学习压力、生活压力、就业压力，容易出现心理健康问题。硕士研究生比较常见的心理症状的表现是：难入睡、厌食、强迫症、人际关系敏感、忧郁和偏执等。研究生不像本科生对体育教学有很高的要求，相当多的研究生基本没有体育课程，整天泡在实验室或者图书馆，缺乏锻炼，身体素质下降，心理也容易出现问题。因此，及时了解研究生的家庭情况，关心研究生的身心健康，培养他们刻苦钻研、勇于开拓的精神尤为重要。平时学校要重视研究生的身心健康，导师帮助研究生进行正确的自我定位，制订人生规划并为之努力。

具有良好身体和心理素质的个体才能够适应社会环境与自然环境，进而成就一番事业。高素质人才必须具有健全的体魄和坚强的心理承受力，既能微笑地面对成功和喜悦，也能冷静地面对失败和挫折。因此，身体和心理素质是全面提高一切其他素质的基本保证。

二、专业素质的培养

（一）专业知识和能力

研究生是国家的高层次人才，必须具备过硬的专业知识和吃苦耐劳的求知精神。《中华人民共和国学位条例》对硕士研究生的知识水平和专业能力做了明确规定："在本门学科上掌握坚实的基础理论和系统的专门知识；具有从事科学研究工作或独立担负专门技术工作的能力。"研究生在系统掌握本学科专业基础知识的前提下，建立合理的知识结构，掌握一定的科学研究方法、专业学术论文写作技巧，具备较高的外语阅读水平、计算机操作水平，具有从事科学研究工作的能力，或者独立担负专业技术工作的能力。

（二）交叉学科

除了专业过硬之外，要重视交叉学科的培养。现代的科学研究需要复合型人才，学科的分类越来越细，交叉学科较多。知识面太窄会阻碍专业的发展。这里所提的知识包括人文和社会知识，具有渊博的知识是研究生必须具备的专业素质的一部分。

（三）创新能力素质

创新能力素质的培养非常重要。我们培养的研究生应该紧跟学科前沿，具有创新能力。具有超越前辈的能力和胆识，敢想敢干，社会才能进步。

培养研究生创新能力素质是研究生综合素质教育的核心。通过培养研究生的兴趣和洞察力、创新思想和信念，激发研究生的创新潜能。注重启发创新思维、文理结合、学科交叉渗透。培养学术创新能力与创新性科研能力，搭建学术交流平台，激发研究生的创造性思维；鼓励研究生组建科研团队、参加社会实践，提高独立思考问题、发现问题、解决问题的能力。

三、结论

我国研究生教育的规模呈现不断扩大的趋势，研究生的教学质量不能下降。通过研究生综合素质培养，培养具有严谨学风和良好科研道德、身心健康、有过硬专业知识和交叉学科知识的创新型高素质研究人才，是今后研究生教育工作的重中之重。

参 考 文 献

陈潜，杨江帆，2011. 研究生综合素质的提升与途径［J］. 西南农业大学学报（社会科学版）（11）：194-199.

陈闻，2008. 硕士研究生综合素质存在的问题与对策［J］. 广西师范大学学报（哲学社会科学版）（6）：72-75.

邓玲玲，刘义伦，姜小龙，2003. 思想政治教育对提高研究生综合素质的有效性探讨［J］. 现代大学教育（6）：92-94.

王沛，2009. 研究生综合素质培养的思考与建议［J］. 西安邮电学院学报（6）：191-193＋201.

欧洲大学组织结构比较

王　峰　郭凯军

（北京农学院动物科学技术学院）

摘　要：随着中国高等教育的快速发展，我国大学的组织结构模式也呈现出百花齐放、百家争鸣的局势。中国大学本科教育正在由教育大国向教育强国发展，其目标定位也逐步向国际化发展，即：培养每一位学生成为有良好素养的现代文明人，同时创造一种环境使得杰出人才能够脱颖而出。为了实现其国际化的教育目标，中国大学的组织结构也需要学习国际上现代有效的运营模式。学习国外组织结构模式的前提是比较研究国际上高等教育比较发达的国家的大学普遍存在的组织结构模式。众所周知，大学基本单元的组织结构决定了其主要职能（教学和科研）的运行模式和内部决策过程。本文针对 4 个欧洲国家 8 所大学的基本结构和决策过程进行分析，这些大学显然不能代表这 4 个国家的现实，但是，肯定体现了欧洲大学存在的几种组织机构模式。

关键词：高等教育　组织结构　国际化

一、8 所大学的主要特征

英国是对自身组织和管理特征有很大自主权的理想模型。荷兰和德国代表大陆模型，国家和国家法规对其大学内部结构有决定性的作用，在大学的管理上一直与学术机构的权利相对立。荷兰和德国又分别代表欧洲近 15 年来的两

基金项目：2016 年北京农学院学位与研究生教育改革与发展项目资助。

通讯作者：郭凯军，副教授，博士。主要研究方向：植物提取物的开发和利用、反刍动物产业链建设和管理。

条改革进程：荷兰对大学内部组织机构进行了根本性革新进程，德国则实施了较为缓慢而又保留部分原始特征的渐进性进程。法国虽然也是大陆模型，但它经历了一个特殊的历史时期（1968 年大学重新组建了大学校）。总之，这 4 个国家代表了欧洲大陆大学内部组织的趋势。每个国家中两个大学的选择主要考虑了国家内变异的最大化，同时保证使用统一的标准（表 1）。

表 1　8 所大学的主要特征

大学	大学规模 （在校学生）	位置 （大都市中心或 省会城市）	世界大学学术排名 （上海 ARWU 和台湾 HEEAC）
曼彻斯特	大（37 000 人）	大都市中心	上海 ARWU：英国第 5 位；台湾 HEEAC：英国第 7 位
莱切斯特	中小（15 000 人）	省会城市	上海 ARWU：英国第 20～30 位；台湾 HEE-AC：英国第 20 位
阿姆斯特丹	大（30 000 人）	大都市中心	上海 ARWU：荷兰第 3～6 位；台湾 HEE-AC：荷兰第 2 位
屯特	中小（8 500 人）	省会城市	上海 ARWU：荷兰第 10～11 位；台湾 HEE-AC：英国第 12 位
慕尼黑	大（45 000 人）	大都市中心	上海 ARWU：德国第 1 位；台湾 HEEAC：德国第 1 位
卡赛尔	中小（18 000 人）	省会城市	上海 ARWU：无排位；台湾 HEEAC：无排位
斯特拉斯堡	大（41 000 人）	大都市中心	上海 ARWU：法国第 4～5 位；台湾 HEE-AC：法国第 5 位
埃克斯-马赛 第一大学	中小（2 200 人）	省会城市	上海 ARWU：法国第 15～19 位；台湾 HEE-AC：法国第 16 位

二、欧洲大学的组织结构和责任体系

欧洲大学的宏观组织结构依赖于研究的 4 个国家的不同法律渊源。英国大学享有相当的独立性，它们可以绝对自主地进行组织和管理。法国大学的管理结构依法成立，但大学可以自主选择其内部组织结构。在德国，联邦州拥有几乎所有的高等教育体系的职能，所以每个联邦州都有确定本地区大学管理特征的自己的地方性法律，大学对其内部组织结构具有自主权。荷兰 1997 年的一项法律规定相同的大学管理结构，同时限定了大学内部结构，赋予中间学术机构重要的组织和管理功能。

就董事会的构成和成员的任命来看，4 个国家中有 3 个国家的董事会不是由学术团体"阶层"直接选举产生，而是按其他标准产生，如直接补选、由参议院任命、由部长任命（有时相互结合）。只有法国广泛实行选举制度。董事会的权限以英国（由程序决定）和荷兰（由法律决定）为最高。法国董事会的权限居中。德国的两所大学差异明显。慕尼黑大学董事会的权力明显高于卡塞尔大学。这种差异依赖于不同联邦州的法规：巴伐利亚赋予董事会比参议院更大的权利（参议院任命一半董事会成员）；黑森州将董事会规定为监测和监督机构，而不是领导机构，大学的战略领导由参议院完成。欧洲大学的校长一般由董事会选举或参议院任命。英国和荷兰大学的学院院长和系主任由董事会或校长任命，而德国和法国大学的学院院长和系主任由董事会选举产生。

为了了解大学的职责分布和决策程序，有必要明确大学的宏观组织结构。由表 2 可以看出，本文所讨论的 8 所大学的宏观组织结构存在很大的差异。在所有的大学里，中层单位都或多或少地具有协调本单位教学和财务管理的职责和职能。至于科研，情况就更为复杂，但一般来说，中层单位对本单位的研究方向也是有责任的。

表 2　8 所大学的宏观组织结构

大学	中层单位数量	基层单位数量	其他基层单位
曼彻斯特	4 个学院	23 个学校	13 个研究院或研究中心（生命科学学院没有设置学校，有 11 个研究中心）
莱切斯特	4 个学院	9 个学校—23 个系—3 个研究中心—1 个研究院	
阿姆斯特丹	7 个学院	30 个系—37 个研究中心—27 个研究生院	
屯特	5 个学院	6 个研究中心 22 个研究院（系）	1 个研究生院—1 个与高中相联系的机构
慕尼黑	18 个学院	59 个研究院—23 个系	41 个交叉学科研究中心
卡赛尔	11 个学院	60 个研究院	
斯特拉斯堡	8 个学部协调、29 个学院、9 个研究院和学校	77 个实验室	
埃克斯-马赛第一大学	9 个学院、10 个研究院和学校	30 个系—20 个实验室	

对于基层单位来说，各个大学间的区别非常明显。荷兰的系（教师的归属和管理）、研究中心（科研活动协调机构）和研究生院（专业教育协调机构）的职责分明。这 3 种基层单位在层次结构和功能上都依赖于学院，也就是院长。英国的两所大学的学院均执行基层单位的协调和管理功能。其基层单位，无论是称作系还是学校，职能也是一样的（一个特定的学科领域、研究、提供的课程）。由于中层协调单位数量较少，基层单位成员数量相对较少（30～35人）。大学的研究中心主要也仅仅就某特定的课题进行研究。在德国，研究院都有特定的研究领域，而系是多领域研究院。他们的主要任务是科研。法国基层单位（实验室）进行某一领域的研究，而中层单位（相当多）统筹教学和各项研究的协调。系（埃克斯-马赛第一大学）负责教学人员的管理工作而不负责科研。在斯特拉斯堡大学，基层单位为了协调方便又创建了中间单位（即学院）。在法国，不仅仅学院，学校和研究院也可以协调教学和科研，这使得大学的组织结构极其复杂。

从表 2 可以看出，英国和荷兰中层单位的数量非常少，而法国和德国的数量较多。这表明了前两个国家的大学组织类型的明确选择，即设置有效协调教学科研活动的中层单位，避免基层单位和大学中央机构直接发生关系。这种选择不是一种偶然，因为按照传统或法律，这些中层结构的负责人都是由上面任命的。相应的，在英国和荷兰大学里，中层单位负责人具有决定权，直接负责协调和管理教学和科研工作。院长是大学的管理者代表，负责管理大学培养方案和协调科研的支撑与管理活动。在莱切斯特，4 个学院的院长也是大学的副校长。这些大学的中层单位具有很高的绝对权力：给基层单位分配大学经费；建议大学教师的招聘和晋升；监督教学活动；审查基层单位的财务运营（屯特大学的 6 个研究中心的部分除外）。另外，因为这些院长有很大的权力，他们对上级负责所管理基层单位的发展和效能。

相反，德国和法国大学的中层单位在决策结构中权力较小（院长职位的选举是明显的指标）。德国人的两所大学从组织的角度来看情况基本相似：事实上卡塞尔的"系"基本上是传统的学院，根据德国模式，这只是名称不同而已。中层单位的协调作用很弱。法国的两所大学情况复杂。如果从 2007 年菲永（Fillon）改革后学院直接从属于、依赖于董事会是事实的话（之前从属于部委），由于基层单位的权力和责任都较大，而学院作为中层单位的权力相对薄弱一些，决策权力较小。值得注意的是，从正式结构来看，除了法国大学外，几乎所有的大学的教师都隶属于其基层单位，虽然荷兰和英国的大学学院院长对教师的招聘有决定性作用。

对于大学组织结构的分析可以明确各大学院系设置上的不同，从而可以了解不同大学组织结构下的责任体系和各自优缺点，对我国大学组织结构的调整和院系责任体系的划分具有重要的意义。

参 考 文 献

李立国，黄海军，2010. 迈向高等教育强国之路——我国距离世界高等教育强国还有多远 [J]. 清华大学教育研究（31）.

钱颖一，2011. 论大学本科教育改革 [J]. 清华大学教育研究（32）.

Giliberto Capano, Marino Regini. Tra Didattica e Ricerca：quale assetto organizzativo per le Università italiane? Le lezioni dell'analisi comparata，CRUI2011 基金会.

加强研究生心理危机预防干预工作的思考

牟玉荣

（北京农学院动物科学技术学院）

摘　要： 加强研究生心理危机预防干预工作，对于保障研究生健康成长成才，对于家庭、校园、社会的和谐稳定，具有重要意义。本文从建立研究生心理危机预防干预组织保障体系、建立预防发现体系、构建四级干预网络体系、加强队伍建设和研究生心理健康知识宣传教育5个方面，提出了研究生心理危机预防干预的主要措施。

关键词： 研究生　心理危机　预防干预

研究生是高校培养的高层次人才，在建设创新型国家的伟大目标中发挥着越来越重要的作用。总体来说，研究生群体的心理健康状况积极、健康、向上。但是，研究生背负着较高的自我期望和社会期望，承受着学业、科研、就业、人际交往、婚恋、经济等多重压力，这些因素在一定程度上影响着研究生的心理健康。近年来，研究生因心理问题休学、退学，甚至自杀、伤人等极端危机事件不断增长，严重影响了研究生的成长成才，也对家庭和高校校园的和谐稳定带来冲击。重视研究生的心理健康教育，加强研究生心理危机预防和干预工作显得尤为重要和迫切。

一、研究生心理危机预防与干预

目前，国内有关研究生心理健康教育、心理危机干预及相关研究起步晚，重视程度不够，经验不足。高校针对研究生心理危机管理能力、资源配备还远

基金项目：北京农学院学位与研究生教育改革与发展项目资助。

作者简介：牟玉荣，副教授。主要研究方向：心理素质教育、大学生思想政治教育。

远没有跟上招生规模扩大的速度。加强研究生心理危机预防干预研究，对于促进研究生健康发展、提高人才培养质量，具有重要意义。

（一）心理危机

心理危机是指个体面临突然或严重的生活事件，如亲人死亡、遭遇暴力侵犯、危及生命的交通事故或自然灾害等，既不能回避，又无法用通常解决问题的方法来处理目前所遇到的外界或内部应激时所出现的心理失衡状态。对于个体而言，危机既是危险也是机遇，一方面，它可能导致个体严重的病态，甚至杀人或自杀；另一方面，危机给人带来压力和痛苦会促使当事人积极寻求帮助，解决问题，增强抵抗挫折的能力，提高适应环境的能力，从而得到成长。如果危机得不到及时有效的缓解就会导致个人行为、情感和认知方面的功能失调，所以处于危机中的个人需要外在资源的帮助和支持，以度过危机事件，增强应对危机的能力。

（二）危机干预

危机干预也称为"危机介入"或"危机调解"，是对面临危机的人采取迅速、有效的对应策略，使其能够在避开危机的同时，达到进一步适应危机所适用的治疗方法。心理危机干预就是利用心理学的手段和技巧，对人的心理活动、性质、强度和表现形态进行控制和调整，从而使人的心理状态和行为方式归于正常。一般来说，当当事人无法通过自身的调整处理自己的危机时，就应该对其进行危机干预，以防止不良后果甚至恶性事件的发生。

研究生心理危机是研究生通过以往处理问题的方式及支持系统不足以应对学业、科研、婚恋等困难和压力，需求得不到满足，压力无法释放，从而产生失调的情绪与行为。为帮助研究生及时有效度过心理危机，提高心理应对能力，高校要重视和加强研究生心理危机预防干预工作，构建心理危机预防干预体系。

二、加强研究生心理危机预防干预的措施

（一）建立研究生心理危机预防干预组织保障体系

要重视和加强研究生心理健康教育工作，成立学校研究生心理危机干预工作领导小组。学校研究生心理危机干预工作领导小组下设办公室，挂靠研究生处（部）。领导小组成员由研究生处（部）、宣传部、安稳处、团委、校医院、

院系等部门的领导组成。各部门要密切配合，充分发挥各部门职能，切实采取有效措施，及时防范和有效处理心理危机事件的发生或严重化。同时，要注重加强研究，积极探索研究新形势下研究生培养机制和心理健康教育的特点。

（二）建立研究生心理危机预防、发现体系

1. 开展研究生新生心理健康普查，建立心理档案　新生入学后，开展研究生心理普查，筛选出可能存在心理问题的学生，进行心理约谈，重点关注，及早干预和治疗。同时，做好相应的跟踪、辅导工作，最大限度地减少和防止心理危机事件发生。

2. 定期开展研究生心理排查工作，关注重点研究生　大多数的心理危机是逐步形成的，有其内在的心理根源。在春季、秋季等心理容易起伏变化的季节，不定期开展心理问题排查工作。要充分发挥班级心理委员、学生干部、辅导员、研究生导师的作用，重点关注家庭经济困难、发表论文困难、就业困难、性格孤僻、单亲家庭等研究生的心理健康状况，多给予关心和温暖，实施动态管理，做到早预防、早发现、早干预。

3. 开展谈心谈话，加强人文关怀和疏导　包括间接访谈和直接访谈。辅导员或研究生导师通过走访实验室学生、任课教师、宿舍同学等及时了解那些因学习、生活、情感等原因引起情绪波动大、行为反常的学生，主动与他们接触、谈心、谈话，给予人文关怀，及时及早发现问题。

（三）构建研究生心理危机预防干预四级网络体系

心理危机预防与干预工作是一项系统工程，要建立班级心理委员（宿舍长）、研究生导师、院系辅导员和学校研究生心理咨询中心四级预防干预体系，四级体系之间要保持信息畅通。要从基层抓起，构建逐层把控、逐级汇报的干预网络，将心理危机对个体的危害降到最低，对研究生群体的不良消极影响范围控制到最小。

班级心理委员（宿舍长）是四级网络的最基层，要通过积极收集与身边研究生同学身心健康的信息，聆听辅导对象的倾诉，初步确定潜在心理危机的对象。若发现心理或行为异常学生，要及时向院系辅导员汇报情况，把可能的伤害事故控制在萌芽状态。

处于网络第二层的是研究生导师。导师不仅是研究生学术科研方面的指导者和领路人，还是生活上的指导者，要及早发现研究生心理、情绪的异常变化，给予相关关注和疏导。

第三层是院系辅导员老师。在发现或得知有异常心理或行为的学生时，要

全面掌握心理危机研究生的信息，评估学生整体心理状况。安排班级、宿舍和实验室同学重点监控，并及时与学校研究生心理咨询中心联系，共同协商解决对策，必要时要与家长取得联系，通报情况。

第四级是学校研究生心理咨询中心。配备专业心理咨询师，负责对较为严重的心理危机倾向的学生提供专业咨询。同时，在坚持保密的原则下，及时向院系反映情况，进行心理访谈、评估鉴别和跟踪控制。

（四）加强研究生心理危机预防干预队伍建设

要建设一支专职为主、专兼结合的研究生心理预防干预队伍。主要包括班级心理委员（宿舍长）、研究生导师、院系辅导员、心理咨询教师等。高校要强化对心理危机预防与干预人员专业知识的培训，提高他们对心理问题的鉴别能力、干预能力和其自身的心理健康水平，打造强有力的研究生心理危机预防干预队伍。

目前，高校研究生普遍实行导师负责制。教育部《关于进一步加强和改进研究生思想政治教育的若干意见》指出，要充分发挥导师在研究生思想政治教育中首要责任人的作用。导师要通过谈心、谈话的形式，掌握研究生的思想、心理状况，不仅关注研究生的科研、学业，还要关心研究生的生活，帮助他们解决学习和生活中遇到的困难与问题。

（五）加强研究生心理健康知识宣传教育

加强研究生心理健康教育是预防心理危机的重要基础。通过心理沙龙、心理电影、橱窗等多种形式，宣传心理健康和危机干预方面的相关知识。同时，充分发挥网络、新媒体等作用，通过微信、微博等宣传心理健康知识。另外，可以通过专家讲座的形式，就人际交往、情绪管理、婚恋等方面的专题，开展有针对性的专题培训，答疑解惑。

要对研究生开展生命教育，通过真实的案例等形式，使他们充分认识生命的价值，珍惜生命，热爱生活，树立积极正确的世界观、人生观、生命观，帮助他们有效地预防心理危机。

参 考 文 献

苏镇松，田立，2015. 高校研究生心理健康危机干预机制研究［J］. 长春教育学院学报（19）：106-107.

周春开，2015. 研究生心理危机干预体系的构建［J］. 黑龙江教育（11）：45-46.

风景园林硕士专业学位研究生双导师制培养模式研究

黄　凯

（北京农学院园林学院）

摘　要：双导师制是为培养创新性、实用性人才需要而建立的一种新型研究生培养模式。近几年研究生的急剧扩招使传统的单导师制度无法满足高等教育和社会发展的需要。本文从风景园林专业硕士培养上探讨双导师制度实施的问题及原因，并从思想认识、经费保障、导师聘用与分配、校内外导师职责分工等方面提出双导师制有效的实施对策和建议，寻求一条适合在扩招条件下提高研究生培养质量的新途径。

关键词：双导师制度　风景园林专业硕士　培养模式

随着我国经济的快速发展，市场上需要许多高质量的应用型人才来应对各行各业不断增大的需求。而为了满足这一需求，国家在 2009 年决定调整硕士研究生教育的培养目标和定位，优化硕士研究生教育结构，扩大招收以应届本科毕业生为主的全日制硕士专业学位研究生数量，积极发展具有中国特色的专业学位教育。

2009 年 5 月，国务院学位委员会明确指出，风景园林硕士专业学位研究生导师由本单位相关学科具有高级职称的教师担任，并推荐实践部门具有高级职称的专业相关人员担任副导师。因此，具有全日制风景园林硕士专业学位研究生培养资格的各个高校在制定全日制风景园林专业硕士规定时，基本采用双导师的培养模式，以求通过这一模式为社会培养出一批合格的风景园林高级工程技术与管理人员。

基金项目：2016 年北京农学院学位与研究生教育改革与发展项目资助。

作者简介：黄凯，教授。主要研究方向：乡村旅游与休闲农业。E-mail：hk2878@163.com。

　　研究生导师是研究生培养工作的主要组织者和实施者，其思想道德素质学术水平、指导能力和工作作风，直接影响研究生的成长，是培养研究生质量的关键因素。"专业学位是随着现代科技与社会的快速发展，针对社会特定职业领域的需要，培养具有较强的专业能力和职业素养、能够创造性地从事实际工作的高层次应用型专门人才而设置的一种学位类型。"单一导师制的培养模式导致研究生培养质量下降，无法达成专业学位研究生的培养目标，实行"导师组制"成为潮流和必需。但是，专业学位研究生教育发展迅速，不可能一下子有这么多高水平的指导教师。而专业学位研究生培养以专业实践为导向，其目的是培养具有扎实的理论基础和应有的专门技术，并适应特定行业或职业实际工作需要的应用型高层次专门人才。因此，实行双导师制成为专业学位研究生教育培养的一种方式。

一、实施双导师制的优势

（一）有利于开展校企合作

　　校企导师联合培养研究生模式的运用，有利于实现高校教学和社会需求的双向互补，在一定程度上可以缓解企事业单位生产和管理任务繁重、高层次人力资源不足的问题，同时也可以解决高校科研课题研究成果难以转化为生产成果的问题。由于研究生的参与，企事业单位能够完成更高质量和标准的课题，高校拓展了研究生课题选题来源、研究成果生产应用价值实现的途径，同时架起了高校与企事业单位的桥梁，实现研究生教育与产业需求的有机结合。

（二）解决导师队伍不足问题

　　近年来，为适应经济建设发展需求，研究生逐年扩招，培养规模急剧扩大。高校中研究生导师遴选和聘用的速度难以满足实际需要。导师数量上的不足导致所指导的研究生数量过多，难以针对研究生个性特征和职业取向开展具体指导，影响了部分导师的研究生培养质量。另外，高校承担的科研课题任务量大且多以理论研究为主，理论导师可以结合理论研究对研究生进行专业知识上的指导，而实践导师可以承担研究生实践学习阶段的指导任务，缓解理论导师的指导压力。

（三）解决理论与实践的差异问题

　　高校培养研究生比较重视理论水平。双导师制能够加强对研究生的引导，理论联系实际的课题研究给研究生提供将所学知识用于实践检验的平台，同时发挥双导师的各自优势，既有利于理论与实际的结合，也可以保证论文的水平和质量。双导师制有利于改变目前研究生培养中整齐划一、忽视个性、从理论到理论的模式，强化了应用型创新人才的培养。

二、实施双导师制的问题

虽然专业学位研究生双导师制模式的实施已经有几年时间，并且在实施过程中也进行了不断的改革和调整，但还存在以下问题：

（一）校内导师的教学实践水平偏低

专业学位研究生的校内导师一般都具有较高的学术研究水平。北京农学院风景园林专业硕士生导师中的许多人都是科研骨干，科研能力都十分强。但是，大部分导师对实践研究得少，实践经验没有真正在职场上的工程师们丰富。例如，部分专业学位研究生指导教师，不了解园林施工现状、施工时的突发情况、设计与施工的衔接情况，也不了解设计和施工过程中面临的一些急需解决的问题。他们在指导专业学位研究生实践时，往往浮于表面，无法做更深入、有效的指导。

（二）校内导师和校外导师的职责还不够明确

制定导师的工作职责是为了明确导师在培养研究生过程中的责任，规范导师培养研究生的过程，提高研究生的培养质量。因此，所有研究生培养单位都制定了研究生导师的工作职责和遴选条件与办法。但全国专业学位研究生的培养单位专门为指导教师单独制定工作职责的比较少，还分别阐述校内、校外指导教师工作职责的就更少了。

（三）校外导师教学研究水平参差不齐，而且在时间上没有足够的保证

校外导师的主要职责是负责学生专业知识在实践中的应用。理论上，他们不仅有很高的应用理论水平，而且在实践方面也有深入的研究，对实践中需要解决的一些问题具有独到的见解，在研究方法上也有过人之处。但实际上，现在聘任的校外导师研究水平和预期存在较大的落差。有些专业硕士研究生培养单位聘任设计院高级工程师担任专业学位研究生的校外指导教师，在单位或者在行业中他们是顶尖的设计师，设计做得十分出色，有许多在行业出名的设计作品，但他们的理论研究做得很少。聘任这样的校外指导教师，可能无法达到应有的教育效果。

有一些校外指导教师确实有很强的科研能力，过去也有很多科研成果，但由于后来升任领导职务，较少有时间再进行科研工作，有的很少有时间亲临实践第一线。因此，不再或者是很少对实践中的问题进行研究，其当然也没有办法对专业学位研究生进行有效的实践（研究）指导。

（四）对校内外导师缺乏有效的管理

风景园林双导师制是针对风景园林专业硕士提出的一种研究生的培养方式。其字面意思是配备校内和校外两位导师，校内导师主要负责学生在其专业上理论知识的学习，而校外导师则负责学生专业知识在该领域的运用。但是，根据调查情况来看，"双导师制"这一培养模式的实施现状不容乐观。除了对校内、校外导师没有明确细致的工作职责外，对校内、校外导师在指导专业学位研究生进行研究、撰写毕业论文的整个过程也缺乏有效的监督和管理。校内导师对专业学位风景园林研究生专业实践环节的参与不够，而校外导师参与实践的积极性不高，加上景观设计专业的工作十分繁忙，对研究生设计和工程上的指导不及时、不到位，这些问题在管理上并没有能很好地加以解决。高等院校很少制定明确的管理机制，对专业学位研究生导师大多只是单一的制定任聘机制，缺少具体的、有效的考核和奖励等机制。对校内外导师的监管力度缺乏，严重影响了校内外导师作用的充分发挥。因此，对校内外导师加强管理，充分调动校内外导师的积极性、掌控校内外导师指导专业学位研究生的学习和研究的全过程，是落实双导师制有效实施的重要保障。

三、应用型研究生培养中双导师制实施策略

（一）建立健全的双导师制

要保证双导师制能顺利实施，首先要做的就是在现有基础上建立健全的制度，从双导师的遴选、聘任、管理、监督、质量评价等各个方面来完善这一制度，使其充分发挥优势。特别是在实践导师的遴选上，必须具备两个条件：一是要具有丰富实践经验和一定理论水平，具备副高以上专业技术职称；二是要能够为研究生提供社会实践机会。遴选工作由研究生所在高校负责完成，必须对实践导师进行资格认定，与企事业单位签订共同培养研究生协议，同时约定理论导师和实践导师的权利义务。其次，在导师聘任中要充分考虑到理论导师与实践导师的结合，避免研究生理论学习内容与实践需求的差距过大。再次，在研究生培养过程中，实践导师与理论导师要共同完成研究生的指导工作，实践导师协助理论导师制订培养计划，磋商研究生应参与的科研内容，参与学位

论文的指导，还要为相关领域的研究生开设课程或专题讲座。最后，培养过程中重视实践环节。社会实践作为应用型研究生的必修环节，实践时间必须给予严格规定，且研究生实践结束后要通过高校和实践单位的共同考核，才能获得相应的学分。只有在实施过程中，针对不断发现存在的问题，逐步建立健全的双导师制，规范具体实施环节来解决这些问题，才能推进应用型研究生培养水平的不断提升。

（二）加强导师激励机制和责任意识

风景园林专业硕士双导师制度能否顺利实施，导师起到决定性作用，他们才是这项制度的推动者和实践者。高校应在现有基础上，进一步加强导师队伍建设，发挥导师的积极性、主动性、创造性。同时，还要注重提升实践导师的地位，充分发挥其能动性。要在观念上重视实践导师，对实践导师和理论导师在管理和待遇上力争做到公平合理。加强对实践导师的管理和激励，每年进行一次绩效考核，对优秀的实践导师进行奖励并开展经验交流，对不能履行职责的导师解聘。通过激励与考核促进导师更新知识，把握学科前沿知识，不断提升创新意识。

加强导师的责任意识，通过研究生教育的全程评估监督导师，促进导师培养水平的提升。无论是理论导师还是实践导师，必须明确自己的职责，具备高度的责任心和使命感，对研究生的各个培养环节负责，同时还要关注研究生的思想道德指导、职业指导和心理健康指导。

（三）协调双导师分工，加强沟通合作交流

高校作为导师管理的主体，应起到更加积极的作用，充分发挥沟通功能，协调双导师分工，成为导师间沟通的纽带，营造导师与导师、导师与研究生、高校与企事业单位间的良好氛围，共同完成培养任务。双导师间的有效沟通与合作，有利于全面了解研究生的综合素质与能力，充分考虑研究生个性特征和职业取向，有目的地培养优秀的应用型人才。

理论导师与实践导师之间也要通过多种渠道和方式加强沟通与合作。例如，由理论导师定期组织学术报告邀请实践导师参加，或者实践导师邀请理论导师到单位进行现场考察等，使双方进一步了解对方的培养方式方法，避免培养环节中出现真空地带。

（四）增强应用型研究生对双导师制的认同感

风景园林专业研究生是培养活动的主体，因此必须通过广泛的宣传教育使他们深入了解双导师制，转变对原有学术型研究生培养方式上的固有观念，增

强他们对双导师制的认同感，从心理上真正接受并积极配合双导师开展理论研究和实践活动，才能从根本上保障双导师制的顺利实施。

（五）加大支持力度，保障持续发展

风景园林专业硕士双导师制的实施有利于打破校企之间的壁垒，实现优质教育资源与社会资源的整合；有利于促进"产学研"的有机结合，提升国家的综合国力；也有利于提升高等教育的教育质量，满足国家社会经济发展对高层次、多类型人才的需求。但是，双导师制在具体实施的过程中需要面对和解决很多问题，例如，怎样克服校企之间制度的差异，如何解决由于聘请校外导师所带来的教育成本的增加等。由此可见，这一培养模式的成功实施需要学校、科研院所和企事业单位的多方参与和努力，尤其是政府，作为教育的主要责任方和协调方，应该从制度和经费等多方面给予大力支持，以保障和促进"双导师制"的顺利实施和持续发展，从而使研究生受益，使学校与企业实现"双赢"，使创新型国家的目标得以实现。

四、结束语

作为一种创新人才培养模式，风景园林硕士研究生双导师制能够弥补单导师制的不足，使研究生的培养过程趋于完整。通过校内导师和校外导师的共同指导，研究生的创新能力、实践能力以及理论结合实践的能力都能得到很大的提升。总之，风景园林硕士"双导师制"不仅有助于提高风景专业研究生教育的质量，而且能够满足国家对有创新能力的高级人才的需求，是适合在全国大部分开有风景园林专业的高校普遍推广和实行的研究生培养模式。

参 考 文 献

吕伟，2009. 教育创新视角下的研究生双导师制解读 ［J］. 沈阳航空工业学院学报（12）：128-130.

王胜永，周馨艳，赵林胜，等，2014. 风景园林硕士多导师培养模式的探讨 ［J］. 现代园林，11（3）：76-79.

周文辉，张爱秀，刘俊起，等，2010. 我国高校研究生与导师关系现状调查 ［J］. 学位与研究生教育（9）：7-14.

杜静，2011. 应用型研究生培养实践中的双导师制探索 ［J］. 高等农业教育（6）：78-80.

汪辉，赵国洪，2015. 全日制风景园林硕士专业学位研究生双导师制实施与对策 ［J］. 高等农业教育（4）：93-96.

农业信息化领域专业学位研究生人才培养探析

兰　彬　姚　山　刘艳红　李　靖

（北京农学院计算机与信息工程学院）

摘　要：本文通过对农业信息化领域专业学位硕士研究生几年的教学实践研究，从农业信息化专业研究生的培养目标入手，着重提出了本专业学位研究生招生、培养过程中存在的问题和不足。并在此基础上，对农业信息化专业研究生人才培养进行了深入的探讨，提出了相关建议。

关键词：农业信息化　人才培养　专业学位　课程体系

专业硕士研究生是针对社会特定职业领域的需要，培养具有较强的专业能力和职业素养，能够创造性地从事实际工作的高层次应用型专门人才而设置的一种硕士学位类型。根据社会经济发展需求，2009 年国务院学位委员会办公室制订了《全日制农业推广硕士专业学位研究生指导性培养方案》，2011 年，北京农学院计算机与信息工程学院正式开始招收全日制农业推广硕士专业学位研究生。目前，已招收 6 届全日制专业学位（农业信息化领域）研究生，毕业、在读的研究生共计 35 人。6 年来，培养了能运用信息技术、理论、方法，结合农学的知识和方法，解决农业生产、经营、管理与服务各环节中的具体问题，提高农业生产、经营、管理与服务水平的应用的复合型、高层次农业信息化人才。

一、农业信息化专业研究生的培养目标

农业信息化专业是培养适应新时代信息农业和现代农业需要的既懂农业科

基金项目：北京农学院学位与研究生教育改革与发展项目资助。

第一作者：兰彬，副教授，硕士生导师。主要研究方向：农业信息化。E-mail：lanbin3000@sina.com。

学又懂信息技术的新型跨学科的复合型人才。农业信息化是应用信息技术对农业科技领域、农业生产领域和农业流通领域进行提升与改造的一种活动；是在农业领域全面地开展和应用现代信息技术，使之渗透到农业生产、流通、消费以及农村社会、经济技术等各个具体环节；是现代农业发展的高级阶段，对于促进农业生产过程机械化、自动化程度，增强对农业市场的反应能力，提高经营管理的科学化和农业技术经济水平起到重要作用。

农业信息化专业主要为农业管理、农业教育、农业科研、农业推广、涉农企业等部门中与农业信息化相关的各种岗位培养应用型、复合型高层次人才。研究生既要掌握农业信息技术基础理论和系统的专业知识，又要独立从事农业信息化应用技术领域的工程技术和管理工作。因此，农业信息化专业研究生既要掌握现代信息技术和农业技术，又要善于现代信息产业的经营。目前，研究和探讨如何提高农业信息化专业研究生培养教育质量的途径与方法、培养适应我国农业信息化发展所需的高层次人才是摆在广大研究生教育工作者面前的重要课题和任务。

二、培养中存在的问题

（一）学生生源质量不高

高质量的生源是提高研究生培养质量的重要前提之一。但由于当前社会对农业信息化领域专业硕士学位认识有限，全日制的基础理论和工程能力得不到应用和提高。学生在报考、入学时思想不稳，甚至出现退学、休学等现象，导致这一领域研究生报考率不高，生源严重不足，优秀生源更是缺乏。多数研究生是通过调剂招收过来的，而且生源结构复杂，有的学生信息技术基础相对较差，而有的学生对农学背景知识一无所知，关键一点是大部分学生本科都是授予工学学位，而农业信息化领域硕士毕业授予的是农学学位，具有这样的"硬伤"使得在招生方面捉襟见肘。

（二）横跨学科领域突出

农业信息化的行业特点决定了其高层次人才培养必须进行学科交叉，信息科学和农业科学的交叉是高等农业院校研究生培养的一大特色。由于农业科学本身的复杂性和非线性，信息科学要在农业领域真正发挥作用，对其常规的理论和方法提出新的要求，反过来又必然会促进信息科学的发展。对于农业学科背景和信息学科背景的学生，要采取不同的培养方式。对农业学科背景的学生，除了必要的信息类课程学外，应着重培养其利用现代信息处理手段研究解决农业生命科学的内在规律和过程；对于信息学科背景的学生，除了必要的农科基础课程学习以外，应引导他们深入农业生产实际，领会农业生产过程的特点和需求，使其扩展信息技术在农业和生物领域内的应用。这样，对于师生的要求都非常高，任务非常重。

（三）师资队伍结构不合理

从培养方式来看，专业学位研究生教育强调其教学过程的实践性，教学活动以有关职业实践为基础。由于现有专业学位研究生导师多数从事理论研究，相对缺乏职业单位工作的经历，更不具备相关专业的实践经验，他们在学生实际指导过程中常常沿袭指导学术型研究生的方式，忽视专业学位研究生教育本身的属性与特征，过多地强调学生科研能力的训练和学术素养的培养，忽视了学生实践能力的训练，导致学生职业能力不强。农业科学技术没有真正地与现有的信息技术有效地衔接起来，与现有农业生产和农村发展管理现实存在一定差距，不能让毕业生真正做到毕业之后能从事农业信息化相关工作。

（四）教学实践环节不完善

培养学生的知识应用能力和创新能力是培养农业信息化领域专业硕士的有效手段。目前，现有的多数农业信息化领域专业硕士学位点，尤其是新增学位点，配套的实验室建设不完善、实践基地不稳定、实验室数据和实验材料短缺，难以保证应用性和实践性教学的顺利开展，严重制约了专业硕士研究生知识应用能力和创新能力的培养。实践教学是整个教学活动不可缺少的组成部分，它是对理论知识的验证、补充和拓展。然而，农业信息化领域专业硕士在顶岗实训环节上并没有做好，实践教学难以保证，教育指导委员会明确提出要求，在两年的专业学位硕士生学习过程中，实践环节必须保证不少于 12 个月（一年）。但从目前实际上看，大多数学生在上基础理论课、研究生开题、发表学术论文、撰写毕业论文的紧迫时间里是很难达到一年的实训要求。实践环节考核难，没有统一的标准来评判，难以保证实践环节的应用性和可行性。

三、对人才培养的建议

（一）重新论证课程体系

首先，课程设置建议根据知识体系体现综合性，即在课程设置上抛弃"学科中心型"的旧观念，应适应科学知识综合化的趋势，增设综合化程度不同的跨学科课程，建立综合化多学科立体交叉的课程体系。其次，注重课程的创新性，课程体系的生命力在于创新，农业信息化领域也要特别重视课程内容的更新，积极地把科技文化的新成就吸纳到本领域的课程中，并开设一些代表未来社会科学发展方向的课程，从而使课程体系更加具有灵活性。最后，还需要培养单位立足学科优势补充选修课，开设有利于主体个性发展的课程，开设可供学生自主选择的课程。

（二）优化课程内容结构

注重课程结构的优化和课程内容的更新，在构建课程结构体系上使课程设置向跨学科、综合化的方向发展，如开展网络远程教学、适当补充数学类课程、合理融合农业信息化导论和农业信息化进展两门必修课程、在学位论文深度和广度上提出框架性要求和规范、开展精选案例教学模式和慕课授课模式等。硕士生导师和授课教师要不断关注前沿知识和现实需要，尽量使教育内容与学科的最新发展、农业信息化的现实需要结合起来，使农业信息技术对农业科技、农业生产和农业流通等领域进行更为有效地提升和改造。

（三）增加实践环节教学

农业信息化专业研究生的培养需要突破专业性的培养框架，强调整体性、宽广性和实践性。农业信息化专业研究生不仅要掌握现代技术理论方法，还要学会技术与管理相结合，要了解农村、农民、农业基本政策；具备较强的创新能力、信息收集处理能力、组织管理能力和协调沟通能力。所学课程根据专业方向进行模块化设计，课程内容在基础性、实践性、先进性和学科交叉性的基础上，突出对实践的指导性。在教学的深度上不断加强，增加农业信息化领域专业学位教学与全日制本科教学的区分度。在教学的宽度上不断加强，强化实践教学环节，增加与学科学位研究生培养的区分度。

（四）加强导师队伍建设

教师的提高主要不是靠听课进修，而是靠研究工作，边研究边学习，这是主要方法。不搞教学研究，仅靠捧着书本上讲台是上不好课的，研究生导师必须以研究者的心态置身于教育教学活动中，以研究者的眼光审视、分析和解决教育教学实践中的问题，把教育教学与反思、教育教学与研究相结合。把握好研究生导师的遴选标准，建立行之有效的遴选制度，对农业信息化技术学科导师的研究能力、学术成果和道德水准应有明确的规定；针对每个新入学研究生的特点，制订农业信息化技术学科研究生的个人培养计划，积极开展学科交叉学术讨论，形成多学科的学术环境。

四、结束语

农业信息化领域专业学位研究生的培养是一个复杂的系统工程，其包括课程教学、科学研究与实践、学位论文撰写等主要环节。在农业信息化领域，专业学位硕士的教学管理中采用目标管理和过程管理相结合的方式，平衡运作课程教学、科学研究与实践、学位论文撰写等过程。研究生教育必须坚持以科学发展观为指导，遵循专业学位研究生教育规律，根据高校自身的特色和社会对农业信息化的需求进行准确定位，广泛开展农业科学和信息学科之间跨学科的学术交流，改革现行课程体系并在实践中不断完善，使之既能符合高校实际，又能满足行业、社会对专业学位研究生知识能力结构的要求，培养适合我国农业信息化建设所需要的人才。

参 考 文 献

李乃祥，等，2010. 探讨农业信息化技术专业硕士研究生的培养 [J]. 农业网络信息（9）：122-124.

刘艳，等，2011. 农业推广硕士农业信息化领域课程体系探析 [J]. 电子世界（12）：88-89.

潘洪军，2013. 农业信息化领域专业学位研究生综合素质培养分析 [J]. 吉林工程技术师范学院学报（4）：18-20.

王立地，等，2008. 农业高校信息类专业应对农业信息化发展的策略研究 [J]. 高等农业教育（7）：54-57.

都市型高等农业院校农业资源利用专业硕士培养模式发展途径探讨

刘 云 梁 琼

（北京农学院植物科学技术学院）

摘　要： 农业资源利用专业硕士是北京农学院近 4 年新招生的专业，是适应都市型高等农业院校、迎合都市型现代农业发展的需求而设置的。基于此，本文围绕首都农林高校农业资源利用专业特殊的背景情况，专业硕士培养目标中实践性和职业性要求，探讨在课程体系中多注重学术交流、加强实践环节建设，与科研院所和校企联合培养、注重就业导向等方面来拓展该专业硕士的培养模式。

关键词： 培养模式　农业资源利用　专业硕士　都市型农业高等院校

教育部规定农业资源利用专业硕士培养特征：为本领域相关行政部门、行业与企事业单位和农村发展培养农业资源（包括土壤、水分、养分以及气候、生物、农业再生资源和土地资源）优化配置和持续、高效利用、环境安全及进行农业环境保护的应用型、复合型高层次人才。

北京农学院是一所特色鲜明、多科融合的北京市属都市型高等农业院校，都市农业是北京农学院的定位方向。因而，农业资源利用专业硕士作为北京农学院新设立的专业硕士点，要求其培养模式要紧密围绕都市农业的资源与环境问题发展。本文围绕基于首都都市农业功能定位下农业资源利用专业硕士的发

基金项目：2016 北京农学院学位与研究生教育改革与发展项目"农业资源利用专业硕士点建设与人才培养模式创新探索研究"资助。

第一作者：刘云，教授。主要研究方向：生态环境。E-mail：housqly@126.com。

展方向、培养目标、培养特征和现状进行分析，进一步阐述农业资源利用专业硕士培养模式的发展途径。

一、首都高等农业院校农业资源利用专业硕士的背景分析

（一）专业学位硕士招生的提出

2009 年，为完善专业学位研究生教育制度、增强专业学位研究生的培养能力，我国开始大量招收应届本科毕业生攻读硕士专业学位，实行全日制培养。2013 年，为深化研究生教育改革，我国又提出积极发展硕士专业学位研究生教育。专业学位研究生教育源于科学技术的发展及其在社会生产和生活中应用范围的不断拓展，是高等学校适应社会职业发展对高层次应用型人才的需求而建立起来的一种研究生教育类型。自其产生以来，实践性始终是专业学位研究生教育的基点。

（二）首都都市农业功能定位及农业资源利用专业硕士的发展方向

都市农业指位于城市内部及城市周边地区，依托城市发展并为城市提供农产品、观光农业、生态农业等农业产品的现代农业，是城市生态系统的有机组成部分。都市农业要求农业要进行多功能定位，农业多功能性指农业在保证粮食和其他农产品供给的同时，兼具人口承载、生态环境保护、景观美学、文化传承等多种功能。发挥农业的多功能性是现代都市农业发展与进步的一个必然趋势，对于实现农业可持续发展及建设"宜居城市"意义重大。

自 2004 年北京进入都市型现代农业的快速发展阶段以来，以农业的多功能开发为中心，运用现代高新技术改造传统农业，从根本上改变传统农业生产方式，使都市农业迅速向资本和技术密集的产业发展。但随着工业化和城市化进程的加快，北京土地资源和水资源日渐稀缺。自 1985 年以来，北京市水资源总量有明显下降趋势，其主要构成地表水资源和地下水资源都在减少，尤其以地表水资源最为严重。北京农业"高投入、高消耗、高产出"的特点明显，耕地用养失调、土地质量下降、裸露农田增多、耕地和水资源废弃物污染严重、土壤重金属超标等问题日益突出。

面对都市型农业带来的这些严重的资源短缺和环境恶化问题，首都高校农业资源利用专业的培养还有许多方面需要提高。这些方面主要表现在：培养目标比较单一，以应用研究为主，不太适合高层次学术型人才的培养；教学模式比较简单，课程体系建设发展缓慢，对学生自主创新性学习及课程的前沿性、交叉性重视程度不够，一定程度上影响了研究生培养质量。基于这些问题需要

凝练专业培养方向为：一是水土资源高效利用；二是水土环境污染调控及质量提升。

（三）农业资源利用专业硕士的现状

农业资源利用专业硕士的师资来自北京农学院农业资源与环境系的专业教师，研究方向分为：土壤环境与营养施肥、生态学和环境科学。教师们均取得博士学位，可见师资力量比较雄厚。

该专业硕士招生从 2013 年开始，依托的本科专业招生刚 10 年，硕士生源主要来自本校农业资源与环境专业和其他农林院校的环境科学、生态学、地理学等专业。这两年来已经毕业硕士研究生 11 人，在读学生 29 人，为首都的农林业、气象、国土、水利、土肥、环保等相关领域提供了重要的专业和管理人才。但目前招生规模很难满足首都对本专业人才的需求。

研究生的科研资金基本来自导师的课题，而学校配套科研经费相对比较少，科研积累少，科研平台比较薄弱。因而，只有与其他科研院所联合才能为研究生培养增长更大的空间。

二、专业学位硕士的培养模式、目标及内涵特征分析

（一）专业学位硕士的培养模式

研究生培养模式是指培养研究生的形式、结构与途径。它探讨的是研究生培养过程中诸因素的最佳结合与构成。具体来说，是由培养目标、入学形式、培养过程、培养评价等共同组成的一个相互作用的有序系统，是决定研究生培养质量的根本性因素。

从我国专业学位研究生教育的发展历程看，自其产生以来，国家一直强调密切结合经济建设和社会发展实际需要，加强高校与实际部门的结合，构建人才培养、科学研究、社会服务等多元一体的合作培养模式，注重理论与实践相结合，着力培养研究生应用专门知识研究、解决实际问题的能力。

（二）专业学位硕士的培养目标

2009 年教育部颁布《关于做好全日制硕士专业学位研究生培养工作的若干意见》，标志着我国硕士研究生教育开始了从以培养学术型人才为主向学术型与应用型人才培养并重的战略性转变。在这场变革中，如何采取有效措施来确保全日制专业学位研究生培养目标，是每个培养单位都需要思考的问题。教育部、人力资源和社会保障部《关于深入推进专业学位研究生培养模式改革的

意见》（教研〔2013〕3 号）明确指出："专业学位研究生的培养目标是掌握某一特定职业领域相关理论知识、具有较强解决实际问题的能力、能够承担专业技术或管理工作、具有良好职业素养的高层次应用型专门人才。"这一培养目标规定了专业学位研究生教育应以培养研究生的专业能力和职业素养为核心，而专业能力和职业素养的形成离不开职业实践。

（三）专业学位硕士的内涵特征

2010 年，国务院学位委员会颁布的《硕士、博士专业学位研究生教育发展总体方案》中指出，专业学位"是随着现代科技与社会的快速发展，针对社会特定职业领域的需要，培养具有较强的专业能力和职业素养、能够创造性地从事实际工作的高层次应用型专门人才而设置的一种学位类型"。这一界定明确了专业学位研究生培养目标的特有内涵：一是必须具有较强的专业能力和职业素养；二是必须具有创造性地从事实际工作的能力；三是必须是高层次应用型专门人才。

三、农业资源利用专业硕士培养模式的发展途径

（一）课程体系中多注重学术交流环节

研究生的每门课程的教学模式已经不再局限于课程计划的条条框框，而应该积极开展学术交流，提高创新能力学术交流。这样能充分锻炼研究生的创新能力，可以提高研究生的培养质量。要采取各种措施为研究生创造交流的机会，如开设精品讲堂，邀请国内学术名家开展专题讲座；利用培养单位国际交流的优势，聘请国际知名学者开展专题讲座；针对就业市场和就业形势，邀请社会知名企业家开展专题讲座；为提高研究生的综合素质，适当邀请文化名流开展专题讲座。通过这些措施，开阔学术视野，增进国际交流，了解企业文化，提高人文素养，实现研究生全面发展。

（二）加强实践环节建设

实践基地是专业学位研究生开展专业实践的重要载体和基本保障，对提高专业学位研究生的实践研究与创新能力起着重要的作用。专业实践是专业学位研究生教育的重要教学环节，但专业学位研究生的专业实践不同于一般的教学实践，它是围绕特定的专业化的职业领域，以研究生为主体、以实践基地为载体，将理论应用于解决实际问题并对实际问题进行理论思考的过程。这一过程包含理清问题情境、从问题情境中建构出可处置的问题、寻找解决问题的可靠

方法和衡量解决方案的适切性等环节，即探究和创新是贯穿专业实践活动的一条主线。因此，研究生在专业实践中应善于从专业领域发展的现实需求中发现问题、提炼问题、思考问题，学会设计解决方案，学会通过观察、实验、调研等活动对问题提出解答、解释和预测，提高自身综合运用理论、方法和技术解决实际问题的能力和素养。同时，研究生不仅应立足于解决特定情景中的问题，更应强化对具体实践行动的反思，学会通过反思实践来获得个性化的实践知识与实践智慧。

（三）培养过程中的联合机制环节

近些年，高校一直在探索提高专业学位研究生培养质量的方式方法，通过聘任企业导师、建立实践基地等方式，以提升专业学位研究生实践能力，也取得了一定成效。大多数教师擅长理论研究，高校应整合校外教育资源，聘请具有丰富实践经验的专业人员担任兼职教师，以弥补校内教师实践经验相对不足的缺陷。校内教师与校外专家组成师资队伍，实现校内外教师优势互补，共同负责专业学位研究生的培养工作，将使研究生的课程学习、专业实践和学位论文工作等得到有效的指导，促进人才培养与经济社会发展需求的紧密结合。

联合培养研究生模式采取的方式主要是依托高校等具备招生资格的科研教学单位作为研究生培养单位，本校导师为第一导师，科研院所专家或企业的专业人士作为校外第二导师合作培养。这种培养模式解决了科研院所招生严重短缺的难题，有效地缓解了首都高等院校科研资金不足的困境。

培养紧密结合需求，学习之余还要参与联合培养单位的科研、生产实践等活动。因此，研究生培养紧密联系科研单位科学研究及生产实际等诸多方面需求，实现了人才培养与科技创新的有机结合，培养这方面的研究人员有利于促进我国农业科技的发展。

（四）依托就业导向的培养环节

众所周知，专业型研究生培养的是应用型人才，其在毕业后可以直接进入到实际工作部门，而目前的状况是专业型研究生培养依附于学术型研究生教育，其自身没有完善的教育培养体系，所培养的应用型研究生更是难以适应用人单位的现实需要。把研究生教育仅仅理解为本科生教育的自然延伸，非常自然地用本科生教育的模式来套用研究生教育的实际，用本科生教育的规范及其价值定位来评定研究生教育。而应用型研究生以培养高层次、应用型技术人员为目标，侧重于实际工作能力的培养。

　　研究生教育不仅要为科研机构和高等学校提供学术人才，还要为社会培养各类高层次专门人才。应用型研究生培养主要是为满足社会各行各业对高层次应用型人才的迫切需求。这类研究生不仅要具备系统的专业知识，更重要的是具有应用理论知识解决实际问题的综合素质。为此，需要进一步转变培养目标，树立以就业为导向的基本理念，积极培养具有一定研究能力和较强实践素质的高质量应用型人才。

参 考 文 献

杜建军，2013. 校企联合培养研究生的办学实践对全日制专业学位研究生培养的启迪 [J]. 学位与研究生教育（3）：16-19.

郭锐，2013. 新时期我国研究生培养模式改革探究 [J]. 高教探索（5）：113-117.

何忠伟，曹暕，2014. 北京休闲农业发展现状、问题及政策建议 [J]. 中国乡镇企业（1）：78-81.

黄修杰，李欢欢，熊瑞权，等，2013. 基于 SWOT 分析都市农业发展模式研究——以广州市为例 [J]. 中国农业资源与区划，34（6）：107-112.

江晶，史亚军，2015. 北京都市型现代农业发展的现状、问题及对策 [J]. 农业现代化研究，36（2）：168-173.

刘国瑜，2015. 专业学位研究生教育的实践性及其强化策略 [J]. 学位与研究生教育（2）：19-22.

刘志远，2016. 农业科研院所研究生培养模式与发展探讨 [J]. 农业科技管理，35（4）：88-90.

路萍，2014. 我国研究生培养模式存在的问题及建议 [J]. 时代教育，21（11）：104-105.

彭建，刘志聪，刘焱序，2014. 农业多功能性评价研究进展 [J]. 中国农业资源与区划，35（6）：1-8.

彭建，赵士权，田璐，等，2016. 北京都市农业多功能性动态 [J]. 中国农业资源与区划，37（5）：152-158.

齐爱荣，周忠学，刘欢，2013. 西安城市化与都市农业发展耦合关系研究 [J]. 地理研究，32（11）：2133-2142.

潜睿睿，2015. 专业学位研究生科教协同培养模式构建研究——基于产业技术研究院的探索与实践 [J]. 学位与研究生教育（6）：22-26.

秦德辉，2015. 农业科研院所研究生管理工作问题的思考 [J]. 农业科研经济管理（3）：39-41.

孙友莲，2013. 专业学位研究生的特殊性呼唤培养模式的独特性 [J]. 学位与研究生教育（10）：15-18.

王青霞，赵会茹，2009. 应用型研究生培养模式初探 [J]. 华北电力大学学报（社会科学版）（5）：136-139.

叶邵梁，1998. 研究生教育必须走理性发展之路 [J]. 教育改革与管理 （2）：32-34.

于东红，杜希民，周燕来，2009. 从自我迷失到本性回归——我国专业学位研究生教育存在的问题及对策探析 [J]. 中国高教研究 （12）：49-51.

Peng J，Liu Z C，Liu Y X，et al，2015. Multi-functionality assessment of urban agriculture in Beijing City，China [J]. Science of the Total Environment （537）：343-351.

研究生课程教学
和实践基地建设

自主创业背景下农林项目投资评估课程改革研究

曹　暕　李　华

（北京农学院经济管理学院）

　　摘　要：在中央提出"大众创业，万众创新"的背景下，大学如何通过课程改革培养学生的创业能力已经成为一个亟待研究的课题。本文根据北京农学院经济管理学院的实际，在对学生创业能力培养途径分析的基础上，提出农林项目投资评估是培养学生创业能力的一个良好载体。在这种情况下，提出农林项目投资评估课程改革的方向——案例教学，并对案例教学的实施等具体问题进行了分析。

　　关键词：自主创业　创业能力　案例教学

　　在"大众创业，万众创新"的背景下，大学生、研究生的创业能力越来越被重视。联合国教科文组织在《21世纪的高等教育：展望与行动的世界宣言》中明确提出：培养学生的创业技能，应成为高等教育主要关心的问题。我国也在《关于深化教育改革全面推进素质教育的决定》中强调指出："高等教育要重视培养大学生的创新能力、实践能力和创业精神，普遍提高大学生的人文素养和科学素养。"

　　2011年，教育部颁布《教育部关于实施卓越工程师教育培养计划的若干意见》（教高〔2011〕1号）。自此，中国高等教育开始实施"卓越工程师培养计划"。其中，"卓越农林人才教育培养计划"是为深入贯彻中共十八大、十八届三中全会精神，落实《国家中长期教育改革和发展规划纲要（2010—2020

　　基金项目：2016年北京农学院学位与研究生教育改革与发展项目"农林项目投资与案例分析课程建设"以及北京农学院教育教学改革立项"'卓越计划'中农经类课程教学方法改革——以案例教学为例"（编号：BUA2016JG028）资助。

　　第一作者：曹暕，副教授。主要研究方向：农产品市场与政策、畜牧经济。E-mail：c _ jcaojian@163.com。

年)》，根据《教育部农业部国家林业局关于推进高等农林教育综合改革的若干意见》要求，推进高等农林教育综合改革，经研究，2014 年 9 月起，教育部、农业部、国家林业局共同组织实施"卓越农林人才教育培养计划"。这些都为进一步落实提升创业能力提出了方向性的参考。

北京农学院经济管理学院积极响应，多方组织开展论证以农业经济管理专业为实施对象的复合应用型农林经济管理人才培养的实施计划，积极探索卓越农林经济管理人才培养的运行机制和实施策略，推动卓越农林经济管理人才培养的全面实施，提高学生创业能力。

在农林经济管理专业本科生和研究生教学体系中，农林项目投资评估都是专业必修课之一，是农林经济管理专业的核心主干课，而且其在培养学生创业能力方面也起着重要的作用。大学生创业也是投资项目。通过投资项目评估课程的教学，可以培养学生的专业能力和社会能力，主要涉及经营管理能力、财务能力、观察能力、捕捉机会能力、组织协调能力、决策应变能力、适应环境能力、求新求变能力等（张贵友等，2010）。

一、学生创业能力培养的基本途径

鼓励大学生、研究生毕业后自主创业，就需要在在校期间教会学生如何创业，这就是创业教育。创业教育是通过开发和提高学生创业基本素质与创业能力的教育，目的是使学生具备毕业后从事创业活动所需要的各种知识、能力。开展创业教育是高等教育发展的必然选择。在创业教育中创业所需要的知识，包括基本的金融、贸易、管理、财务等方面，这些在北京农学院经济管理相关专业本科生和研究生的课程体系中都已经包含。

对于创业能力的培养并不是一朝一夕能达到的，而且这种培养渗透在学生在校的各个方面，但最主要的还是来自于课程。因此，要重视改革课程体系和项目教学模式，构建能提高学生创业能力的新型教学模式，并在教学实践中加以运用。

农林项目投资评估正是这样一门教授创业知识、培养创业能力的课程。

二、农林项目投资评估课程的基本情况

农林项目投资评估同时也是一门操作性很强的课程，该课程的改革须注重课程的实用性和操作性，防止脱离现实需要的纯理论化、抽象化的教学，要使学生既能掌握投资项目评估的基础理论知识，又能熟练地从事项目评估实务

操作。

归纳来看，投资项目评估课程教学具有以下特点：一是综合性，项目投资评估需要从市场、技术、组织、经济、财务、社会6个方面进行，这些内容是在总结、借鉴诸多相关学科知识的基础上综合而来的。因此，要想学好农林项目投资评估这门课程，需要综合掌握很多相关知识。二是实操性，投资项目评估中项目建设背景分析、项目必要性分析、项目建设地点的选择，以及经济论证、技术论证、风险分析等都与社会实践密切相关。课程中所讲授的例子都是实际中发生的，而非虚拟的。三是实用性，正是由于此门课程实操性很强，因此也是学生毕业后运用比较多的课程之一，例如分析一个项目的可行性就是普遍能够遇到的一个问题。因此，投资项目评估课程是一门集专业知识与社会现实于一体的强调实际操作性的课程。通过开设该课程，可以为企业培养具有对投资项目评价能力的人才。

三、农林项目投资评估课程改革方向——案例教学

（一）案例教学的重要性

创业的第一步就是要评估此创业项目是否可行，这就需要用到项目投资分析的相关内容。

将案例教学引入到农林项目投资评估的课程教学之中来，就是将农林项目投资评估实践中大量的案例总结，组织学生对案例进行阅读、思考、讨论和交流。在案例分析中，注重引导学生把案例所反映出来的相关理论知识相互联系，在案例分析过程中进一步丰富学生的专业知识、增强专业技能，尤其对于学生的创业能力是最好的训练方法之一。

案例教学在提高学生创业能力方面有以下好处：

1. 案例教学有助于学生自主思考能力　案例教学是通过启发来进行教学，注重在提出实例之后提出问题，在学生的共同参与下，通过对案例的分析，得出相应结论。在整个教学活动中，有利于调动学生的积极性，更好提高教学效果。

2. 案例教学有助于激发学生的求知欲　案例教学是通过形象、生动的案例来进行，这些农林投资项目的案例都是任课教师精心选择的。相比课程中抽象、枯燥的教学部分而言，更能激发学生的求知欲。

3. 案例教学有助于学生理论联系实际　案例教学以学生为中心、为主体，将被动听课变为主动参与，有利于学生深化理论教学，有利于巩固理论知识，有利于学生参与意识的培养和潜在能力的发挥。

案例教学的这些价值使得案例教学在农林项目投资评估教学中起到了其他教学方法不能起到的作用。

（二）案例教学的实施

1. 案例的选择　在案例的选择过程中，教师可以选择客观真实的案例，让学生对实际应用有比较真实客观的认识，同时也激发了学生的学习兴趣；也可以选择模拟的案例，因为在案例教学中，重要的不是案例的具体内容是否真实可靠，而是案例对教学能起到多大的作用，当然能将两者统一起来的案例是最好的。

在案例实施过程中，教师可以根据具体的教学内容和教学案例分别采用讨论法、质疑法、提示法、操作法等不同教学方法。也可以根据教学内容和教学目的，选择针对性强的典型案例进行讨论分析；教学内容结束后，可以选择综合性较强的案例加以分析探讨，使得学生对项目评估过程有一个整体、宏观的了解和认识。

在农林项目投资评估课程中案例教学就是把案例作为教材的一部分，让学生处在决策者的地位来分析问题、解决问题。在讲授完理论部分后，结合所学内容，对投资项目进行模拟案例分析，并组织学生进行案例讨论，撰写出案例分析报告。这样，使学生有针对性地运用理论知识去分析问题，达到不仅知其然，而且知其所以然的教学目的，从而加深对理论知识的理解。同时，在讨论中让学生发现自己的薄弱环节，再予以弥补。这样既巩固了理论知识，又提高了实际操作的能力。

2. 案例教学的实施　农林项目投资评估课程中，案例教学与传统教学不同，没有统一的大纲和模式。在实际教学中，根据本校研究生的具体情况加以灵活运用。

农林项目投资评估案例教学组织实施的基本步骤、程序和内容大致遵循如下的规则：

案例教学的安排与课程体系保持一致，其内容和程序应与课堂教学同步，根据需要在每部分内容中引入相适应的教学案例。案例教学以学生讨论为主，教师加以适当引导，其基本步骤为：布置案例→提出要求→个人分析→分组讨论→课堂发言→教师讲评→学生自我总结。

在农林项目投资评估案例教学中，笔者选择的案例主要是以下几种：

（1）真实案例。笔者根据自己所接触的项目评估实战案例，或者从相关书籍、报纸、电视等方面寻找真实的资料，按照课程需要自行编写真实案例。真实的案例可以使学生处于客观真实的世界中，对项目进行评估，从而激发学生兴趣。

（2）有针对性的案例。课程中所选择案例要与所讲授的理论内容相吻合。在实际的教学中，根据教学内容和教学目的，选择有针对性的案例更有利于深化学生对所学理论内容的认识和理解。

（3）综合性强的案例。农林项目投资评估是一个系统，需要必要性评估、市场评估、技术评估、财务评估、经济评估等。在对项目评估相关理论分项讲解之后，需要对各个方面进行综合分析。这就需要选择一个系统性案例，对整个投资项目评估思路和逻辑框架进行全面说明，加深学生对项目评估整个内容体系的认识、理解和运用。

研究生农村发展理论与实践课程案例教学的实践与思考

赵海燕

（北京农学院经济管理学院）

摘　要：在教育规模持续扩展的当前，研究生教育质量亟须提升。由于案例教学法具有目的性、实践性、启发性和互动性的特点，适合在农村发展经济学这门研究生课程教学中应用。教学实践证明，案例教学法有利于对理论知识的阐释，积累实践认知，能激发学生学习积极性，培养其创新思维，并有利于改革教学方式，提高教学质量。为进一步规范案例教学法，教师应把握拟定计划、布置案例、小组讨论、课堂发言和案例总结 5 个环节。

关键词：案例教学法　农村发展理论与实践　教学实践

在教育规模持续扩展的当前，研究生教育质量的重要性毋庸置疑。农村发展理论与实践作为发展经济学理论的一个部分，是高等院校全日制农业推广硕士专业学位、农村与区域发展领域研究生培养的主干课程。该课程以中国农村发展的理论和实践为主要研究对象，研究分析中国农村发展的历史进程以及新时期及改革开放以来的中国农村发展。在当前我国经济发展进入新常态、农村发展进入新阶段的新形势下，如何在该课程中较好运用"案例教学"这一舶来品，提升研究生的理论和实践能力，已成为高校专业教师所面临的重要课题之一。

基金项目：北京农业产业安全理论与政策创新团队项目以及北京农学院学位与研究生教育改革与发展项目"《农村发展理论与实践》课程建设"资助。

作者简介：赵海燕，教授，博士。主要研究方向：都市型现代农业。E-mail：yanhappychina@126.com。

一、案例教学法的特点

案例教学法是在学生掌握了有关基本知识和分析技术的基础上，在教师的精心策划和指导下，根据教学目的和教学内容的要求，运用典型案例，将学生带入特定事件的现场进行案例分析，通过学生的独立思考或集体协作，进一步提高其识别、分析和解决某一具体问题的能力，同时培养正确的工作作风、提高沟通能力和协作精神的教学方式。

案例教学法最早可以追溯到古希腊、古罗马时代，但它真正作为一种教学方法的形成和运用，却是在1910年美国哈佛大学的法学院和医学院。20世纪初，案例教学法开始被运用于商业和企业管理学，其内容、方法和经验日趋丰富和完善，并在世界范围内产生了巨大的影响。尤其在现代社会，经济发展加速，全球市场日益形成，市场竞争日趋白热化。在这种时代背景下，知识、人才的价值和作用日益凸现，特别是在人才对知识的实际应用能力、对瞬息万变的市场的快速反应能力以及在不充分信息条件下的准确决策能力等方面提出了更高要求。案例教学法作为一种务实且有明确目的的、以行动为导向的、行之有效的训练方式在中国高校教育中也越来越受到青睐。案例教学法的特点主要表现在：

（一）目的性

根据克里斯坦森的观点，案例教学的目的是"帮助学生培养一种理解问题的方式并且有助于一个组织的问题的解决"。在案例教学中，通过一个或几个独特而又具有代表性的典型事件，让学生在案例的阅读、思考、分析、讨论的过程中，建立起一套适合自己的完整而又严密的逻辑思维方法和思考问题的方式，而且这个过程经常是在时间短、信息不完全的情况下进行的。这样有利于提高学生分析问题、解决问题的能力，进而提高学生的素质。在学生参加工作后，这些能力和素质将有利于他们掌握岗位技能，获取工作经验，更快地融入社会环境，成为栋梁之才。

（二）实践性

案例教学中的案例取之于实践，是现实所发生的真实事件，是常见的却又复杂的问题，具有真实的细节。学生在老师的指导下，根据自己所学的知识，身临其境地将自己置于"主人公"或决策者的地位，认真分析案例中的人和事，仔细梳理各种错综复杂的情节，找出解决问题的方法。因此，案例教学是一种将真实世界引入课堂的方式，让学生运用课堂所学的理论知识来解决现实或真实问题，有利于学生对理论知识的理解和运用，实现从理论到实践的转化。

（三）启发性

与传统教学模式相比较，案例教学对学生具有较强的启发性。在传统教学模式中，教师力求通过学生对习题的演练来应用其所学的概念与理论，寻找正确的答案；通过答案的正确与否来检验学生对学习内容的掌握程度。而在案例教学中不存在绝对正确的答案，教师重在引导学生通过对案例的分析，开拓其视野，激活其思路，启发学生建立一套思考问题的方法和分析问题、解决问题的思维方式，提高能力。

（四）互动性

案例教学以师生互动和学生的积极参与为前提，以教师为指导、以学生为主体，真正实现教学相长。其中，教师是主导者，掌握教学进程，引导学生思考，组织讨论，最后进行归纳总结；学生是中心，对案例所提问题进行讨论、争辩，发表个人或小组见解，并虚心听取他人见解，最终提高自己分析、解决问题的能力。可见，在整个案例教学过程中，学生将在教师的引导下，积极参与并获得锻炼，教师也将随着学生思路的发展而不断获得新的信息。因此，案例教学是一种积极的、互动的教学模式。

二、案例教学法在农村发展理论与实践教学中的应用功效

农村发展理论与实践围绕改革与发展的主线条，系统介绍农村发展，尤其是农村经济发展的基本理论、基本思想、基本原则和基本方法，它着重研究农村发展进程中，组织及要素等演变的普遍规律性，为农村的长期可持续发展提供指导理论和方法。由于案例教学本身具有目的性、实践性、启发性和互动性的特点，因此它符合该课程的特色，能较好满足其基本要求。结合教学实践，笔者认为案例教学在农村发展理论与实践教学中的应用功效主要表现在以下 3 个方面：

（一）案例教学法是阐释理论知识，增强实践认知的有效途径

农村发展理论与实践是一门综合性、实践性、应用性很强的学科，融科学性和艺术性为一体。课程教学的基本要求是既要使学生系统掌握中国农村发展的历史进程以及新时期及改革开放以来的中国农村发展，又要培养其分析和解决实际问题的能力。在以往的传统研究生教学中，课堂上仅限于理论知识的分

析和讲解讲授，其结果是学生通过死记硬背记住了一些基本的理论，但遇到实际问题时却往往束手无策。而案例教学则在知识与能力之间架起了一座桥梁，将高度规范化、理论化、抽象化的管理理论与原则，借助于书面描述的案例还原到现实中，让学生置身于特定的情景之中，身临其境地利用所学理论知识对案例事件做出分析判断，通过独立思考、集体讨论寻找解决实际问题的方法与途径。例如，在"农村土地改革"这一章中，农村土地改革的概念、特点、模式与运行机制等重难点内容如果仅仅依靠教师的课堂讲解，学生听后仍比较抽象，而结合"中国农村土地改革进程与实质"这一案例，将新中国成立初期的土地改革、中共十一届三中全会的家庭承包经营以及当前的"三权分置"为具体实例，运用该章的知识分析、讨论土地改革的进程，特别是土地改革的实质，并从土地改革中认知中国农村改革的本质，既有利于学生掌握和巩固理论知识，又能有效地利用案例去分析和解决问题，提升学生的认知、思考及思辨能力。同时，参与案例的小组讨论、课堂辩论，并撰写案例分析报告等，对提高学生的思辨能力和口头、文字表达能力，提升学生的人际技能、培养团队合作精神都起到了重要作用。

（二）案例教学法是激发学习积极性，培养创新思维的重要手段

对于 21 世纪的中国研究生教育而言，强调培养学生的创新思维能力极为重要。在传统教学模式中，教师主动地讲，学生被动地听，学生的思维总是围绕着教师的思维转，没有表现自己独立性与创造性的机会。而且，这种单纯的讲授使学生的大脑始终处于单调而紧张的状态，易于疲劳，更谈不上学生思维能力的发展与提高。在案例教学中，学生不再是知识的被动接受者，而是以当事者的身份、主人翁的姿态，在教师的指导下，认真阅读案例，领悟案例，形成自己的判断和观点，并积极与其他同学一起探索、推敲，学会倾听他人的不同意见，充分调动大脑的每一个细胞去思考。这样既可以避免单纯讲授带来的被动思维和思维疲劳的弊端，开阔思路，同时也给每个学生提供了独立思考，充分表达自己意见，与人沟通和享受创意思维成果的机会。原来枯燥、被动的学习变成了生动、主动的学习，学生的学习主观能动性和积极性得到充分调动，创新思维能力得到有效提高。以农业产业化与新型农业经营主体一章"'80 后'小伙成家庭农场主"案例教学为例，主人公郑平与许多喜欢创业的年轻人一样，并由于对农业情有独钟，通过自己努力成为一个 500 亩* 家庭农场的主人。学生对案例中的农业自主创业表现出浓厚兴趣，在此基础上，教师

---

*　亩为非法定计量单位。1 亩＝1/15 公顷。

引导学生思考在新形势下，农业和农村发展的新特点、不同新型农业经营主体的不同特点和功能以及家庭农场的特殊作用等，激发了学生对课程及理论的学习积极性，培养了其创新思维。

（三）案例教学法是改革教学方式，提高教学质量的有益模式

传统的课堂讲授教学方法是培养人才获知的重要途径，能够达到时间短、见效快的目的。但在课堂上学生基本上是被动接受老师的讲解，这种"填鸭式"的课堂教学不利于对研究生综合素质的培养。实施案例教学则可以打破这种低效局面。首先，从教学形式来看，案例教学采用生动形象的案例、通俗易懂的语言，将管理规律、原则和方法的讲解寓于实际案例的分析、讨论中，让学生体会"快乐学习"；其次，从课堂气氛来看，这种以自由式讨论为主的互动教学法倡导在一种民主、平等、相互尊重的氛围下各抒己见，教师与学生之间及学生彼此之间自由讨论、相互切磋、相互启发，能大大激发学生的学习热情和学习潜能，有效地提高课堂教学效果；最后，从教师的角色定位来看，教师"教"的特殊作用已不仅仅是讲授，而是重在控制整个案例的教学过程，启发、诱导学生对案例进行分析。要想有效发挥这一角色的作用，教师就必须充分做好教学准备工作，包括选择好一个恰当的案例，通过反复钻研案例材料拟定讨论题或思考题，确定案例教学的组织形式，主持好案例分析讨论，根据讨论情况进行必要的小结等。这些都要求教师不仅要懂得理论知识，还要懂得农村发展实际，且更要讲究教学方法。这也就使得教师的能力、水平得到锻炼和提升，使教学体系和课程内容不断完善，教学质量不断提高。

三、把握组织环节，规范案例教学

遵循农村发展理论与实践的课程要求和案例教学法的特点，为规范案例教学法，充分发挥其应用功效，在教学实践中应把握好 5 个组织环节：

（一）拟定计划

"凡事预则立，不预则废"，计划职能乃管理的首要职能。同样，要组织好案例教学，教师需要在课程开课之前制订一个详细、周密的案例教学总计划。其内容包括本课程计划安排教学案例的总个数、各个案例实施的时间等。同时，教师还应为每个教学案例制订一个具体的案例教学计划，内容包括案例类型、教学目的、案例阅读及讨论时间、组织形式、案例教学中可能出现的问题及对策等。

（二）布置案例

教师根据教学目的选择针对性较强的案例或配套的系列案例，在课堂讨论前一周的时间把案例布置给学生。要求每位学生就案例提供的背景资料及相关资料进行充分的研究，积极思考如何解决案例中的问题，为参加小组与课堂的讨论和撰写分析报告做好充分准备。值得一提的是，为鼓励学生积极发挥创造性思维，案例中所设计的问题一般不应该只有唯一的正确答案，而可以从多个角度来回答。实质上这也是管理学艺术性的表现。

（三）小组讨论

在课堂讨论前的课下，以学习小组的形式对案例进行集体讨论、学习和研究。小组人数一般为 6 人左右，并选出小组长负责主持讨论和记录。小组讨论为学生们提供了互相学习的机会，大家在平等民主的气氛中，各自阐述表达自己的观点，评价别人的看法，互相启发、取长补短，从而在更加深入理解案例的基础上争取达成共识。在这一环节中，小组内需要共同协作，进行学习任务分工，如查阅文献、图表绘制、报告撰写、课堂发言等，在强化专业知识学习的同时，团队合作精神将充分得以培养。

（四）课堂发言

小组代表在课堂讨论会上发言是案例教学法的中心环节。在小组发言之前，教师应提出讨论的基本要求。如要求发言者勇于发表见解，并要言之有理、持之有据；要求听者学会聆听和思考、虚心学习等。然后，由每个小组分别派一名代表上讲台，讲述本组对案例的理解、分析、判断、论证和决策，说明解决问题的实施方案和步骤，并做出实施效果的分析。之后，再组织全体学生进行分析和讨论。在学生发言时，教师要注意倾听，以营造出让学生畅所欲言所需要的气氛，并要注意观察学生的声调和肢体语言，充分掌握学生所释放的信息以了解他们的真实想法。更重要的是，对于学生的发言，教师要围绕题目给予必要的引导，鼓励他们多角度、多因素地观察分析问题，以培养学生的知识迁移和拓宽思维的能力，启迪他们学以致用的创造意识。

（五）案例总结

这是案例教学法的点睛之笔。案例总结工作可分为口头总结与书面总结两种形式。一方面，教师在案例讨论完后需做一简短概要的口头总结。一是对学生的讨论情况进行总结，肯定学生的一些好的分析意见及独到新颖的见解，指出讨论中的优点与不足，以利于提高案例讨论的质量。二是总结教师本人对讨论问题的看法。尽管案例讨论没有标准答案，但在总结环节中，教师需高屋建瓴地将农业企业的相关管理理论、原理与案例实际更好结合，谈谈自己的一些独到见解，所讲内容力求具有深度和高度，能启发学生多角度地作进一步思考。另一方面，要求学生撰写案例分析报告。在课堂讨论后，学生应利用一定时间进行深入的思考和总结，写出一篇理论水平高、逻辑性强、文字表述流畅、具有针对性和实用价值的案例分析报告。这样既有利于学生对所讨论的案例问题进行总结性和概括性的回顾，也有利于学生提高文字表达能力。

参 考 文 献

何忠伟，2008. 农村发展经济学［M］. 北京：中国农业出版社.

李磊，王轶卓，2015. 案例教学法在研究生课程教学中的应用探讨［J］. 软件导刊（10）.

张晓山，2010. 中国农村改革与发展概论［M］. 北京：社会科学出版社.

William Ellet，刘刚，钱成，2009. 案例教学指南［M］. 北京：中国人民大学出版社.

利用微信设计化学与社会课程教学及评价

成 军

（北京农学院生物科学与工程学院）

摘 要： 为了增加高校本科、研究生课程教学的多样性，提升课堂教学质量，借助微信交流平台，以化学与社会课程为例，设计教学内容及评价方案。利用微信执行教学评价方案，可以实现教师与学生的实时沟通；通过学生对课程的意见反馈，以评促改、以评促优。在淡化教学评价压力的情况下，在微观层次上较迅速地提升课程教学质量，可以作为高校本科、研究生教学工作的参考。

关键词： 化学与社会 教学 评价 微信 课程

随着信息技术的飞速发展，我国智能手机用户呈几何式爆炸性成长。免费手机社交应用平台如微博、QQ、微信等在近年内更是迅猛普及，使人们的社交、学习、生活方式发生了深刻的变化。据腾讯公司年报中显示，2016 年微信注册用户高达 8.89 亿人，超越以前的 QQ 成为第一大公共社交平台。其中，月活跃用户达到 6.5 亿人；在所有使用人群中，学生使用占 14.4%，为除企业职员（40.4%）以及自由职业及个体户（25.3%）外的第三大活跃群体。北京高校学生已经具备人手一部手机和/或计算机，手机和计算机中必备微信应用软件。因此，在物质和技术基础上，已经完全具备通过手机微信 APP 软件的社交功能，实现课前预习、课堂测验、课后作业布置等教学活动。在整个教学过程中，学生、教师都可以对教学活动进行评价，并通过文档、语音、短信等方式，实现实时信息互动，及时反馈教学中的各种问题，以达到随时改善和

基金项目：北京市自然科学基金项目"底物末端化学结构对角鲨烯环化酶（编号：2012202012）"以及北京市教委基金项目"B-谷甾醇苷杀螨活性及环境安全性研究（编号：5075232086）"资助。

作者简介：成军，副教授。主要研究方向：生物农药与兽药工程。E-mail：chengjun@bac.edu.cn；chengjun_1@hotmail.com。

提高教学质量的目的。

一、微信社交平台

微信软件是腾讯公司推出的一款一对多、一对一免费 APP 聊天软件，主要功能包括群发功能（语音、图像、文件）、自动回复、消息管理、用户管理等功能。微信提供朋友圈、公共平台等服务，用户可以通过搜索号码、摇一摇、附近的人、面对面、扫描二维码等多种方式组建自己专属的信息交流群，以达到信息快速交流及迅速反馈的目的。用户（企业、组织和个人）可以利用手机、计算机、平板电脑里安装的微信软件，一对多、一对一进行各种信息的快速传递与反馈。

二、教学评价概述

教学质量是高等教育品质优劣的关键环节，而教学质量的提升主要依赖于微观教学，要了解一个教学系统的实际情况，则需要详细审视其评价过程；教学评价是对"教"和"学"的评价，是根据教学目标对教学过程及结果进行价值判断并为改善、提升教学质量服务的活动。教学评价一般包括对教学过程中教师、学生、教学内容、教学方法手段、教学环境、教学管理诸因素的评价，但主要是对学生学习效果的评价和教师教学工作过程的评价。教学评价的两个核心环节：对教师教学工作（教学设计、组织、实施等）的评价——教师教学评估（课堂、课外）、对学生学习效果的评价——考试与测验。评价的方法主要有量化评价和质性评价。

对于教学质量的评价主要侧重两个层面：一是宏观层面，即从国家、社会或者专门机构的角度对教学质量进行宏观层面的评价，准确地说应该是教育评价；二是从微观层面，即从教师课堂教学质量评价这个角度进行评价。

本文即从微观角度入手，以化学与社会课程为例，利用微信平台的各项功能，设计一套评价简单的、操作性强的教学评价实施方案，以供高校同行参考。

三、课程教学评价设计

化学与社会课程是高等学校化学领域科学技术与社会关系的重要公共选修课程。本课程适合各专业学习，以社会、生活的热点问题贯穿化学基本概念、基本原理，加强学生的社会意识、科技意识和环保意识，认识自然科学和社会科学的相互依存，能运用化学的理论、观点、方法审视公众关注的环境、能源、材料、生命科学等社会热点论题。

（一）课程授课计划

化学与社会总计 24 学时，以教师讲授为主（16 学时），以学生报告（4 学时）和学生全员讨论（2 学时）为辅，最后的 2 学时为开卷考试时间。教师授课内容及大致要求见表 1，主要讲授基本知识和概念性问题，要注意对化学相关热点问题的引入，可适当选用相应的热点视频播出。

表 1　教师讲授课程内容及进度一览表

授课进度	授课单元	授课内容	学时/微信发布
第一周	课程简介	课程内容、授课方式、学生报告、讨论要求、考试要求	2 学时，微信上布置下次预习内容
第二周	化学信息检索与应用	检索方法、学校电子期刊介绍、了解国内外化学相关网站、数据库	2 学时，微信上布置下次预习内容
第三周	化学基础知识	原子、分子结构，电子云、4 个量子数、原子轨道、核外电子排布等概念，掌握元素的周期性质、电离能、电子亲和能、原子的电负性、化学键的种类及性质等概念	2 学时，微信上布置下次预习内容，穿插公布优秀文献综述报告，并组织全员讨论
第四周	化学与日常生活	从吃穿住行用中的热点化学事件中了解化学与社会的关系，穿插文学、哲学与哲学的关系	2 学时，微信上布置下次预习内容
第五周	化学与生命科学	生物化学中关于糖、蛋白、酶、核酸、DNA 螺旋结构、基因等概念	2 学时，微信上布置下次预习内容
第六周	化学与材料科学	金属材料、非金属材料、有机高分子材料、复合材料的性质、特点及应用	2 学时，微信上布置下次预习内容
第七周	化学与能源科学	能源发展历史、能源分类，各种能源简介，重点能源介绍	2 学时，微信上布置下次预习内容
第八周	化学与环境科学	环境与生态平衡、化学物质的生态循环、水体、食品污染、"三废"对环境的污染以及如何保护环境等知识	2 学时，微信上布置开卷考试相关要求

第一堂课很重要，需要在介绍课程学习目的、内容、方法及考核要求等问题的同时，要求全体学生加入已经建好的化学与社会课程微信群，布置下次课

程的预习要求及问题；在第一堂课中，需要清楚告知每位学生的课程任务，即包括课前预习、课中测验、课后作业、课余时间撰写化学相关热点知识的综述报告（作为课程考核成绩）等内容；需要告知学生上述所有内容，均需通过微信发布和接收反馈信息（电子邮箱作为辅助手段），授课 8 周以后，根据学生们自拟的综述报告的题目，会随机选择 24 份报告作为课堂报告展示，被选中的学生需要制作 PPT 或视频将自己的综述介绍出来，每个报告课堂展示时间不超过 5 分钟（由于此课程为不限专业的公选课，选课学生较多，每学期在100 人以上，所以报告演示学生约占总人数的 1/5）。

在 24 个学时中，选择 6 个学时作为学时报告演示，具体安排见表 2。

表 2　学生热点问题讨论课程预计进度表

讨论进度	单元	热点问题内容	学时/微信发布
第九周	学生报告及讨论 1	展示 8 份报告，每份报告后讨论、点评 5 分钟	2 学时，微信发布每一份报告，并分组讨论，指出优劣点和改进意见
第十周	学生报告及讨论 2	展示 8 份报告，每份报告后讨论、点评 5 分钟	2 学时，微信发布每一份报告，并分组讨论，指出优劣点和改进意见
第十一周	学生报告及讨论 3	展示 8 份报告，每份报告后讨论、点评 5 分钟	2 学时，微信发布每一份报告，并分组讨论，指出优劣点和改进意见
第十二周	开卷考试		2 学时

（二）课程评价的设计及实施

以往的课程评价内容都是"以教师为中心"的评价，侧重于评价学习结果，以便给学生定级或分类，但是对教师改进课程帮助不大；本方法围绕"以学生为中心"来设计"教"与"学"的学生对课堂教学内容的评价，关注的重点既涉及学生们学到了什么知识，并且还特别重视学生们在学习过程中获得了什么技能。

另外，"以学生为中心"基本原则就包括以"学"为主，以"任务驱动"和"问题解决"作为学习和研究活动的主线。因此，每次课程结束后，均需要给学生们通过微信布置"任务"，即完成课堂评测表中的问题，并预习下个章节内容。

第一堂课中要在课堂中和微信中同时发布教学前对学生的任务预期，主要包括每次课前预习、课堂小测验、课后作业、写一篇不少于 3 000 字的文献综述报告等内容。

课前预习可以根据教师微信发布的预习指导问题进行，学生回答预习问题后，基本上完成了预习任务；课前预习的内容其实就是上次课的课后作业。

随堂小测验和课后作业都要记入学生的考评成绩，其内容可以通过微信群发的方式布置任务和回收反馈。随堂小测验的成绩会在第二天发布在微信上，学生们可以通过微信查证或进行问题咨询，这样可以及时了解自己的成绩及问题所在。课后作业不仅可以延伸学生们对知识点的把控，而且还有助于及时收集学生们对授课的意见和建议，不断改进授课内容和授课方式，提升课堂教学质量。

文献综述报告格式要求完整，包括题目、作者、作者单位、中英文摘要、中英文关键词、正文、文献，正文采用小四号宋体，行距为 1.25 倍，题目学生自定，内容要求与化学、化工相关即可，正文中各级标题及其他内容的形式不做具体要求。文献综述报告需要学生们在授课第八周之前完成，以便可以在第九周进行文献综述课堂报告。

通过文献综述报告的撰写，任课老师可以检验学生应用课堂知识和阅读课外知识及综合总结的能力；每次授课过程中，课堂会设计一些随堂小测验，内容为一些概念性知识，主要用于考查学生听课效果，如化学、原子、4 个量子数、电子云、电子轨道等概念性问题。在评价学生学习效果的同时，在课后作业中设计的问题是："1. 这次授课你觉得最感兴趣的知识点有哪些？2. 你觉得课堂讲授的知识点，除了讲的应用外，还有那些可能的应用？3. 如果让你确定授课内容，你还希望介绍哪些内容？4. 你对教师的授课方式还有哪些建议和意见？"

由于第一次已经布置了文献综述报告的写作任务，而且由学生自拟题目，对于先交的学生，教师可以先行批改，并将写作问题及时通过微信反馈给学生，而且还可以一对一进行语音写作指导；对于大量学生在写作时出现的普遍问题，可以占用课堂 5～10 分钟加以分析说明，使学生们明白问题所在，并及时改进，提高自身阅读文献、总结归纳文献的能力。对于优秀的作品，可以利用微信进行公布，使学生们在朋友圈共同点评、点赞，提高优秀学生的成就感，增强自信心。

在学生报告展示课程阶段，微信发布每一份报告，并分组，由小组领受任务，由各组小组长分别建群并将教师加入，方便进行讨论并解惑答疑，讨论需要指出报告的优劣点和改进意见。这样有利于组内相互学习、相互交流、相互合作，教师根据每个小组的讨论结果给出相应的成绩。

总之，微信作为可以即时传递文本、语音、文字的多功能社交软件，在教育领域中有广泛的应用，为老师、学生提供一种全新的互动沟通模式，通过此平台可以打造一种全新的教育模式和体验。微信课程学习讨论组群的开通，实现了信息一对多的传播，而且互动性更强，为课程教学的多样化和评价方式提供了新手段，可以善加利用，不断将课堂教学引入新高度。

参 考 文 献

潘懋元，2015. 高等教育研究要更加重视微观教学研究［J］. 中国高教研究（7）：1.
企鹅智酷，2016. 2016 版微信数据化报告［OL］. http：//sanwen. net/a/bhoepoo. html.
Joughin G，2009. Assessment，learning and judgement in higher education［J］. Springer：
　　13-28.

农业科技组织与服务领域硕士课程体系优化思考
——以北京农学院为例

李巧兰

（北京农学院文法学院）

摘　要： 本文在分析农业科技组织与服务领域内涵与功能的基础上，澄清农业科技组织与服务领域硕士课程体系的设置应体现宽广性、综合性、实用性，应以培养应用型、技能型人才为目标。同时以北京农学院农业推广硕士学位农业科技组织与服务领域为例，结合国外农业推广教育的经验，深入剖析当前农业科技组织与服务领域硕士课程体系中存在的问题，并提出农业科技组织与服务领域硕士课程体系优化的对策性建议。

关键词： 农业科技组织与服务领域　硕士课程体系　优化

一、问题的提出

随着建设社会主义新农村的目标及"三农"问题的提出及解决，政府和社会越来越关注与重视如何发挥高等农业教育在提高农业生产服务能力及农业科技转化与应用等方面的作用。于是，随着本问题的提出与探讨，为充分发挥高等农业教育在农业发展中的作用，提高高等农业院校科研成果的转化率及强化其在服务农村方面的功能，开始在高等农业教育体系里的农业推广硕士专业学位中增设农业科技组织与服务领域。为此，北京农学院作为北京市唯一一所市属农林高等院校，分别于 2012 年和 2013 年开始招收农业科技组织与服务领域非全日制和全日制专业学位研究生。

基金项目：北京农学院学位与研究生教育改革与发展项目资助。
作者简介：李巧兰，北京农学院文法学院社会工作系副教授。

从农业科技组织与服务领域的培养目标来看，它主要培养应用型、复合型高级专门人才。因此，本领域的硕士研究生除了应掌握本领域的基础理论和系统的专业知识，还应掌握解决农业科技组织与服务问题的先进方法和现代手段；并且，应该具备能积极为农村经济社会发展服务的实践技能与创新能力。因此，农业科技组织与服务领域课程根据培养目标的要求设置，教学内容应体现宽广性、综合性、实用性，以培养应用型、技能型人才培养为目标，培养学生的实践动手能力、创新意识和综合素质，并充分反映当代农业科技组织管理与服务的发展前沿。

从目前来看，北京农学院现行的农业科技组织与服务领域的课程体系，在充分整合文法学院法律系和社会工作系现有资源的基础上，整体上比较完整，由公共课程、领域主干课程以及领域选修课组成，也在一定程度上既体现了三部分课程之间的联系与区别，并体现了北京农学院农业科技组织与服务领域自身的特色和优势，但也存在有明显的不足，尤其在实践技能的环节，与农业科技组织与服务领域主要培养应用型、复合型高级专门人才的目标还有一定的差距。本文旨在围绕农业科技组织与服务领域的培养目标和遵循专业学位研究生教育规律的基础上，探索如何完善及从哪些方面去完善北京农学院农业科技组织与服务课程体系，使之既符合北京农学院的办学特色和优势，又能满足行业、社会对本领域研究生知识能力和实践的结构要求，从而提高北京农学院农业科技组织与服务领域研究生的培养质量。

二、对农业科技组织与服务领域设置意义的再认识

从农业推广硕士学位培养的人才体系来看，农业科技组织与服务领域是农业推广硕士专业学位有机组成部分之一，农业科技组织与服务领域的设置使得农业推广硕士学位人才培养体系更完善和系统。农业推广硕士专业学位与农业技术推广和农村发展领域任职资格相联系，它主要培养三类人才：第一类人才注重于解决农业发展和农村社会发展问题，即掌握农业农村发展规律，规划农村发展方向，这属于农业推广硕士专业学位中农村与区域发展领域定位的培养目标。第二类人才是注重于解决农业技术问题，即在掌握农业基础理论和系统的专业知识与技能的基础上，能紧密结合农业生产实际，运用先进方法和现代技术手段，进行现代农业应用技术研究、技术项目改造和攻关项目或者是新品种、新工艺、新材料的研制与开发的人才。这是农业推广硕士专业学位中农业机械化领域、渔业领域、农业资源利用领域、作物领域、植物保护领域、园艺领域、草业领域、养殖领域、林业等领域定位的培养目标，这类人才主要是解

决农业技术推广的具体内容问题。目前，农业推广硕士专业学位中已有的10个领域主要是培养第一类和第二类人才。第三类人才注重解决农业科技组织与服务系统的设计、设置领域问题，属于高层次应用型、复合型人才。农业科技组织与服务领域的设置就与培养这类人才密切相关。这类人才一方面要掌握农业科技组织与服务的相关基本理论；另一方面，具备能解决农业科技推广的各个环节中可能面临的问题。

从高等农业院校自身发展趋势上看，农业科技组织与服务领域的设置使得高等农业院校的农业教育与生产实践、社会需要及农业发展形势的结合更紧密。

在国务院制定的《国家中长期科学和技术发展规划纲要（2006—2020年)》中，特别指出："大学是中国培养高层次创新人才的重要基地，是中国基础研究和高技术领域原始创新的主力军之一，是解决国民经济重大科技问题、实现技术转移、成果转化的生力军。高等院校要适应国家科技发展战略和市场对创新人才的需求，及时合理地设置一些交叉学科、新兴学科并调整专业结构。加强职业教育、继续教育与培训，培养适应经济社会发展需求的各类实用技术专业人才。"同时，中央文件中也多次强调"发挥农业院校在农业技术推广中的作用""依托具有明显优势的省级农业科研单位和高等学校，建设区域性的农业科研中心，负责推进区域农业科技创新"。因此，高等农业教育与生产实践、社会需要及农业发展形势的紧密结合是大势所趋。农业科技组织与服务领域的设置，克服了高等农业教育重学术、轻应用与技能的倾向，促使高等农业教育内容和方法的改进，使其培养既懂农业技术又懂农业科技组织与服务、传播和教育的高层次、应用型人才，从而有助于高等农业教育更好地服务和解决农业、农村和农民问题。

三、农业科技组织与服务领域硕士课程体系的现状和问题（以北京农学院为例）

农业科技组织与服务领域强调和突出应用型人才的培养。因此，农业科技组织与服务领域硕士课程体系的设置应体现实用型、应用型、技能型人才培养为目标。北京农学院现行的农业推广农业科技组织与服务能够与硕士课程体系由公共学位课程、领域主干课程以及领域选修课程三部分组成。此硕士点设在文法学院，文法学院根据自己的专业特色和师资力量的配备，设置了两个培养方向（农业科技组织与服务活动的法律保障与社会管理两个方向），课程设置也在一定程度上突出了法学和社会学的特色与优势，如农业法、农村社会保障、农村社会学等课程。但结合农业科技组织与服务领域硕士课程体系设置的培养目标来看，现有课程体系的构架、课程的组成和课程内容等方面存在着以下几个方面的问题：

（一）课程设置体系的自由度不足，缺乏个性特色

学校对公共课程、领域主干课程有统一要求，可以很好地保证比较一致的培养规格，但是这两部分总学分达到 20 学分，留给领域选修课程的空间太小，自由度不足。从北京农学院农业科技组织与服务领域历年招生的生源来看，生源范围涉及面广、学习背景各不相同、跨行业学生也相对较多，尤其是非全日制的学生，与现从事的工作内容差异很大。而北京农学院课程体系培养方案千篇一律、过于僵硬。所有学生统一要修完规定的、没有选择余地的公共课程和领域主干课程，无法体现人才培养的个性化需求。另外，选修课程设置少，多数是本领域的相关理论课程，难以满足不同水平、不同学习背景、不同学习兴趣的学生需求。

（二）本科与硕士及全日制和非全日制的课程区分度不够

根据北京农学院文法学院硕士研究生的招生情况来看，有相当一部分生源来源于本学院的本科生或毕业生。某些课程与全日制本科名称相同或相似，如农村社会学、农村社会调查研究方法、农业知识产权、农业社会保障等课程。领域选修课程基本上就是对本科课程的翻版或改造。同时，与其他学校本领域学术型研究生的专业课程也没有什么区别。因此，如何与学术型研究生教学与全日制本科培养在教学的深度、宽度上有所区分，是北京农学院农业科技组织与服务领域优化课程体系时必然要考虑的一个方面。另外，全日制和非全日制生源不同，培养目标不同。因此，课程体系设置也应有所区分，而目前全日制和非全日制的课程体系设置是完全一样的。

（三）课程设置的"实践教学与技能训练"环节难以有效开展

专业学位研究生教育培养的是行业应用型人才和复合型人才，以此为目标的课程体系在重视知识的延伸、保证教学的深度和广度的同时，必须加强实验、实习教学，重视与理论课程相衔接的专业能力训练。北京农学院农业科技组织与服务领域培养方案也明确规定，全日制农业推广硕士专业学位研究生必须从事不少于 12 个月的校外农业推广实践或实验室实践工作，实践研究的综合表现考核通过者取得相应学分，培养学生掌握农业科技组织与服务方面的实践技能。但从目前来看，缺乏系统的实践教学与技能训练的课程设置和相关考

核机制，这使实践教学环节难以落到实处。

（四）课程设置过于依赖教师的偏好

农业推广硕士专业学位研究生教育已经发展多年，但师资力量问题并未得到有效解决，符合专业学位研究生教育要求的师资力量不足。高校长期以来单一地采用学术型人才的培养模式，现有学校专业领域的科研优势和教学资源主要围绕科研项目运转，倾向于相关学术研究，致使许多教师轻实践、专业面窄、知识结构单一，不能根据农业推广专业学位研究生教育的特点和要求合理安排教学课程，而是根据自己的偏好来设置课程。北京农学院农业科技组织与服务课程体系的设置也存在同样的问题。

（五）对课程设置的定位和培养目标的认识不清晰

调查研究表明，大部分的农业推广领域学科负责人、任课教师和论文指导教师对农业推广硕士专业学位研究生教育的定位和培养目标存在模糊认识，对专业学位的"职业性""应用性"缺乏确切、清晰的认识。认识上的模糊直接导致了农业科技组织与服务硕士研究生培养中过于注重"知识和技术"的传授，而忽视了学生的实际应用能力和传播能力的培养。此外，有关课程体系、课程设置、教学内容和教学方式等方面的问题，在很大程度上都与此模糊认识有着密切的关联。这些问题的存在直接影响农业推广硕士专业学位研究生教育的效果。

四、农业科技组织与服务领域硕士课程体系优化的对策思考

针对目前现有农业科技组织与服务领域硕士课程体系存在的问题，笔者尝试性地提出以下对策建议：

（一）明确和统一对农业推广教育的认识，回归"农业推广"的内涵本位

农业推广教育的中心内涵是把知识或技术传授到需要的农民或农业地区。其发展了近两个世纪，虽然在不同时期、在不同国家以不同形式出现，但中心内涵没有发生变化。农业推广教育强调培养的人才懂知识和技术、懂传授，知道谁需要知识和技术。因此，农业推广硕士是培养懂知识和技术、有能力把知识和技术传授给所需要的农民或农业地区的人才。当前的农业科技组织与服务领域课程体系设置模式明显偏离了农业推广硕士专业学位研究生教育的定位和培养目标。需要通过对教师和教学管理者进行农业推广硕士"专业学位"研究

生教育特点的教育，鼓励他们探索不同于"学术学位"的"专业学位"研究生教育的课程体系，使其真正意识到不能按照学术型研究生的培养模式来培养"应用型"研究生。因此，必须梳理和澄清农业科技组织与服务领域的"农业推广教育"的特点，回归"农业推广"的内涵本位。

（二）明晰农业科技组织与服务领域硕士研究生教育的"应用型"培养目标

1999 年国务院学位委员会通过的《农业推广硕士专业学位设置方案》、2005 年全国农业推广硕士专业学位研究生教育指导委员会通过的《全国农业推广硕士专业学位研究生培养方案的指导意见》以及 2009 年国务院学位委员会办公室制订的《全日制农业推广硕士专业学位研究生指导性培养方案》都明确指出，农业推广硕士专业学位是与农业技术推广和农村发展任职资格相联系的专业学位，明确提出农业推广硕士专业学位研究生教育主要为农业技术研究、应用、开发及推广，农村发展，农业教育等企事业单位和管理部门培养具有综合职业技能的应用型、复合型高层次人才。通过对教师和教学管理者进行农业推广硕士"专业学位"研究生教育特点的教育，鼓励他们探索不同于"学术学位"的"专业学位"研究生教育的培养模式、课程体系、教学方式和管理体制，使其真正意识到不能按照学术型研究生的培养模式来培养应用型研究生。

（三）课程体系设置兼顾一致性和个性化的统一

农业科技组织与服务在课程体系设置上，有其共性包括基础知识、专业知识、实践技能等；但是，同一领域内学生的学习兴趣、职业生涯设计、专业知识和能力的差别很大。学生个体的差异，要求在课程体系构架方面兼顾学生差异，做到一致性和个性化的统一，保证研究生培养质量。在不增加学分的前提下，将现有的课程设置框架由公共课程、领域主干课程、选修课更为公共课程、领域主干课程（模块）、选修课（模块）后，增加领域主干课程和选修课程数量，引导学生在指导教师指导下，根据自身的知识结构在主干模块课程中，灵活选修规定学分的领域主干课程，根据自身的职业发展规划选择选修模块课程中相关课程。

（四）将实践教学环节落到实处

应用型研究生教育的课程体系和教学过程对实践的依赖性很强，这是由其培养目标所决定的。因此，对农业科技组织与服务专业学位研究生而言，课程设计和教学都要以职业实践为基础。农业科技组织与服务的课程体系必须在理论和实践两个方面实现规划统一，课程体系中的理论课程和实践实习课程要协调，相关课程的教学也应当做到学用相长、理论与实践相结合。

参 考 文 献

李茜，张晖，张大勇，等，2012. "应用型"农业推广硕士专业学位研究生培养模式的再思考［J］. 中国高教研究（2）：45-49.

唐仁华，胡承孝，汪华，2011. 农业推广硕士课程体系优化原则与途径［J］. 学位与研究生教育（1）：45-47.

研究生教育改革
管理研究

对中国特色现代大学制度的理解与探讨

——基于管理学的视角

董利民　何忠伟

（北京农学院研究生处）

摘　要：本文基于管理学视角，从计划、组织、领导、控制 4 项职能对完善中国特色现代大学制度进行了分析和探讨，并且提出控制职能是当前中国特色现代大学制度建设中最薄弱的环节。

关键词：中国特色　现代大学制度　管理学　视角

百年大计，教育为本。高等教育作为教育金字塔的塔尖，肩负人才培养、科技创新、社会服务和文化传承的重要使命，任重而道远。进入 21 世纪以来，高等教育进入大众化时代，教育改革不断取得新的成绩，但同时，经济全球化、市场一体化深入发展，科技竞争和人才竞争日趋激烈，新形势和新任务对高等教育实施内涵发展、提高国际竞争力提出了更高的要求。

一、现代大学制度

中国的高等教育改革，核心是体制改革，关键是建设现代大学制度。那么，何谓"现代大学制度"？大家知道，现代大学开端于 1810 年威廉·冯·洪堡创立的柏林大学，该大学将研究和教学结合起来，并确立了大学自治和学术

基金项目：北京农学院学位与研究生教育改革与发展项目"北京农学院研究生教改项目立项与管理改进措施研究"（编号：2016YJS099）资助。

第一作者：董利民，助理研究员，硕士。主要研究方向：学科建设、研究生教育管理。E-mail：dorigin@sina.com。

通讯作者：何忠伟，教授，博士。主要研究方向：研究生教育、都市型现代农业。E-mail：hzw28@126.com。

自由的原则。此后，美国、日本等在学习德国的基础上，纷纷建立自己的大学体系，并逐步为世界各地的大学所仿效。现代大学制度是基于现代大学管理的制度。按照张应强、蒋华林的观点，现代大学制度"主要包括两大方面，一是宏观方面或者高等教育体制方面，主要涉及大学与政府的关系、大学与社会的关系、大学与大学的关系；二是微观方面或者说大学自身层面，主要涉及大学的内部治理结构，其核心是大学内部的学术权力与行政权利的关系"。黄琦认为，大学制度包括"大学外部的和大学内部的，而外部包括政府对大学的管理以及社会对大学的评价与监督……大学内部管理制度包括行政的和学术的"。本文采用以上观点，现代大学制度，简言之，即大学内、外部的各种关系及其管理。

二、中国特色现代大学制度

《国家中长期教育改革和发展规划纲要（2010—2020 年）》（以下简称《纲要》）提出，要建设现代学校制度，完善中国特色现代大学制度。根据《纲要》，完善中国特色现代大学制度，包括 4 项建设内容：完善治理结构、加强章程建设、扩大社会合作和推进专业评价。就个人理解，完善治理结构和加强章程建设侧重于学校内部关系的处理，扩大社会合作和推进专业评价侧重于学校外部关系的处理。完善中国特色现代大学制度，其战略目标服务和服从于建设教育强国和人力资源强国，定位于全面提高高等教育质量、提高人才培养质量、提升科学研究水平和增强社会服务能力。

三、基于管理学视角的分析

大学，是存在于社会中的一类组织。有组织存在的地方就有管理，但管理不能独立存在，管理为实现组织的目标服务。按照管理学一般定义，其基本职能包括计划、组织、领导和控制 4 个方面。以下结合计划、组织、领导和控制 4 项职能，对完善中国特色现代大学制度进行逐一探讨。

（一）计划：需要根据组织目标进行计划，进行战略管理和确定实施计划

以扩大社会合作为例，在计划阶段，第一步要进行战略规划，明确合作的行业、企业、科研院所或社会团体。在办学过程中，每个高校都形成了自己的发展特色和优势学科，拥有独特的区域优势或行业优势，同时，也有自己的短板或不足。进行社会合作，目标是为了更好地发挥自己的优势，还是为了补足

自己的短板，需要根据本校的发展规划、发展定位进行取舍。在同一高校内部，不同学科居于不同地位，哪些学科需要采取发展型战略，哪些学科需要采取稳定型战略，哪些学科需要采取紧缩型战略，也需要学校管理层进行决策。

第二步，在确定发展战略后，即需要制订详细的工作计划，以使战略具体化和具备可行性。按照计划期的长短，可以分为长期计划（一般 5 年以上）、中期计划（一般在 1 年以上 5 年以下）和短期计划（一般在 1 年或 1 年以内），如前述的《纲要》，计划期为 10 年，属于长期计划；国家"十二五""十三五"规划，计划期 5 年，属于中期计划；年度计划，计划期 1 年，属于短期计划。

（二）组织：实施组织职能，进行组织设计，明确分工关系，合理配备资源，有效组织协调

以完善治理结构为例，该内容涉及坚持和完善党委领导下的校长负责制、学术委员会建设、群团组织建设 3 个方面。马晓君、宋远航、潘宏伟等认为："大学治理结构的核心是协调大学内部各种利益关系的一系列制度安排……大学治理结构是目前高校领导体制改革所面临的最突出问题，尤其是如何实现党对高校的领导，已成为完善大学治理结构的关键。"以党委领导下的校长负责制建设为例，首先需要进行组织设计，党委领导、校长负责，分别需要通过什么组织来实现，二者关系通过什么机制来沟通。具体如实行党委制还是党委常委制，校长是否应是党委成员，党委与校长的职责划分，党委、校长与副校长职责关系，校长负责制如何实现等。

另外，需要确立各组织的层次结构、部门结构和职责关系。结构模式如何选择，直线-职能制组织、事业部制组织还是网络型组织等；管理层次的划分，两层、三层、四层或更多；部门结构的设计，按照职能、学科、专业、人数、服务对象、地区等不同标准进行设计。如高校的科技处、人事处、计财处等职能部门，是按照职能进行设计的；招生处、就业处，是按照学生管理流程进行设计的；各二级学院，是按照学科、专业进行设计的。协调机制的确立，结构的协调、运行的协调、人际关系的协调等，如各类委员会，属于结构的协调；学期工作布置会、学年工作总结会等，属于运行的协调；大办公室制、一些联谊活动等，属于人际关系的协调。

（三）领导：加强领导职能，通过行使管理者权力，引导、影响和激励组织成员完成组织任务，达成特定目标

领导作为名词，指领导者；作为动词，是一项管理的职能。美国军事家克里奇曾说过："没有不好的组织，只有不好的领导。"一定意义上，卓越的领导者是组织取得成功的必要条件。一流高校的建成，不仅需要时间的积累，更需要卓越的领导。好的领导，可以给组织成员和下属以有效的激励，促使大家尽最大的努力完成组织目标；好的领导，能够在组织遭遇逆境时，鼓舞大家的士气，激发组织成员逆转心境，攻坚克难。在各类工作总结中，大家可以看到，经验的第一条往往是"领导重视"。其实质不是对领导的阿谀奉承，而是管理中领导职能的确切体现。

（四）控制：重视控制职能，及时将工作实施的具体情况与计划进行对比，纠正偏差，将各项活动控制在合理范围

应该说，控制职能，从管理学视角观察，是当前中国特色现代大学制度建设中最大的薄弱环节。完善治理结构，健全议事规则与决策程序，学校可以出文件；加强章程建设，学校可以制订大学章程；扩大社会合作，学校可以与相关企业、科研院所、社会团体签订一个又一个的合作协议；推进专业评价，学校也可以邀请各类专家召开各种验收会、评估会。但是，很多工作疏于控制、流于形式，最后往往变成有始无终。坊间流传的"规划规划，墙上一挂""规划规划，都是鬼话"等戏语，并非空穴来风，相信从事相关工作的不少同志都有真实体会。

如何加强控制？控制的基本类型包括前馈控制、现场控制、反馈控制，可以采取目标管理、绩效考核、预算控制等管理方法实施控制职能。但是，在现代大学制度建设中，就个人理解，控制之所以成为当前管理中最大的薄弱环节，在于控制动力和压力的缺乏。举例来说，在推进专业评价中，包括"鼓励专门机构和社会中介机构对高等学校学科、专业、课程等水平和质量进行评估""建立科学、规范的评估制度""探索与国际高水平教育评价机构合作，形成中国特色学校评价模式""建立高等学校质量年度报告发布制度"，这些内容教育部当前正以由上而下的形式进行推进。但是，压力如何呢？高校参与的动力如何呢？是否所有高校都有以上需求呢？诸多问题均值得商榷。

四、结语

2015 年 10 月 24 日，国务院发布《统筹推进世界一流大学和一流学科建设总体方案》。响应国务院文件精神，近年来，北京、上海、江苏、广东等省、直辖市纷纷出台政策，设立专项资金，积极支持本区域的大学和学科建设，并取得一定的成效。2017 年 1 月，教育部、财政部、国家发改委联合印发了《统筹推进世界一流大学和一流学科建设实施办法（暂行）》，确定了"双一流"

建设的实施路径。建设一流大学和一流学科，是中共中央、国务院在新的历史时期，为提升我国教育发展水平、增强国家核心竞争力、奠定长远发展基础，做出的重大战略决策。完善中国特色现代大学制度，与统筹推进世界一流大学和一流学科建设相辅相成，是实现建设一流大学和一流学科目标的重要保障。相信，随着国家政治体制改革、经济体制改革、教育体制改革的深入推进，中国特色现代大学制度建设过程中出现的诸多问题会得到妥善解决，一流大学和一流学科的建设目标必将实现。

参 考 文 献

安维，2013. 管理学原理［M］. 北京：中国人民大学出版社.

黄琦，2010. 关于完善中国特色现代大学制度的思考［J］. 中国高等教育（22）：15-17.

马晓君，宋远航，潘宏伟，等，2016. 基于现代大学制度的大学治理结构研究［J］. 中国管理信息化（3）：248-250.

张应强，蒋华林，2013. 关于中国特色现代大学制度的理论认识［J］. 教育研究（11）：35-43.

硕士研究生中期考核分析与对策

——以北京农学院为例

吴春霞　尚巧霞

（北京农学院植物科学技术学院）

摘　要： 质量是学位与研究生教育的生命线。在我校研究生不断扩招的新形势下，如何提高研究生培养质量是研究生教育工作的重点。通过加强过程管理和目标管理，建立一套适合我校的研究生中期考核指标体系具有重要意义，对于提高我校研究生培养质量是十分必要的。

关键词： 中期考核　指标体系　筛选

随着北京农学院研究生办学规模的不断扩大，提高研究生培养质量已成为研究生教育工作的重点。研究生学位论文阶段一般设置学位论文开题、中期考核、评审和答辩3个关键时间点，中期考核是研究生在完成课程学习后、进入论文写作之前，对研究生进行的全面考核，是研究生培养阶段对其加强质量管理的重要手段，具有承上启下的作用。"承上"是指对研究生前半部分的学习进行全面检查，给出结论性的评定；"启下"是通过对学生论文选题的分析论证，为学生的后半部分研究把好关，对提高研究生教育质量起着决定性的作用。

一、目前学校的中期考核方式

（一）考核时间

学校研究生中期考核时间安排在入学后的第三个学期末进行。在这一时间

基金项目：北京农学院学位与研究生教育改革与发展项目资助。

第一作者：吴春霞，北京农学院植物科学技术学院科研秘书，助理研究员。E-mail：chunxia846@163.com。

段，研究生基本上完成了培养方案中规定的课程学习，进入到毕业论文选题、开题阶段。

（二）考核内容

中期考核主要是对研究生的思想政治、课程学习、参加实践教学、参加课题、开题报告、科研实训或校外实践进展、学位论文进展及发表论文情况进行考核。思想政治考察包括政治态度、学风、集体观念等内容，课程学习的考察主要是依据培养计划制订的课程来进行，实践与科研能力方面的考核主要是审核研究生在学期间的论文综述、论文选题报告、调研报告、已发表的学术论文等，对研究生的科研能力进行评价。

（三）考核结果

考核成绩分为通过、不通过两种，成绩良好、合格者进入学位论文写作阶段，不合格者推迟毕业，有下列情况者则终止其学业：思想品德差，学习成绩达不到要求，明显表现出缺乏科研能力，或其他原因不宜继续攻读硕士学位。

（四）考核方式

以学科（专业）为单位，导师指导学生填写"研究生中期考核表"，并提交学位论文开题报告、实践报告、成绩单等中期考核所需材料，由学科（专业）组成考核小组对学生进行考核，考核工作结束后汇总结果报研究生处备案。

二、学校研究生中期考核情况分析

（一）激励效果明显，起到了一定的筛选作用

建立有效的激励机制是实行中期考核的目的之一。通过考核可激发研究生的竞争意识，最大限度地调动研究生学习、科研的积极性、主动性和创造性，也为实行弹性学制提供了依据。对成绩优秀的研究生，具有博士培养前途的，根据本人申请可提前攻读博士学位；对考核不合格的学生，建议延迟其学习年限，以便他们有足够的时间去追赶学习进程，达到毕业要求。

（二）目前存在的问题

1. 对研究生科研能力的考察力度不够　对学生科研能力方面的考核是重中之重，但在实际过程中仅提出几项原则性的指标，没有针对科研能力制订可

操作性的实施细则和量化评估体系。

2. 考核结果太单一　考核结果只分为通过、不通过两类，未真正起到分流、筛选和淘汰作用，导致学生缺乏忧患意识。从学校这几年的情况来看，淘汰制未能在中期考核环节中实现，没有因中期考核而淘汰的学生。这并不是因为所有的学生都达到了要求，而是执行力度容易受到外界因素的影响，淘汰机制难以执行。

3. 导师在考核中的主导作用未能完全体现　由于研究生培养实行导师负责制，导师对研究生的学习态度、科研能力、思想素质应比较清楚，这种特殊的培养方式，使导师和研究生之间建立起一种特殊的师生关系，研究生入学后能否学好并获得学位，主要取决于研究生本人的素质和努力，导师要履行自己的职责，实事求是、全面地衡量所指导研究生的素质乃是考核成败之所在。因此，导师的意见在考核中应起着主导作用。

三、学校改进研究生中期考核的对策

（一）加强中期考核的管理力度

研究生教育管理的"学校-学院-学科"三级模式，把学科从研究生教育管理的隐处摆到显处。学科管理以研究生指导教师为中心，学科小组为基础，是研究生培养的重心，负责实施研究生培养的具体工作。中期考核是培养过程中的一个重要环节，也应突出学科在其中的位置和作用。组织形成一支以本学科专业负责人、学科专家等人组成的小组是考核工作的关键。按专业分组，本着对研究生负责的态度做出考评结论，真正从培养、研究的角度来对学生的情况给予全面、正确的评价。此外，还应根据考核过程中反映出的问题进行分析，总结经验，以达到学生培养和学科建设的和谐发展。

（二）切实做好中期考核的宣传工作

把中期考核制度及考核标准作为新生入学教育的主要内容之一，让研究生从入学之日起就明确在培养过程中还需经过中期筛选，了解中期考核的目的及考核的等级标准，知道不合格者就有被淘汰的可能。同时，宣传其积极意义，形成一种良好的学习风气。

（三）不断修订、完善研究生中期考核评定标准

考核评定标准起着调节考核等级的杠杆作用，科学制定评定标准是中期考核的核心。理想的考核评定结果应呈正态分布，但并不一定要限制考核优秀的

百分比。在中期考核阶段，科研能力的考核难度比较大，由于此时刚进入论文阶段，一般还很难反映其实际科研能力。实践证明，举行一次中期考核，无异于举办一次学术交流活动，所以加强研究生的学术交流能力很有必要。研究生在学期间，必须在全院范围内公开做学术报告，将其纳入中期考核的一部分，这样做不仅对活跃校园学术空气起到积极的推动作用，而且对不断改进研究生的中期考核制度无疑是一个很好的尝试。

总之，中期考核是将竞争机制有效地引入研究生培养过程，使学生把主要精力投入课程学习与科研工作中去，做到优胜劣汰，能够有效地促进研究生培养质量的提高，促进学风根本好转，是完善培养管理制度的重要途径。

参 考 文 献

郭青，2004. 关于研究生进行中期考核工作的探讨 [J]. 高等理科教育 (S1)：212-215.
杨艳琼，2010. 硕士研究生中期考核探析 [J]. 广西教育 (2)：81-82.

新媒体环境下研究生党员发挥先锋模范作用的有效途径探索

张晓凤　刘艳红

（北京农学院计算机与信息工程学院）

摘　要： 研究生党员是高校学生中的优秀群体，本应是思想上的引领者、学习上的佼佼者，带头发挥党员先锋模范作用。而近年来，随着信息技术的迅猛发展，网络和手机引领的规模空前的新媒体时代的到来，高校研究生党员的思想意识形态、价值尺度、道德观念在接受中国优秀传统文化教育影响的同时，也受到了一些负面文化的影响，对研究生党员发挥先锋模范作用带来了挑战。本文旨在通过分析新媒体时代影响研究生党员发挥模范作用的主要因素，探索出研究生党员发挥先锋模范作用的有效途径。

关键词： 研究生党员　模范作用　途径

一、新媒体时代影响研究生党员发挥模范作用的主要因素

（一）多元化信息的影响，使研究生的入党动机也变得多元化

随着新媒体时代的到来，研究生获取信息的手段也越来越多样，获取信息的途径越来越方便，获取信息的内容也越来越丰富，一些西方利己主义的功利思想也不断侵入到他们的思想意识。一些研究生的思想开始功利化，把入党看作是就业和将来升职的砝码，这种存在功利思想的学生一旦加入到党组织，势必会给整个基层组织带来不好的风气，影响整个组织模范作用的发挥。

基金项目：北京农学院学位与研究生教育改革与发展项目资助。

第一作者：张晓凤，北京农学院经济管理学院分管学生工作副书记、副院长。

（二）正面教育和负面信息的冲突，使研究生党员的思想意识面临考验

传统的教育中教师拥有权威的地位，随着新媒体时代的到来，教师的权威受到挑战。研究生获取知识和信息的渠道更加多样化，他们在接受正面教育的同时，一些负面的信息也随之而来，使判断能力尚未成熟的研究生党员面临考验，也易使研究生党员的世界观、人生观和价值观发生变化，诱发利己主义等不良的思想观念的形成。

（三）研究生党员在真实世界和虚拟世界的两面性，影响了模范带头作用的发挥

随着新媒体时代的到来，人们在真实世界之外又开辟出另外一片天地——虚拟世界。由于虚拟世界的相对隐蔽性，学生开始在虚拟世界表达自己无法在现实生活中表达的情感，一些研究生党员也借助虚拟世界肆意放纵自己，导致了在现实生活中和虚拟世界中的两面性。一旦被其他学生察觉其不同于真实生活中的言行，其研究生党员的形象就会大打折扣，模范带头作用的发挥也将受到影响。

二、新媒体时代研究生党员发挥模范作用的主要途径探索

新媒体时代，要发挥研究生党员的先锋模范作用，要从以下几个方面着手，严把入口关，对研究生党员进行再教育，为研究生党员搭建发挥作用平台，以及建立、健全研究生党员监督考评机制，促使研究生党员不断学习提高、增强意识、完善自我，发挥先锋模范作用。

（一）把好入口关是新媒体时代发挥研究生党员先锋模范作用的关键

要想提高研究生党员的整体素质，就应该把好发展这个入口关。研究生作为学校学习上的一个优秀群体，在发展时，更多被考虑的是他们的业务素质，再加上研究生人数相对较少，一些研究生在大学期间已经被发展为党员。因此，一些学校对研究生的政治素养考察相对少一些。然而，一些研究生在入党动机上存在狭隘的功利主义倾向，他们把入党看成是一种"筹码""跳板"，存在狭隘的功利性、盲目性与虚荣性等不良入党动机。这样的学生即使在组织上入了党，思想上也仍未入党。这些研究生党员在入党前能积极要求上进，但入党后在处理个人、集体与国家三者之间的利益关系时，就容易将个人利益摆在首位。因此，要在对入党积极分子教育培养的基础上，切实把思想、学习、工

作等综合素质较高的研究生发展到党员的队伍中。

（二）对研究生党员再教育是新媒体时代发挥其先锋模范作用的前提

新媒体时代，做好对研究生党员的再教育是增强其党性修养、充分发挥其先锋模范作用的重要前提，也是增强党组织凝聚力和战斗力的重要保证。

1. 建立对研究生党员的长效教育机制，不断提高其政治思想素质　一些学校重视研究生的专业科研能力，忽视对研究生思想政治的再教育。这就容易导致研究生党员在思想意识上对党的知识的再学习有所放松，错误地认为在研究生期间只要学好专业知识、只要导师肯定其在科研上的能力就万事大吉，对党内知识的学习不够重视，思想不积极，行动自由散漫，组织纪律淡薄，个别研究生党员甚至出现作弊、违纪等现象，在学校学生中产生了不良影响，损害了党员先进性形象，不利于党员先锋模范作用的发挥。究其原因，还是忽视了入党后的继续教育和管理。因此，不断提高研究生党员的思想政治素质，加强对研究生党员马克思主义世界观、人生观和价值观的再教育，建立研究生党员教育的长效机制，是研究生党员发挥作用的前提。

2. 加强研究生党员的政治理论学习，不断提高其政治理论素养　研究生党员是高校学生中的优秀群体，他们不仅要有比本科生更强的科研能力，更多是学科知识，还要有更加清醒的头脑和更高的思想认识，将来必将承担更重的责任，面对更大的挑战。因此，要加强对研究生党员的政治理论学习，使其不断提高政治理论素养，一些研究生党员对党的认识缺乏理论高度和现实深度，对党的政治理论认识较肤浅。理论是行动的先导。没有科学的理论，没有对社会发展规律的认识和把握，就不会有远大的目标和坚定的信念。因此，学校要利用党员集中学习、党员研讨交流、党员思想汇报加大对研究生党员理论学习的要求，使研究生党员在不断地理论学习中提高理论素养。

（三）搭建平台是新媒体时代研究生党员发挥先锋模范作用的重要途径

研究生的学习科研模式导致研究生党员缺少发挥模范带头作用的途径。因此，要充分结合研究生自身特点，为他们搭建适合开展工作的平台，使研究生党员在支部、班级、宿舍、网络等各个领域发挥特长，服务学生，展示党员的先进性形象，发挥模范带头作用。

1. 加强研究生支部建设，发挥研究生党员在支部中的作用　一个党员要想长久不懈地发挥先锋模范作用，必须要有一个坚实的集体做保障，一个坚实的党员集体也能孕育出更多优秀的党员个体。因此，加强研究生党支部建设，选拔优秀党员成为支委会委员，完善支部内部各项学习、管理制度，建立一个经得起考验的支部，让每一位研究生在支部中得到成长，为支部建设献计献策，贡献个人力量。

2. 担任本科生班级责任人，发挥研究生党员在本科生班级中的作用　学校可以选派优秀的研究生党员担任本科生班级的班主任助理。从新生入学开始，研究生党员班主任助理配合班主任老师来负责班级的管理工作，作为学长，可以更多地从自身的成长和收获来给本科生同学一些好的建议，相对于老师，学生更愿意接受优秀学生的建议，从而发挥优秀学生的朋辈引领作用。同时，研究生党员还可以作为班级入党联系人，为学生进行入党相关知识的讲解，使学生更加直接地了解入党程序、党员要求等相关事项，研究生党员也可以以此为平台，更好地发挥先锋模范带头作用。

3. 设立宿舍联系人，发挥研究生党员学生在宿舍中的作用　宿舍是学生在学校的一个重要生活和活动场所，宿舍文化氛围是否健康、宿舍同学关系是否融洽、宿舍学习气氛是否浓厚，将直接影响宿舍中每个成员的健康发展，好的宿舍可以带动差的同学一同进步，差的宿舍也能影响好的学生使其落后。宿舍中设立优秀的研究生党员担任其联系人，不仅可以督促宿舍同学的学习和卫生等常规性工作，还可以为宿舍同学树立一个优秀的榜样，成为其学习和模仿的对象。

4. 建立研究生党员服务平台系统，充分发挥先锋模范作用　为了能给更多的研究生党员提供发挥作用的平台，学校可以建立研究生党员服务系统，系统中可以展示全部研究生党员的信息情况。例如，研究生党员的基本情况、所熟悉的学习领域和学业专长、在校期间获奖情况、参加社会工作服务情况以及擅长解决的其他情况等。学生可以登录系统就自己关心的问题、所面临的学习、考研等问题点击选择研究生党员回答，被选党员在一定期限内做出回答，利用研究生党员服务平台帮助学生解决实际问题。

（四）完善监督、考评机制是新媒体时代研究生党员发挥先锋模范作用的保障

1. 建立研究生党员挂牌制度　学校为每一位研究生党员制作党员牌，要求研究生党员实时佩戴，接受学校学生的监督，从而规范研究生党员在日常生活中的行为。一方面，提示研究生进行自我监督；另一方面，也便于全校老师和学生对其进行广泛监督，从主动和被动两方面来规范研究生党员的言行举止，督促其自我约束，从而发挥研究生党员的先锋模范作用。

2. 建立、健全研究生党员考评机制　对学生党员定期考核，有利于提高党员的积极性，促进党员的责任意识。借力"两学一做"民主评议党员工作，开展好研究生党支部民主生活会，定期开展党员批评与自我批评等工作，通过找差距，不断完善自身，通过自评、互评，评选出优秀、合格、基本合格和不合格 4 个等级的党员，与不合格党员进行谈话，限期令其整改，形成党员考评长效机制，以此调动研究生党员的积极性，发挥其在学生中的模范带头作用。

参 考 文 献

范惠莹，王空军，李振标，等，2007. 大学生党员时代先锋性问题与对策［J］. 高等农业
　教育（5）.
朱文文，2009. 新媒体时代下大学生思想政治教育的挑战及其对策［J］. 文教资料（11）.

依托专业特色，探索红色"1＋1"活动的新思路

刘续航　马兰青　黄体冉

（北京农学院生物科学与工程学院，农业部华北都市农业重点实验室）

　　摘　要：红色"1＋1"是高校党支部加强学生党员思想政治教育的重要内容，也是加强基层党支部建设的重要举措。但是，在该活动开展过程中存在党员对红色"1＋1"活动内涵认识不足、基层党支部的积极性不高、活动无法满足共建双方的需求以及资金不足等问题。应对以上问题，本文提出了以下几点建议：领悟红色"1＋1"活动的宗旨，加大宣传；完善考核和激励制度，提高党员参与的积极性；将学生需求与共建单位需求有效的结合以及采取多形式的资金投入，保障活动的顺利进行。

　　关键词：探索　红色"1＋1"　思路

　　近几年，北京市高校把红色"1＋1"活动作为学生党支部建设的重要内容，自上而下各级领导都对该项工作给予高度的重视。每年4月，中共北京市委教育工委颁布相应的文件，并对优秀的党支部进行表彰。红色"1＋1"活动自开展以来取得了一定的成绩，但是也伴随着一些问题的出现。本文以北京农学院生物科学与工程专业党支部为例，探索如何依托专业平台，更好地开展红色"1＋1"活动。

一、红色"1＋1"活动的内涵

　　红色"1＋1"活动是由中国农业大学在2004年提出的红色科技行动，"红

　　基金项目：北京农学院学位与研究生改革与发展项目"结合专业知识探索新形式的红色'1＋1'活动"资助。

　　第一作者：刘续航，北京农学院生物科学与工程学院研究生秘书、辅导员。主要研究方向：研究生思想政治教育。

　　通讯作者：马兰青，教授，博士，北京农学院生物科学与工程学院院长。

色"代表用党旗指路；"1＋1"代表博士生党支部和农村的基层党支部通过结对子的方式共同建设党支部，将大学生的思想政治教育工作与农村的农业经济发展有效结合，实现互利共赢的局面。该活动一经提出，马上引起各界领导的关注，并逐渐得到推广。现在不仅仅是博士生，研究生和本科生也逐渐参与其中。红色"1＋1"是高校进行大学生党建教育的重要内容之一，不仅是高校服务社会的新举措，还大大提高了大学生通过专业知识参与到农村志愿活动的积极性。

二、红色"1＋1"活动中存在的问题

随着高校红色"1＋1"活动的不断开展，不管是对大学生党建教育工作还是对地方支部建设工作都取得了一定的促进作用。但是，活动中还有一些不足，需要去解决。

（一）对红色"1＋1"活动内涵的认识不足

红色"1＋1"活动在北京开展已有 10 多年的时间，但是许多高校党员对该活动的内涵认识依然不足。许多党员作为该活动的组织者却只是对红色"1＋1"活动有一般的了解，那么必然会影响到工作的质量。由此可见，部分高校党员对红色"1＋1"活动的认识和重视程度还不够。

（二）基层党支部的积极性不高

目前，红色"1＋1"活动主要集中在农村，需要大学生走进农村，深入群众，认真学习研究，也需要基层党员的密切配合，才能使该活动产生实质性的效果。因此，基层党员对该活动的认识以及重视程度对该活动的进行产生了重要的影响。但是，由于地方党员对该活动的重视程度不够，存在积极性不高、应付了事的问题。每年都会针对红色"1＋1"活动进行评奖活动，但是参与评奖的都是高校的党支部和党员，基层党支部和党员并未列入评奖的名单，这也是造成基层党支部对该活动重视度较低的原因之一。

（三）高校活动无法满足共建双方的需求

红色"1＋1"活动的主要目的是能够让学生党员在实践活动中了解国情和国家的相关政策，开阔视野并提高自己的综合能力，更好地服务于社会。高校的活动形式多数是由主管老师或者党支部书记确认，这种方式确定的活动内容不一定真正适合支部成员的需求。活动形式也主要是一些文体下乡、知识宣讲

或者调查问卷，无法满足共建单位的需求，难以调动基层党员的积极性。同时，活动时间也存在不合理性，大多数支部应上级要求，每年进行两次活动。这样往往很难将活动向深层次开展，也就无法实现量变到质变的飞跃。

（四）缺少经费支持

活动经费直接影响着高校红色"1＋1"活动开展的程度。每年研究生处和学院对参与该活动的党支部给予一定的活动经费，但是要想深入地开展活动，经费还远远不够。

三、如何有效地开展红色"1＋1"活动

（一）领悟宗旨，加大宣传

各高校要想更好地开展红色"1＋1"活动，就必须认真解读并领悟上级领导所下达的文件，掌握其中的要点。通过校园网站、广播平台以及公众号等方式，加强宣传工作，提高红色"1＋1"活动的影响力，使学生对该活动产生一个宏观的认识。

（二）完善考核和激励制度

完善的考核制度是保障红色"1＋1"活动顺利进行的必要条件。定期地进行批评与自我批评，发现工作中存在的问题并及时改正。通过树立优秀的典型，将党的优良传统和工作作风展现给大家，引导学生逐步成为思想政治过硬的优秀党员。红色"1＋1"活动的评优不应该仅仅局限于对高校党支部和党员的表彰，也应该把基层支部和"村官"的考评纳入其中，这样可以有效地提高基层党员对该项活动的重视程度，加大基层党员在农村的宣传力度，保障活动的顺利进行。

（三）将学生需求与共建单位需求有效结合

红色"1＋1"的活动内容既要满足学生的成长需要，又要满足共建单位的实际需求，这样才能充分调动双方的积极性，实现共赢的局面。学生党员需要在了解"三农"相关政策的基础上，结合专业特长更好地为群众服务。同时，还要深入基层，做好调研工作，充分了解共建单位的生产需求，寻找一种切实可行的方法，给予共建单位最大限度的帮助，调动基层共建单位的积极性。例如，生物工程专业的学生党员结合专业优势帮助共建单位减少病虫害对果树的影响，提高水果的产量。只有这样有意义的活动才能满足学生的成长需求和共

建单位的发展需求。

（四）采取多形式的资金投入，保障活动的顺利进行

必要的经费支持是保障活动顺利进行的前提，单纯依靠中共北京市委教工委拨款已经不能满足活动的需求。这就需要充分地利用各种资源，为活动开展提供资金的支持。例如，高校在项目审核时，根据不同的项目发放不同的资金支持。同时，应该借助社会力量，通过与企业合作，得到资金支持。就生物工程专业而言，可以将一些以农业生产为主的企业发展与共建单位的发展有效地结合，不仅能够解决资金问题，还能带动企业和共建单位的共同发展，实现三赢的局面，真正地做到将科学技术转化为生产力。

四、开展红色"1＋1"活动的意义

大学生党员作为广大青年中的佼佼者，积极向上，有着远大的理想；基层党员是带领广大群众走向小康社会的领路人。因此，大学生党支部和村党支部结对子，共同开展红色"1＋1"活动，具有非常重要的意义。

（一）对高校党支部的意义

增加了大学生党员的团队合作意识，团队合作意识是当代大学生应当具备的基本素质之一。团队之间的默契程度将直接影响到工作效率和工作质量。在活动中，大家根据每个人的特长，分成不同的小组。有的负责利用视频来讲解在农业生产过程中较为常见的一些问题，通过一种简单易懂的方式呈现给群众。有的负责宣传部分，让更多的群众参与到红色"1＋1"活动中。明确的分工，使得团队的工作效率大大提高，也极大地激发了学生党员的工作热情。树立了大学生党员为群众服务的意识。为人民服务是中国共产党的宗旨，是每一个党员应尽的责任。大学生党员在活动中深入基层，了解基层群众的生活需求，通过自身的专业知识为当地群众提供一定的帮助。同时，大学生党员还在活动中磨炼了意志，锻炼了能力，更好地了解了我国的国情和相关政策，更加明确了自己作为一名党员应尽的责任和义务。

（二）对共建党支部的意义

红色"1＋1"活动为基层党支部注入了新的活力，进一步加强了自身的建设，更好地服务于群众。同时，大学生党支部与共建基层党支部联合开展的一系列服务活动，丰富了基层党员的知识储备，使他们能够更好地带领当地人民

走向小康社会。

　　综上所述，红色"1+1"活动是加强大学生党员思想教育工作的重要内容，也是促进农村经济发展的重要举措。红色"1+1"活动自开展以来已经取得了一定成绩，但是也应该意识到活动中存在的一些问题。在新形势下，红色"1+1"活动面临着更多挑战，需要学生党员依托自身的专业特色，不断探索新的道路。

参 考 文 献

姜涛，2015. 加强和改进红色"1+1"活动的几点思考 [J]. 高教论坛 (11)：29-30.

林楠，卢海燕，2013. 加强制度建设促进红色"1+1"活动更好开展 [J]. 理论探索 (21)：220-221.

翟振元，2008. "红色1+1科技行动"的启示 [J]. 科教天地 (18)：52-53.

基于实践教学的农林院校研究生培养模式

——以北京农学院为例

张芝理　陈学珍　何忠伟

（北京农学院研究生处）

摘　要： 实践教学是研究生课程中的重要组成部分，是研究生提升理论运用水平、提高专业技能不可或缺的重要环节。在研究生培养的过程中，通过实践的教学方法提升研究生的动手实操能力和相关专业的社会实践能力是在当前社会综合性人才缺乏的背景下产生的新的研究生培养模式。本文主要以北京农学院作为研究案例，通过对北京农学院的研究生人才培养模式进行剖析进而探讨农林院校的研究生培养模式。

关键词： 实践教学　研究生培养　农林院校

近年来，研究生教育改革项目正在逐步从多个方面进行。为了使传统研究生教育模式更加适应当前经济社会的需求，2013 年教育部、国家发改委、财政部明确提出了《关于深化研究生改革的意见》，该意见针对推进专业学位研究生培养模式改革提出了一些方面的改革方针，明确提出了以服务需求、提高质量为主线的总体要求，并指出专业型研究生应以实践能力为导向、以职业需求为目标进行产学研相结合的实用型培养方向的目标。基于此，北京农学院做出了积极响应，作为北京市属农林类院校，通过理论与实践结合的方式，提升学校研究生的专业技能和理论运用水平成为至关重要的因素，提出了《关于加强和规范我校研究生联合培养实践基地建设的意见》。该意见规范了研究生实

基金项目：2017 年北京农学院学位与研究生教育教学改革项目（编号：2017YJS101）资助。

第一作者：张芝理，北京农学院研究生处学科与学位管理科。

通讯作者：何忠伟，教授，博士。主要研究方向：高等农业教育、都市型现代农业。E-mail：hzw28@126.com。

践基地的建设和相关经费使用要求，从此北京农学院研究生校外实践基地管理逐步走向规范化，并在近年来发展迅速，对学校研究生实践能力提升起到了不可磨灭的作用。本文旨在对学校研究生实践基地建设情况进行总结，探讨实践基地建设对研究生实践能力提升的影响，以便为今后进一步做好相关工作奠定基础。

一、研究生实践基地建设情况

北京农学院作为市属农林类院校具有一般农林院校特征，在校研究生所学专业围绕自然科学较多。学校研究生分布在 8 个学院，分别为生物技术学院、植物科学技术学院、动物科学技术学院、经济管理学院、园林学院、食品科学与工程学院、计算机与信息工程学院和文法学院。其中，大部分专业对研究生实操性技能要求较高，因此提升研究生实践动手能力是实现研究生教学改革的关键环节。

在传统的研究生培养中，学校存在办学过程中普遍以教学为主、学科发展不充分、原创性不强、行业背景不够深厚等特点，学生普遍存在研究生生源质量不高、实践能力相对较弱、科研自信心有待提高等特点。面对传统的研究生培养环境，学生就业选择时往往缺乏方向指引，不明确自己所学专业的行业归属。在就业后同样会遇到所学内容与企业工作方式不接轨，面对企业实际操作内容时不能灵活运用所学知识等问题。这些现象都是在研究生培养阶段对实践能力缺失所造成的负面因素，因此实现需求导向型研究生培养模式，加强研究生实践能力成为学校研究生培养环节改革中的一个不可或缺的方面。

在《关于加强和规范我校研究生联合培养实践基地建设的意见》明确之前，学校研究生实践能力提升并未纳入研究生处进行统一管理，而是基于各学院的当前培养模式进行二级学院分开管理，对于校外实践基地的管理也以各学院为主，并未纳入研究生处进行统一登记与挂牌，导致各学院研究生实践能力参差不齐，整体表现在知识的运用与实际操作中水平有所欠缺，不能够达到教育部提出的需求导向型人才结构培养要求。因此，学校研究生处接管了校外基地的统一管理工作，着手提升研究生的校外实践能力。

学校研究生校外基地管理工作主要分为几个方面，分别是实践基地的设立管理、实践基地的建设管理、相关经费的运用管理等。对各二级学院申报研究生联合培养基地提出了相应条件，将实践基地层次及条件进行了规范管理，统一进行了登记与跟踪的管理，做到了研究生处的知情与发现问题的前置预警机制构建。对于实践基地的质量控制方面，学校从 5 个方面进行整体把控，分别是：其一，组织建设，即培养单位应指派专门人员负责实践基地工作，落实到人并与实践基地依托单位确定的人员共同成立协调工作小组，负责落实实践工作计划、安排指导教师、专业实践考核等具体工作；其二，条件建设，即培养单位与实践基地依托单位根据合作协议规定，共同对研究生开展实践教学活动期间所需生活、学习、工作等必需的设施设备进行建设；其三，师资建设，即培养单位和实践基地依托单位共同推荐和遴选研究生指导教师、实践教学任课教师，并开展必要的培训工作；其四，制度建设，即协调工作小组根据需要建立和完善相关管理规章制度，加强实践教学的规范化管理。培养单位与实践基地依托单位建立了定期会商的制度，每年召开 1～2 次工作会议，研究解决工作中的具体问题；其五，考核评估，即培养单位加强提升实践基地建设与运行质量管理，提高研究生实践教学培养质量的过程中，学校每年对实践基地进行考核，并公开评估结果信息，对存在质量问题的基地督促进行整改直至撤销。在以上基地管理的约束下，学校校外实践基地的发展质量与数量都取得了明显的提高。

二、研究生的实践能力提升

学校目前对接 18 个研究生校外工作站、23 个研究生校外实践基地。其中，10 个校外实践基地或工作站可以覆盖两个硕士点的研究生进行实践学习，剩下 31 个均为覆盖一个硕士点的专业型校外实践基地或工作站。其中，经济管理学院和动物科学技术学院校外实践合作单位最多达到 8 个，食品科学与工程学院为 7 个，园林学院为 5 个，生物科学与工程学院和植物科学技术学院为 4 个，计算机与信息工程学院和文法学院各 2 个。

其中，不同的校外实践合作单位培养了研究生不同的实践能力。在经济管理学院众多的校外实践基地中，主要培养了研究生对农林企业的认知和企业管理的相关技能，主要研究涉农企业管理的理论、模式与运行机制和"三农"相关问题。实践基地将现代企业管理的理论、方法与涉农企业的实际情况紧密结合，深入培养了一批熟悉涉农企业体制和运行机制的创新型人才。其中，能够反映学生能力提升的最大外在表现是研究生文字表达能力明显增强，通过在实践基地进行实践，研究生更加了解我国农业相关方面的形势。因此，参与导师重大课题的数量也是逐年增多，以农村与区域发展专业为例，近 3 年主持省部级课题累计 40 多项，其中国家自然科学基金 4 项，国家社会科学基金 4 项，教育部人文社会科学重点项目 1 项，教育部人文社会科学基金项目 1 项，农业部软科学课题 5 项，北京市哲学社会科学规划重点项目 2 项、一般项目 8 项，北京市自然科学基金 6 项；科研成果采用 40 多项，经费达到 2 500 多万元；荣获省部级以上科技奖励 10 多项；出版专著 60 多部，主编教材 40 多部，发表学术论文共 600 多篇，真正做到了理论与实践相结合，实践指导理论的良性发展趋势。

动物科学技术学院的校外实践基地为研究生提供了丰富的实验室与实习场所，有效提升了研究生的兽医水平和疫情处理经验。动物科学是一门要求实践经验比较丰富的科学，在就业过程中要求研究生对疾病防控等近代兽医学理论、实验方法和诊疗手段都具有一定的实际经验与操作能力，近 3 年获国家级奖及省部级奖 5 项，获国家发明专利 6 项。相关专业研究生在 SCI 及国内核心期刊共发表论文 400 多篇，结合实践为兽医发展展示出了自己的研究成果。

食品科学与工程学院在校外实践基地的合作方面除了与本书附录 1 和附录 2 中的单位有合作关系，还与北京大北农科技集团股份有限公司、首都农业集团有限公司、北京和美科盛生物技术有限公司、北京京味坊食品有限责任公司、北京勤邦生物技术有限公司、北京伟嘉人生物技术有限公司、北京市房山区莱恩堡酒庄、北京德青源农业科技股份有限公司等北京市多家大中型企业紧密合作，为食品科学与工程专业人才的实践能力培养提供了强有力的支撑，在强大的背景支撑下，通过实践培养出高层次、多学科、懂经营、会管理的复合型人才。借助企业生产的真实环境，研究农产品、动植物资源的加工理论、加工工艺，并且使研究生熟悉了生产配套设备、工程技术与工艺等，实现了将书本中的理论与生产中的实践相结合，为相关专业研究生毕业、就业起到了重要作用。

园林学院实践基地主要培养了研究生较强的专业性实践能力和职业素养，为实现研究生实践能力的提升，学校内部设有 20 亩现代设施花卉实践基地 1 个，20 亩园林苗圃基地 1 个，20 亩林业苗圃基地 1 个，校外还有万亩实习林场 1 个，满足了研究生实验实训技能的培养。通过校内外实践基地的培养，研究生具有一定的创新性思维，通过亲身实践林木花卉遗传育种与栽培的相关工作，对所学理论有较强的实操把控性，能从事林木培育、风景园林保护与景观设计等相关实际工作。

生物科学与工程学院研究生硕士点成立时间不长，但其校外合作实践单位已经达到 4 个，对于人数不多的研究生来说资源非常充沛，能够满足每位研究生的实践能力提升需求。通过与实践基地的合作，使研究生能够接触有先进设备的生物学实验教学中心和组织培养中心，为高素质的生物工程研究生实践能力培养提供了有力支持。

植物科学技术学院是北京农学院研究生中所占比重最高的学院，每年有大量学生报考和录取，为学校研究生招生提供了源源不断的血液。在植物科学的研究生培养过程中，最重要的就是将所学理论运用到植物生长周期过程中去，并结合植物学知识去解决植物生产过程中存在的问题。通过实践基地的训练，研究生能够有机会与作物相接触，从大自然中对所研究的学科有一定熟悉，而不是仅仅停留在课本与实验室中。借助实践基地的环境，研究生还能够提前对自身职业选择有一定了解，这样在面对就业时就能够快人一步找到自身适合的岗位。

计算机学院和文法学院的相关专业研究生培养主要都围绕"三农"问题展开，将计算机知识和法律等社会工作专业的知识与"三农"问题相结合，在实践工作单位中能够将这种跨学科的专业技术移植到农业问题的应用上，提升了研究生的跨学科适应能力与综合性运用能力，借助实践基地为服务京郊的涉农企事业单位培育综合型复合能力人才做出了突出的贡献。

总的来看，学校研究生实践能力的培育主要是通过实践基地的合作来进行的，校外实践合作基地弥补了学校研究生在校期间对理论学习缺乏实际应用与转化的弊端，从应用层面对研究生学习内容进行了深刻的指导，将研究生的视野从学习的层面提升到了企业生产的层面，有效培育出了一批又一批的具有综合能力的实践型人才。

三、学校实践教学存在的问题

实践基地建设直接关系到研究生的培养质量，对于培养提高研究生的创新能力和实践能力十分重要。在学校实行教学实践基地统一管理的时期内中，对研究生的能力提升有了一定的推进作用。但与此同时，还发现存在一些实践基地管理方面的不足：

（一）实践基地水平参差不齐，条件设施有待改善

基于学校为市属农林院校的现状，当前学校对接的校外实践基地都与农林企业或相关单位有关。因此，研究生校外实践工作环境有限，各二级学院对接基地也有受到传统实践基地合作方的制约，在早期对接的实践基地水平参差不齐，研究生在实际实践学习的过程中不能从实践基地有效地获取最前沿的知识，甚至受到实践条件所限与理论课所学习到的知识相违背。因此，在发现当前问题的基础上，学校研究生处会介入到以后相关实践基地的对接上，与实践条件不达标的基地脱离合作，待其条件达标再继续合作。

（二）实践过程中缺乏量化考核指标，学生能力提升不系统

对相关实践基地的考核不够细致是基地建设与管理工作中的难点，很多基地在研究生实践技能得到提升的过程中无法用量化的指标进行评价，能力的提升是内在的，不容易量化。而对于研究生的能力提升来看，不明确的能力提升导向是无法有目标地引导研究生进行高效的、有重点的、系统性提升，因此在研究生实践基地建设的过程中，应加强考核指标体系的建设与应用。在研究生进入实践基地学习的过程中，应量化考核研究生实践过程中的各个环节，汇总成数据记录研究生能力提升的各方面，再通过长期的数据汇总对基地的建设起到相应的指导作用，实现双向联动的教学基地与学生能力共同提高的双赢局面。

（三）实践内容与课程结合性不强，课程归属感不足

实践性教学受到校外实践基地条件的制约，往往脱离于校内理论学习，虽然实践能力的提升服务于校内理论知识体系，但实践的过程往往与研究生所学习的课程结合性不强，缺乏与课程培养大纲中提出的要求相联系。因此，在研究生的实践过程中，不能及时将课程所学理论知识一对一地运用到实践环节，使得能力提升不够全面。在基地管理工作中，应着重对应研究生培养大纲，将相应研究生课程学习与实践相对应，基于大纲对研究生开展有计划、有重点的实践能力培养才是实践基地建设最根本的要求。而在当前培养模式中，达到完全按照大纲要求进行培养是不切实际的，实践基地对接的最直观反映就是校园与社会的对接、课程教学与企业生产的对接，在实践基地学习的过程中，理应按照基地相关条件与安排进行学习，按照农林型人才适应农林企业生产的模式进行人才培养。因此，在实际培养过程中出现了一定的与课程脱轨的现象。

四、农林高校实践型研究生培养的建议

（一）以就业为导向，以实用为根基

面对当前复杂的就业形势，学校研究生培养模式也应从传统的理论型教育逐渐向应用型模式转换。就业作为大多数专业型研究生毕业后的选择，是衡量一所高校培养研究生价值的重中之重，良好的就业出路是研究生部门扩大招生渠道的根基。传统的理论式教学模式已经无法满足市场导向型人才需求模式的人才缺口，每年大量研究生毕业后无法找到自己对口的工作或找到对口的工作后用不上自身所学的知识已经成为一种常态。因此，以就业为导向的实用型人

才培养已经成为当前研究生培养的重点，实用性人才体现在就业时企业不单单看面试者的学历，学历仅仅是进入一个企业的敲门砖，也看面试者有没有为企业创造价值的能力。现在的社会现实是，企业需要的是实用性人才，不仅拥有先进的专业知识，更重要的是拥有实际的操作能力。这需要的就是通过实践培养出来的扎实的专业技能，是一种能够为企业带来直接价值的人才。

在农林高校研究生的培养中，着重自身学校的办学定位成为培养人才的关键。北京农学院依托"立足首都、服务'三农'、辐射全国"的办学定位，研究生就业围绕"三农"展开，农林类企业就业人数较多，大多属于实操型岗位，对于人才的需求也是比较注重实践能力和动手能力的。因此，在培养过程中对于研究生的实践要更加重视。

（二）注重个性化人才培养，主导因人而异的实践能力提升

每个研究生在培养的过程中都是一个个体，其教育背景、知识结构、个性特点和职业目标都不同，在培养的过程中也不应该笼统地按照统一的培养目的进行复制性培养。在对每个研究生培养进行总体设计的同时，也应个性化地对研究生制订培养计划。尤其在研究生的实践能力环节，更应结合其自身特点进行有针对性的训练，通过对不同的学生分配不同的研究任务，帮助其有重点地提升实践能力与动手操作能力。个性化地制订研究生实习与实践的计划，并通过细化的指标体系对其进行有针对性的目标性训练，结合多个实践基地培养能力不同的互补优势，差异化地培养不同职业倾向的研究生将成为研究生培养的关键环节。

差异化研究生能力培养的优势在于更加广泛地增加就业潜在竞争力，不同岗位倾向的研究生可以将自身优势资源与能力集中到一些方面的实践训练上。通过差异化的实践强化自身的优势，从而避免同质化的研究生培养与研究生就业现状。

参 考 文 献

李登，伟汤，富荣，等，2005. 做好研究生社会实践工作　提高研究生综合素质［J］. 石油教育（6）.

刘建银，2011. 我国教育硕士培养模式多样化问题的政策思考［J］. 学位与研究生教育（1）.

时花玲，2011. 教育硕士教育类课程设置的问题及对策［J］. 教育理论与实践（12）.

王现彬，陈闻，2009. 科研训练与硕士研究生实践能力的培养［J］. 高教论坛（11）.

熊玲，李忠，2010. 全日制专业学位硕士研究生教学质量保障体系的构建［J］. 学位与研究生教育（8）.

关于研究生培养的一点思考

杨为民

（北京农学院城乡发展学院）

摘　要：研究生教育是当今社会精英教育的有机组成，是培养社会发展重要的有生力量。目前，研究生教育存在一些亟待解决的认知问题，如何培养德才兼备的研究生人才已成为迫切的现实诉求。本文从思想修养、学术道德、专业定位等多方面，对研究生培养提出针对性建议。

关键词：研究生　培养　修为　专业素养

中国高等教育经历过 20 世纪 90 年代的飞速发展，使得"上大学"不再是少数人的梦想，高校扩招带来的直接效果就是毛入学率居高，一些地方的毛入学率达到 70％以上，大学本科教育也从精英教育演变为大众化普及型教育。高等教育的普及使得国民素质得以普遍提高，而同时，研究生教育也进入发展的快车道，2016 年全国硕士研究生招生总规模为 517 200 人，比 2015 年上涨4.4％，其中学术型硕士 329 709 人，专业学位硕士 187 491 人。2016 年全国硕士研究生报名人数为 165.5 万人，录取比例大约为 31.2％。另外，2016 年博士研究生招生总规模 67 216 人，其中学术型博士 65 468 人，专业学位博士1 748 人。相对于本科教育，研究生教育似乎成为高学历的"代名词"，许多教学、科研、管理岗位均要求研究生学历，而要想登上大学讲坛，一般要求博士学位获得者，研究生教育成为社会精英教育的有效载体。

一、做事先做人，强化思想建设

研究生教育归根结底也是要培养革命接班人的问题，鉴于当前研究生毕业

基金项目：北京农学院学位与研究生教育改革与发展项目（编号：2016YJS003）资助。

作者简介：杨为民，教授，管理学博士。主要研究方向：农村区域发展、市场营销。

后在社会阶层中的定位和发展，强化其价值观、人生观以及生活理念的建设的重要性尤为突出。从年龄上讲，现在的研究生基本上是 90 后，他们所生活的年代和成长经历与其父辈有很大不同。信息时代带给他们更多的知识，网络的普及使他们几乎可以足不出户就日行八万里——了解世界发生了什么，虚拟世界也带给他们满足与思考……总之，"外面的世界很精彩"，于是，个别人有了"乱花渐欲迷人眼"，在五彩缤纷的世界中迷失了方向。因此，强化世界观、人生观、价值观的重塑，成为接班人可持续发展的重要要义。

目前，全国上下正在进行党的基本路线教育、党风廉政建设教育等工作，在认真学习习近平总书记的系列重要讲话精神，认真领会习近平总书记在中国政法大学视察中的谆谆教导。这是对研究生进行思想道德修养培育的社会背景。实践证明，道德缺失和思想迷茫是人才培养的大忌，人做不好，事情自然做不好。思想没有底线，这样的人技能越强，可能会越"坏事"。教育研究生树立正确的人生目标，要从弘扬中国传统文化、唱响"中华民族伟大复兴"的"中国梦"为主旋律，坚持结合"三严三实""两学一做""党风廉政建设"等诸多方面，在政治上、组织上、思想上和行动上与中共中央保持一致，以振兴中华为己任，形成思想过硬的基本思想素质。

研究生具备社会"精英分子"的潜质，是未来担当社会责任的栋梁。做好研究生思想塑造工作要从三方面抓起：一是强化政治理论学习。特别是要强调"读经典、读原著"，把马克思主义中的《共产党宣言》《资本论》等著名理论著作进行系统化梳理和解读，使他们明白自己所肩负的历史使命，在思想上"红起来"，要树立坚定的信仰，建设强大的内心，把研究生中党的建设问题作为思想政治工作重要的切入点，让他们明白人类伟大的理想是什么，应该做什么人，要树立为全人类共同理想奋斗的决心和勇气，要有为人类社会进步而努力的胸怀。二是要强化爱国主义教育。在新的社会形势下，西方的价值观、意识形态不断渗透，"和平演变"的危机一刻都没有停息，这一点必须引起高度的警惕。我们希望全世界和平共处、共谋发展，提出了"一带一路"共同发展的倡议，这需要付出艰苦的努力。"科学是没有国界的，但科学家是有国界的。"要切实明白读书是为了什么！周恩来总理一句"为中华之崛起而读书"激励了几代人，明确了学习与工作的方向。有人说现在的人很现实，发达国家的优厚待遇、工作条件对一些人很具有吸引力。但那毕竟是别人的国家，而我们的祖国需要强大，需要具有可持续发展的后劲儿！钱学森、邓稼先等老一辈科学家的拳拳报国之心应该大力弘扬。爱国不是一句空话，是中华民族的传统美德之一，爱国就是要把祖国的命运与自己的命运紧密联系在一起，这是一个人成为社会有用之才的重要源泉之一，是社会对研究生这类高学历人才的高素质诉求。三是强化担当意识。习近平总书记在谈到自己的执政理念时提出两点："为人民服务"和"敢于担当"，也就是说要"权为民所用、情为民所系"，一切为了民族复兴、一切为了老百姓的福祉，为人民服务是一个人崇高的思想境界。而要践行为人民服务，就是要肯于担当，要切实负起责任来！一个负责任的人、一个负责任的组织、一个负责任的政党、一个负责任的社会、一个负责任的民族，才能筑造起对全人类负责的基石。因此，责任担当是一个研究生思想中必须牢固树立的一种意识。敢想——破除迷信、解放思想，敢说——直抒胸臆、表达真诚，敢做——积极实践、科学求实，敢为——一身正气、不辱使命！

二、树立科学态度，培植专业素养

研究生与本科生在学业要求中有一个较大的不同是：本科生基本上是"宽口径，厚基础"，强调的是通识教育以及较为宽泛的专业基础，所以，通识教育的公选课、专业基础课和专业课成为重要的知识架构体系。而发达国家高等教育中的通识教育更是范围广泛，即便是经济学院的学生也可能涉及生物、物理、化学、数学、音乐、戏剧、心理等诸多方面，全方位架构一个人的知识体系，趋于一种"全面发展"教育理念。而研究生教育更关注于专业素养的培育，研究生培养的关键在于"研究"二字。如果说"学问"的要义在于"学"和"问"，那么"研究"的要义就在于探索科学规律。规律是客观的，是不以人的意志为转移的，要善于发现规律、认识规律、应用规律，按照规律办事，才能践行科学发展观。

要做好研究要从以下三点着眼：一是树立科学的态度。科学是规律，来不得半点虚假。科学的态度首先就是诚信，一是一、二是二，不唯上，不唯书，要唯实，要对科学具有敬畏之心，要抛弃功利之心，不要急功近利，要肯于坐冷板凳，潜心研究。科学的态度是从事研究的人理性的回归和心智的塑造。二是要有科学的方法。科学研究重要的手段是借助于方法和"工具"，要审时度势，要在众多方法中进行"筛选"，择优而用，因为不同的方法和路径可能会导致不同的结果与效用。例如，面对同样的决策问题，采用"大中取大法""后悔值法""折中法""决策树"法等，得到的结果是不一样的。所以，研究方法的选择要慎之又慎，要充分了解每一种方法应用的条件，尤其是约束以及相关影响因子的分析。对于社会科学研究来讲，一般从经济学角度去分析，能够比较深入；而从管理学角度提出对策建议，则比较具有可行性。三是平常的心态。科学研究是一个漫长的过程，在一定程度上是一种心智的磨砺。因此，心要平静，要用一种平和的心态去面对要研究的东西，要"不以物喜，不以己悲"，经得住挫折，经得起失败，坚持一种执着，不轻言放弃，永不言败。在选题方面，更要以问题为导向，在充分分析前人研究的基础上，结合社会发展需求，选择具有社会应用价值或者具有科学前瞻性探索的题目。研究不能为研究而研究，要把科学研究与社会发展、人类进步、法律规则、道德底线等结合起来，在研究中要循序渐进，不能急于求成，不能"朝秦暮楚"地变换研究方向，研究法理要科学，研究过程要严谨，研究内容要先进，研究结果要经得起检验。所以，做研究就是要保持一种平常心。

三、强化人文教育，促进全面发展

研究生教育的精华不仅仅在于专业素养的提升，更要关注人文素养的提升。作为一个健康的人，不仅要有健康的体魄，更要有健康的人格，要有社会责任感。"读死书、死读书、读书死"的"书呆子"类型不是社会所需要的，一个优秀的研究生是德、智、体、美、劳全面发展，可以看到科学的态度、诚实的品德、宽阔的心胸、开朗的性格、充满激情的气息以及与人为善和团队精神，这些不是专业本身所能包含的。因此，加强人文素养是解决当前"浮躁""浮夸"以及个人意识膨胀的有效途径。

人文素养包括内容很多，面对众多信息，如何取舍，如何汲取合理要素，成为不容回避的选择。笔者认为可以从以下三方面进行考虑：一是要多读书、读好书。书是人类进步的阶梯，博览群书，不仅可以丰富知识，更好地了解世界，也可以受到历史文化的熏陶、哲学的思考以及人类文明光辉的照耀，可以打开一扇窗，打开一道门，可以通过书籍了解世界的风采，了解他人的心扉，借以培养健全的人格、成熟的心智，让他人的火点燃自己的火，以心交换心。读一本好书，不仅在翻阅社会和别人的"历史"，也在丰富和塑造自己的人生。二是走出去、多思考。研究生阶段是人生青春年少之时，是人生精华所在，是价值观、人生观和世界观日渐成熟的时期。要结合学习，尽可能地多走出去，接触大自然、接触社会，在自然中陶冶性情、在社会中了解诉求。古语讲"读万卷书，行万里路"，只有走出去，才能知道天地之宽广，才能知道民众的疾苦，才能知道社会的发展，也才能在实践中探索研究的问题和方向。实践出真知！要通过读书和实践，多思考，多问为什么，不要当宅男、宅女，要让思想跃动起来，一个人成熟与否，首先是冷静，要有独立的思想，独特的视角，看世界用头脑，不要人云亦云。差异化也是个人核心价值的体现。三是关注发展，与时俱进。现在是知识爆炸时代，科技发展正在不以人的意志为转移，新知识、新技术、新理念、新思路、新思维、创新与创业等，社会进步的节奏在加快。如果我们青年人不与时俱进、不瞄准发展的前沿，将脱离时代步伐而越落越远。因此，结合国家"双创"战略，研究生必须要敏锐地把握住时代脉搏，充分意识到新技术、新思维带给我们的机遇与挑战！把知识结构进一步优化，进一步与新技术和新思维相融合，不墨守成规，勇于开拓进取，这是时代所赋予的新属性。

研究生教育是一个庞大而系统的体系，研究生培养更是一个复杂的系统工程。希望青年学子们勇敢地肩负起历史使命，为中华民族伟大复兴而学习。

参 考 文 献

教育部，2016. 教育部《关于下达 2016 年全国研究生招生计划的通知》［OL］. https：//
　　wenku. baidu. com/view/33096d4b49649b6649d7472d. html，05-01.

互联网时代背景下研究生培养浅谈

赵汗青　黄体冉

（北京农学院生物科学与工程学院）

摘　要：研究生教育是高等教育的重要组成部分，是培养高层次创新型人才的主要途径，研究生教育处在国家创新发展战略的核心位置。新时代背景下，在互联网高速发展、"互联网＋"理念不断深入的前提下，如何进行研究生培养，是摆在每一个培养单位、每一位研究生导师面前的重要课题。本文综合分析了目前"互联网＋"教育的现况、优缺点以及传统研究生培养的方式方法，分别在专业课程学习、思想政治、科研、工作就业等方面就互联网时代背景下研究生培养教育进行了剖析和介绍，提出了建议和想法。

关键词：互联网　研究生培养　教学模式　教学改革

研究生教育是我国国民教育中的最高层次教育，是高等教育的重要组成部分，是培养高层次创新型人才特别是拔尖创新人才的主要途径，是国家创新体系的重要组成部分，是科技第一生产力和人才第一资源紧密结合的集中体现，肩负着为国家现代化建设培养高素质人才的重要任务，是提高国家创新力、增强综合国力与国际竞争力的重要支撑力量。当今世界，许多国家都把研究生教育摆在国家创新发展战略的核心位置，把研究生教育作为吸引、培养、造就优秀高端人才的战略选择。

改革开放以来，我国研究生教育实现了立足国内自主培养高层次人才的战略目标，国际影响力显著增强。特别是中共十六大以来，建设创新型国家和人

基金项目：北京农学院学位与研究生教育改革与发展项目资助。

作者简介：赵汗青，博士，应用化学专业。主要研究方向：天然产物化学和新型绿色农药创制。E-mail：zhaohanqing@bua.edu.cn。

力资源强国的重大战略决策，使得研究生教育进入了新的发展阶段。

但总体上看，研究生教育还不能完全适应经济社会发展的多样化需求，培养质量与国际先进水平相比还有较大差距。为全面贯彻落实中共十八大精神和《国家中长期教育改革和发展规划纲要（2010—2020 年）》，进一步提高研究生教育质量，教育部、国家发改委、财政部于 2013 年 3 月就深化研究生教育改革提出了一系列指导意见，其中特别指出，要健全导师责权机制。因此，每一位研究生导师都应该深思自己在研究生创新培养和研究生教育改革中的角色和重要作用。

新时代背景下，不可忽视的就是互联网在现代教育中所产生的影响。实际上，近 20 年来，随着计算机技术的发展，互联网技术已经深刻影响着人们生活的方方面面。目前，随着"互联网＋"概念的提出，互联网对于教育的影响也在逐渐加深。"互联网＋"理念最早是在 2012 年 11 月由易观国际董事长兼首席执行官于扬首次提出，他认为"在未来，'互联网＋'公式应该是我们所在的行业的产品和服务，在与我们未来看到的多屏全网跨平台用户场景结合之后产生的这样一种化学公式"。2014 年 11 月，李克强总理做了"大众创业、万众创新"为主题的政府工作报告，指出互联网作为新工具的重要性，并于 2015 年 3 月 5 日在十二届全国人大三次会议上，首次提出"互联网＋"行动计划，推动移动互联网、云计算、大数据、物联网等与现代行业的结合。"互联网＋"是指利用互联网的平台、信息通信技术把互联网和包括传统行业在内的各行各业结合起来，从而在新领域创造一种新生态，增强各行业创新能力。"互联网＋"对传统产业不是颠覆，而是换代升级，简单地说就是"互联网＋××传统行业＝互联网××行业"，虽然实际的效果绝不是简单地相加。这样的"互联网＋"的例子绝不是什么新鲜事物，例如，"传统集市＋互联网"有了淘宝，"传统百货卖场＋互联网"有了京东。而在教育方面，目前，"互联网＋"教育的现阶段出现了线上课堂、可汗学院、网校、电子书包等新的教育形式，这些新型的互联网教育形式给人们的学习带来了极大的便利。其中，在线教育是当前发展较为迅速和关注度最多的一种教育形式，大规模开放在线课程 MOOC 平台无疑是其中的佼佼者。它的主要优点是：一是互动性比较强，学生参与度较高，可控制学习的时间节奏，可参与完成测验、预习、课后作业等教学活动；二是可获得证书。学生达到课程要求可获得平台认可的大学证书，实际上，MOOC 平台就是提供了一个网上课程交易平台。除 MOOC 平台之外，我国"互联网＋"教育的模式还有其他 5 类，分别为 B2B 平台（为机构客户提供服务）；B2C 平台（自制课程提供给学习者）；C2C 平台（1 对 1 即时互动学习），即以即时通信工具如 YY、QQ、微信等为技术环境，通过网络和即时通信工具相结合的模式营造学习者与教师之间的互动交流平台；SNS 平台（基于社交信任驱动教学），SNS 是帮助 web 2.0 时代的互联网认识营造和构建社会性交互网络的新的 web 服务，是根据真实社会关系和人际关系而建设起来的 VR 网络社区；O2O 模式（线上线下学习相结合）。对于以上 6 种模式，哪一种模式符合"互联网＋"教育发展的需求，还需要通过实践进一步检验，目前并没有统一的认识。

无论"互联网＋"教育的模式是单一形式还是采用多种形式并存，新时代背景下，"互联网＋"都对教育产生了巨大的影响，并且这种影响在持续加大。当然，关于这种影响的利弊争论也客观存在着。

《人民日报》将"互联网＋"时代的教育总结为 4 个方面：促进教育公平、便利学生自助学习、用大数据服务教育、学习不再有时空限制。有研究认为，从教育学的角度来看，"互联网＋"给我国教育带来的机遇主要体现在四大方面：一是教育进一步突破时空限制，实现了随时随地学习，即真正意义上的"泛在学习"——任何人都可以在任何时间、任何地点进行学习，并在一定程度上缩小了因贫富差距导致的"教育/学习鸿沟"。二是教育进一步个性化，这一点是基于大数据技术与学习分析技术，在"互联网＋"时代，可以运用互联网的大数据，将互联网教育产业朝个性化、移动化方向发展。三是教育模式变得更多元。四是教育生态变革更多样。也有研究指出，在线教育有资料共享、数据留存于分析、娱乐社交、碎片化学习、长尾聚合、教育公平等多个功能特点，并利用微信、微博、QQ、APP、论坛等媒介手段得以实现。

但也有人指出了一些弊端，概括来说，主要体现在以下几个方面：一是教育的"肤浅化"与"快餐化"。二是师生关系和同学关系的淡漠与疏远。三是高校的倒闭、重组、改造、升级。四是高等教育被技术控制甚至奴役。此外，还有人指出一些具体问题，如以 MOOC 为代表的在线教育中，存在课程完成率较低，主动参与并最终完成课程的只有约 15％，而且也并非"人人平等"。在缺乏教师约束和针对性辅导前提下，对于自主学习能力较差、自控力不够的学生是难以完成 MOOC 课程的。此外，学习者无法构建整套的专业知识体系。

基于以上，在总结介绍新时代背景下教育的时代特点后，我们不禁思考，新时代下，互联网对研究生培养会产生什么影响，起到何种作用。基于互联网时代背景下研究生培养教育的思考：

第一，在专业课程学习方面。

目前，研究生培养过程中，是需要按照专业培养方案进行系统的专业课程学习的。但是，由于硕士阶段学习年限一般在 2～3 年（专业硕士 2 年，学术型硕士 3 年），博士毕业压力又较大，在导师默许下，习惯性做法是学生一般在第一年的上学期就把所有课程修完，然后利用更多的完整时间做科研、发文章、找工作等。这种情况造成的后果是教学效果并不理想，所有研究生课程短时间一起学习，不符合教学规律，学生目标只在于修完学分，对知识的掌握和理解并不深刻，从而容易造成在科研工作上缺乏创新或是有知识短板。但是，在新时代"互联网＋"背景下，可以充分利用"互联网＋"教育的优点，学生可以突破时空限制，在任何时间、任何地点进行学习。同时，可以避免不同地区、不同学校等造成的教育水平差异化，正如在 2015 年 5 月 23 日，国务院副总理刘延东在国际教育信息化大会上致辞时所说："教育信息化突破了'时空限制'，是缩小教育差距、促进教育公平的有效途径。"学生可以接受最为优质的教育资源，而且在时间上和地点上更为灵活，更适合研究生培养过程的特点，容易被师生接受。就目前看来，学徒式培养、教学与科研结合的专业式研究生培养模式是我国研究生教育的主要形式，导师在其中扮演着十分重要的角色，导师的水平高低、花费在学生培养上的时间多少等因素，都会对研究生培养质量产生较大影响。充分利用好"互联网＋"教育的优点，减少水平差距，导师扮演好传道解惑的角色，利用类似翻转课堂的教育手段，节省师生时间，提高培养效率。同时，针对整体专业来说，可以利用大数据技术与学习分析技术，快速、即时、高效、全面地收集、记录、存储学生的学习能力、方式及方法等众多数据，从而对具体专业的研究生制定更有针对性的、适合的授课内容和方式，以期达到教育效果最优化。

第二，在思想政治学习方面。

传统的研究生思想教育课程是由老师集中授课，一般为大班授课，学生人数较多，课题效果不好，纯粹的理论学习让学生觉得枯燥乏味，应付心理较多，而名师大家的课程资源有限，生动的授课方式和授课内容不能普及化，利用"互联网＋"教育的具体手段可以有效解决这一问题，目前在教师党员中开展的自主学习在线党员课程的活性就是一个很好的形式。可以借鉴这种形式，并采用部分或是完整的在线课程教育方式，思政课教师负责管理、运行、解答、在线授课等工作，从而实现更好的授课目的。

第三，在科研工作方面。

实际上，互联网在研究生科研上的作用在很多年前就已经产生了巨大影响，从文献的传统纸张检索，到现在的网上在线检索，从文章期刊发表到现在的开放性在线期刊等，互联网为科研工作的开展提供了巨大的便利。

研究生可以在课题选题、课题开展、文章撰写发表、国际交流、社会需要等诸多方面利用互联网技术进行更多的思考和参与，而不是过多地依赖导师，研究生可以有自己的更多想法和解决问题的手段，提高研究生的参与度，锻炼自身的能力。目前，有各种专业方向的文献搜索引擎，如 Scifinder、中国知网、万方等，也有如小木虫、丁香园等学术论坛，这些工具都对研究生培养起到积极的作用。如何充分利用这些优质手段和资源，是研究生培养中的重要一环。

在过程培养阶段，由于导师不能时刻在学生身边进行指导，因此可以采用 C2C 模式，即以即时通信工具如 YY、QQ、微信等为技术环境，通过网络和即时通信工具相结合的模式营造学习者与教师之间的互动交流平台。教师和学习者以及教师之间、学习者之间在这个平台上进行沟通和交流，教师可随时随地进行在线教学及答疑服务，教师间可交流合作，学院间可讨论交流。

第四，在工作就业方面。

互联网时代背景下，信息化进程加快，信息资源具有全面性、快捷性和公平性，在研究生培养中最后的环节就是工作就业。新时代下，充分利用互联网优势，第一时间掌握用人单位招聘信息，了解用人单位具体资料，进行前期沟通和自我推介、后续竞聘和最终达成合作等，是摆在每一个研究生培养主体、导师和研究生个体面前的重要课题，对于每一位研究生个体而言，充分利用好信息的公平性和快捷性，将对未来自身职业发展产生重要影响。

第五，在继续深造方面。

硕士研究生继续攻读博士研究生，博士研究生进入博士后工作站，无论是在国内继续深造还是去国外进行留学，互联网技术为人们提供了极大的便利。在目标学校、科研院所、实验室、导师信息、研究领域和方向、研究水平等的选择上，研究生可以通过互联网进行信息搜集和检索，了解和筛选自己的目标意向，并在确定后进行前期沟通、准备，需要参加资格考试的还可以进行有针对性的复习，吸收更多的经验。对于出国深造的学生，可以在出国前通过 QQ、E-mail、在线论坛等多种途径提前了解当地情况，预定住宿房屋，完成基本生活保障等前期工作，也可提前准备后续科研工作的具体内容，开展相关工作，避免因地域和时间等因素造成的不便。

由于研究生培养的实际特点，"互联网＋"的优点可以较大程度地发挥，而目前提出的一些缺点又可以较好地避免。因此，可以说，"互联网＋"对研究生教育的优势比较明显。但是，也依然要注意到这样一种观点，即"互联网＋"让高等教育被技术控制甚至成为技术的奴隶。一旦离开了计算机、网络，许多师生就会感到无所适从，甚至会有一种不会教学、不会学习之感——这就是高校师生被技术深度控制的典型体现。正如中国高等教育学会会长瞿振元曾警告我们：在"互联网＋"时代发展在线教育，必须重视教育的本质。我们需要清醒地认识到："互联网＋"教育的正确形态应该是对传统教育的升级，而非去颠覆传统教育。这是因为，"互联网＋"教育虽然会大大改变我们的教育，但却并不会从本质上颠覆教育，更不会在短时间内颠覆我们的现有教育体制。

在互联网新时代背景下，在贯彻落实中共十八大精神和《国家中长期教育改革和发展规划纲要（2010—2020年)》前提下，在身为一个研究生导师的角色定位下，如何与时俱进、更好地提高研究生培养质量和水平，不断创新和改革，是一个时代的课题，是每一位研究生导师一生的课题。研究生学什么，研究生培养什么，这是值得我们思考的。最后，用向涛院士在2016年中国科学院大学开学典礼上的讲话作为结尾："在读研究生的时候，我曾经问过自己一个问题：我们在中学阶段，培养的是逻辑分析能力；在大学阶段，培养的是分析和解决问题的能力；到了研究生阶段，我们需要培养什么能力？我对这个问题思考的结果，就是独立工作的能力。也就是发现问题、提出问题并综合解决问题的能力。换句话说，上大学，是让你学会走路；读研究生，是让你在没路的时候，学会找路、开路。"

参 考 文 献

胡乐乐，2015. 论"互联网＋"给我国教育带来的机遇与挑战［J］. 现代教育技术（12）.

焦建利，2013. MOOC：大学的机遇与挑战［J］. 中国教育网络（4）.

刘锋，2015. 互联网＋教育的未来发展趋势［J］. 英语教师（9）.

肖莉，2015. 互联网教育变革与学习研究［J］. 科教-富智时代（11）.

徐晴，2010. 初探研究生培养模式改革与实践［J］. 西南大学学报（社会科学版）（5）.

招生视阈下的研究生思想政治工作研究

李秀英　田　鹤　王　艳　何忠伟

（北京农学院研究生处）

摘　要： 研究生思想政治工作是研究生教育的重要组成部分，选拔政治素质合格的生源是研究生思想政治工作的第一步，对培养合格的社会主义事业接班人是一个有力的保障。在研究生招生过程中，十分重视研究生生源的思想政治工作，坚持立德树人，加强对考生的思想政治素质和道德品质的考核，并对考生进行以诚信应试、奖优罚劣为主要内容的思想教育，其重要性和必要性不容忽视，同时在实践中出现的一些问题又给我们提出了思考和改进的空间。

关键词： 研究生招生　思想政治考查　诚信教育　奖优罚劣　体检　心理测评

研究生教育是高等教育人才培养的最高层次，思想政治工作是研究生教育的重要组成部分，其重要性和紧迫性不容忽视。我国一直非常重视研究生思想政治教育工作，2010 年教育部专门发文《教育部关于进一步加强和改进研究生思想政治教育的若干意见》（教思政〔2010〕11 号），强调改进研究生思想政治教育工作的领导体制与工作机制、加强工作队伍建设，提出拓展研究生思想政治教育的有效途径和有效保障。2017 年 2 月，中共中央、国务院印发了《关于加强和改进新形势下高校思想政治工作的意见》，强调要加强学生党支部特别是研究生党支部建设，加强高校基层党建工作，以加强和改善党对高校的领导。

基金项目：北京农学院学位与研究生教育改革与发展项目（编号：2017YJS100）资助。

第一作者：李秀英，讲师，北京农学院研究生招生科科长，从事研究生管理工作。

通讯作者：何忠伟，教授，博士。主要研究方向：高等农业教育、都市型现代农业。E-mail：hzw28@126.com。

选拔政治素质合格的生源是研究生思想政治工作的第一步，对培养合格的社会主义事业接班人是一个有力的保障。国家从招生过程中就十分重视研究生生源的思想政治工作，坚持立德树人，加强对考生的思想政治素质和道德品质的考核；并对考生进行以诚信应试、奖优罚劣为主要内容的思想教育。

一、研究生招生工作中思想政治工作的主要内容

从根本上说，研究生招生是一个选拔人才的工作，生源选得好坏直接关系到今后研究生培养的质量，关系到高校培养高级人才的质量。立德树人、选拔思想政治合格的人才一直是研究生招生选拔的一个基本原则，国家在招生过程中十分重视思想政治素质的筛选，从源头把好关。在招生选拔中，不仅有对考生的思想政治素质和道德品质的考核，还有对考生进行以诚信应试、遵守考试纪律、奖优罚劣为主要内容的思想政治教育。

（一）思想政治素质考查

各高校在实际的研究生招生工作中十分重视思想政治素质考查工作。以北京农学院为例，在研究生招生工作中，有3个环节进行生源思想素质考查：

一是在研究生初试中进行思想政治理论科目笔试闭卷考试。其目的是科学、公平、有效地测试考生掌握大学本科阶段思想政治理论课的基本知识、基本理论，以及运用马克思主义的立场、观点和方法分析和解决问题的能力，评价的标准是高等学校本科毕业生能达到的及格或及格以上水平，以保证被录取者具有基本的思想政治理论素质，并有利于各高等院校和科研院所在专业上择优选拔。

二是在研究生复试中进行思想政治素质和道德品质考核，主要内容包括考核考生的政治态度、思想表现、道德品质、遵纪守法、诚实守信等方面，对思想品德考核不合格者采取一票否决制，坚决不予录取。思想政治工作部门、招生工作部门、导师组等参加思想政治素质考查工作，与考生详细面谈，直接了解考生思想政治情况。还可采取"函调"的方式对考生的思想政治素质和品德考核，或由考生提供学习工作单位或档案所在部门提供的政审表进行审查。

强化对考生诚信的要求，充分利用《国家教育考试考生诚信档案》记录，对考生在报考时填写的考试作弊受处罚情况进行认真核查，考生诚信状况也是思想品德考核的重要内容和录取的重要依据。录取时要综合考虑考生初复试考试成绩、思想政治表现、身体健康状况等因素，择优确定拟录取名单。

三是拟录取名单确定后，录取学校向考生原单位函调人事档案和本人现实

表现等材料，函调的考生现实表现材料，需由考生本人档案所在单位的人事、政工部门加盖印章，全面审查其政治思想情况。思想政治素质考查工作成为选拔生源、保证新生入学质量的重要环节。

（二）以诚信应试为核心的思想政治教育

在研究生招生考试的各个环节，也不断加强对考生的思想政治教育，主要以诚信应试、遵守考试纪律为核心进行。

从研究生考试报名起，在现场确认信息环节，教育部就要求各高校开展以诚信考试为核心的考风考纪教育。为营造公平、公正的考试环境，在报名确认现场要求以公告形式（在明显处张贴公告），开展集中的考风考纪教育。还可以根据自身特点采取其他多种方式对考生进行诚信应试的宣传教育。以此提醒考生诚信考试，对考生进行诚信教育。例如，北京农学院报名点现场确认信息时，就张贴了相关公告开展以诚信考试为核心的思想教育。教育考生树立诚信考试观念，遵守本人签署的诚信考试承诺书，珍惜个人名誉，遵守考试纪律；警示考生，不要购买所谓"研究生试题"，以免上当受骗；告诫考生不要寻求"枪手"替考，也不要充当"枪手"替他人应考。

初试期间，各考点采取多种形式加大诚信应试的宣传教育力度。在醒目位置悬挂、张贴有关诚信应试横幅、标语，张贴公告或摆放警示板，在显著位置公告"考场规则"，公示《国家教育考试违规处理办法》中"违规行为的认定与处理"的有关章节和《刑法修正案（九）》关于考试作弊的相关内容，教育考生树立诚信考试观念，遵守本人签署的诚信考试承诺书，遵守考试纪律。警示考生，考生作弊情况将记入全国统一考试考生诚信档案，作为今后升学和就业的重要参考。提醒考生，代替他人或者让他人代替自己参加考试的，有触犯《刑法》的危险，将受到法律制裁，使考生自觉树立遵章守纪、诚实应考的意识。监考员在整场考试前宣读《考场规则》及考试注意事项，对考生进行考风考纪教育。

复试过程中，将诚信考核和诚信教育作为专项环节纳入复试工作，强化对考生诚信的要求，加大对疑似作弊考生的甄别力度。同时，充分利用《国家教育考试考生诚信档案》加强对考生诚信状况的核查，并作为品德考核的重要内容反映在录取结果中。

（三）以奖优罚劣为核心的思想政治教育

在研究生招生过程中，特别是在复试录取阶段，对一些在思想政治领域表现好的考生给予加分奖励，对违规作弊考生给予处分，间接地起到了思想政治教育的作用。

在复试录取过程中，对于参加"大学生志愿服务西部计划""三支一扶计划""农村义务教育阶段学校教师特设岗位计划""赴外汉语教师志愿者"等项目服务期满、考核合格的考生，对于高校学生应征入伍服义务兵役退役，达到报考条件的考生，3年内参加全国硕士研究生招生考试的，初试总分加10分，同等条件下优先录取。对于参加"选聘高校毕业生到村任职"项目服务期满、考核称职以上的考生，3年内参加全国硕士研究生招生考试的，初试总分加10分，同等条件下优先录取，其中报考人文社科类专业研究生的，初试总分加15分。

对在研究生招生考试中有违反考试管理规定和考场纪律，影响考试公平、公正行为的考生、考试工作人员及其他相关人员，一律按《国家教育考试违规处理办法》（教育部令第33号）严肃处理。将考生在硕士研究生招生考试中的违规或作弊事实记入《国家教育考试考生诚信档案》，并将考生的有关情况通报其所在学校或单位，记入考生人事档案，作为其今后升学和就业的重要参考依据。对在校生，由其所在学校按有关规定给予处分，直至开除学籍；对在职考生，应通知考生所在单位，由考生所在单位视情节给予党纪或政纪处分；对考试工作人员，由教育考试机构或其所在单位视情节给予相应的行政处分；构成违法的，由司法机关依法追究法律责任，其中构成犯罪的，依法追究刑事责任。

二、研究生招生中进行思想政治教育与考核工作的重要性和必要性

第一，研究生思想政治教育是研究生教育的重要组成部分，加强和改进研究生思想政治教育，是深入推进素质教育、全面提升研究生培养质量、推动高等教育改革发展的需要，是维护高等学校和社会稳定、建设和谐校园、构建和谐社会的需要，是培养德智体美全面发展的中国特色社会主义事业合格建设者和可靠接班人的需要。育人为本、德育为先，立德树人是教育的根本任务。

第二，在研究生招生中做好思想政治教育工作，把好入口关，坚持立德树人，着力加强对考生思想政治素质和品德的考核，可以为研究生教育遴选政治合格的人才，为培养中国特色社会主义事业合格建设者和可靠接班人选好材料、打好基石。

《全国硕士研究生招生工作管理规定》规定："高等学校和科学研究机构招收硕士研究生，旨在培养热爱祖国，拥护中国共产党的领导，拥护社会主义制度，遵纪守法，品德良好，具有服务国家服务人民的社会责任感，掌握本学科

坚实的基础理论和系统的专业知识，具有创新精神、创新能力和从事科学研究、教学、管理等工作能力的高层次学术型专门人才以及具有较强解决实际问题的能力、能够承担专业技术或管理工作、具有良好职业素养的高层次应用型专门人才。"这就把政治合格、招收与培育党和社会主义接班人作为研究生招生的首要任务。

第三，在研究生招生过程中进行以诚信应试、遵守考试纪律、奖优罚劣为主要内容的思想政治教育，从入门起就引导研究生树立诚信观念；通过奖优罚劣政策，树立了先进榜样和需要严惩的负面典型，生动贴切地对研究生进行了一场现实教育，有利于研究生思想教育的后续开展。

三、对研究生招生生源思政教育及思想政治考查工作的思考

《2017年全国硕士研究生招生工作管理规定》规定，思想政治素质和品德考核是保证入学新生质量的重要工作环节，招生单位必须严格遵循实事求是的原则认真做好考核工作。但在实际工作中，存在着研究生招生思政工作流于表面、部分缺位等问题，需要引起我们的警醒，在今后的工作中予以改进。

（一）对研究生招生思想政治素质考查不重视，流于表面，没有真正地将思想政治考核纳入录取标准之中

很多单位在复试、录取中进行思想政治考查只是收一收政审表，在面试中主要考查专业、外语等能力，对思政问题涉及得不多，极少因为思想品德考查不合格而否决一个考生的录取。即使考生实际有相关问题，也觉得这个理由站不住脚，找其他问题来淘汰考生。录取调档时，只将调取考生档案作为制约考生按时入学和入学后管理考生的一个手段，并没有认真地审查其档案从而明确其政治思想情况。这就使个别害群之马加入研究生队伍，培养有才无德之人不是我们研究生培养的真正目标。

（二）处理好身体健康与人性关怀的平衡关系

体检是复试录取的必要环节，身体健康状况符合国家和招生单位规定的体检要求是录取的标准之一。招生体检主要参照教育部、卫生部、中国残疾人联合会印发的《普通高等学校招生体检工作指导意见》（教学〔2003〕3号）等文件要求，文件内规定了一系列不宜就读、可不予录取的疾病。但研究生录取中又十分重视照顾弱势群体等原则，例如教育部文件内就规定录取工作要依法保护残疾考生的合法权益，不能设置歧视性录取条件。在具体录取工作中，怎

样处理好身体健康与照顾弱势的人性关怀之间的矛盾、做好平衡，是研究生招生中一个值得思考的重要问题。例如，考生腿部残疾不利于农学类研究生进行相关实验，也不利于到广阔的农田中进行实践操作，但是在复试录取中又要适当保护残疾考生权益，这一平衡做不好，录取工作就很容易被人诟病甚至投诉。

（三）心理测评结果能否纳入思想政治品德考查之中，作为录取标准的一种指标

近年来，心理健康越来越成为人们关注的问题。在研究生复试录取工作中，也有越来越多的单位引入心理测评机制，心理测评成为考查合格生源的一个重要的辅助手段。随着这种新形势的发展，又出现了新的问题，就是心理测评是否属于研究生招生的一个必要环节，其能否纳入思想政治品德考查的工作之中。或者说，心理测评结果可否作为思想政治品德考核的结果，如果心理测评出现问题能否在考生录取中起到一票否决的作用。这些都需要国家出台相关文件规定来规范，以避免研究生招生工作继续面临"明知考生心理测评出现问题又不敢在录取时实际应用这一考查结果"这一尴尬局面。

参 考 文 献

李秀英，等，2015.地方农科院校研究生招生质量与管理分析 [J] . 教育教学论坛，11（3）：23-26.

研究生人际关系状况调查
——以北京农学院为例

苗一梅[1]　许宇博[2]　李菲菲[3]

（1　北京农学院研究生处；2　北京农学院经济管理学院；
3　北京农学院园林学院）

摘　要： 人际交往是个体社会化的重要途径，也是生活的重要组成部分，而人际关系状况是一个人生活状况及心理健康状况的外在表现。本研究对北京农学院全日制在校研究生与同学、朋友、家人以及导师的人际关系进行了问卷调查，针对研究生人际关系调查状况，分析出相应存在的问题，并根据调查结果提出切实可行的对策建议，为指导研究生培养良好的人际关系起到一定的促进意义。

关键词： 研究生　人际关系　状况调查

一、研究概述

社会中每一个人都生活在人际关系网中，每个人的成长和发展都依存于人际交往。研究生作为人才培养的最高层次，不仅要有渊博的专业知识，还要有能顺利融入社会生活的能力。这种良好的社会适应力就体现在人际交往中。同时，和谐的人际关系也是一个人体味幸福生活、保持身心健康的必要条件。研究生虽然身处校园，未完全走向社会，但是由于处于完全成人化的年龄阶段，使得他们要应对相对复杂的社会人际关系。近年来，由于研究生人际交往关系的不和谐造成的众多高校惨案，使得人际关系越来越受到人们的重视。那么，

基金项目：北京农学院学位与研究生教育改革与发展项目资助。

第一作者：苗一梅，北京农学院研究生处。主要研究方向：大学生心理健康、思想政治教育。E-mail：yimeimiao@sina.com。

目前研究生人际关系到底如何？又有哪些因素影响了人际关系？影响的程度如何？为了解答这一系列问题，笔者以北京农学院为例进行了调查研究。

本研究采用自编问卷，从同伴关系、家庭关系、异性关系以及师生关系4个方面对研究生人际关系现状进行调查。在了解研究生的人际交往状况的同时，更可以为日后的研究生培养教育提供一定的指导和借鉴。

本次调研在全校随机发放200份调研问卷，共收回有效问卷197份，回收率98.5%。在本次的随机调研中，被调查者的男女性别分布是：女生占75.6%，男生占24.4%。其中，被调查者来自城市的占60.7%，来自农村的占39.3%。在被调查者中，属于北京地区生源的有82.2%，京外生源只占17.8%。

二、研究生人际关系状况

（一）同伴关系

本次调研的同伴关系方面，主要是针对研究生在生活学习中与同学的普遍交往情况进行研究，对人际关系采用自评的方法。如图1所示，在调查研究生自己评价其人际关系时，46.1%的研究生认为自己的人际关系一般；有28.6%的研究生认为自己的人际关系不错，对自己人际关系比较满意；仅有23.7%的研究生认为自己的人际关系很差；另外，1.6%的学生不太清楚自己的人际关系状况。可见，研究生自我评价人际关系状况虽然大部分较好，但是有将近1/3的人认为自己的人际关系状况很差，需要进一步改善研究生人际关系。

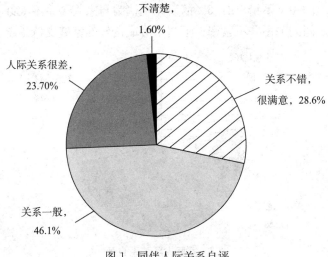

图1　同伴人际关系自评

在调查研究生与朋友存在分歧时如何解决，调查结果如图 2 所示，当与朋友存在分歧时，37.8％的人根据与对方亲密程度而定；其次，选择委婉地去跟对方讲的占 24.7％；选择难以忍受但又不敢说的比例为 26.5％；另外选择自己默默忍耐的占 6.3％；在调查中，仅仅有 4.7％的研究生选择直截了当跟对方讲。可见，研究生之间存在分歧时有 32.8％的学生不予解决，自己忍受，容易导致矛盾积压，长久下去可能影响正常的学习生活。

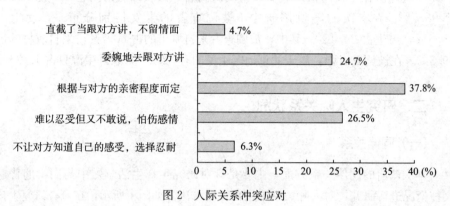

图 2　人际关系冲突应对

（二）家庭关系

在调查与家人的家庭关系时，主要调查与家人沟通的方式以及当和家人存在分歧时的解决方法。在调查研究生评价与家人关系状况时，如图 3 所示，将近半数的被调查者，有 49.8％认为与家人的关系一般；有 28.6％的研究生认为自己与家人的关系不错；21.6％的研究生认为与家人关系不太好。可见，研究生与家人之间的关系并不紧密，不利于形成良好的家庭支持系统。

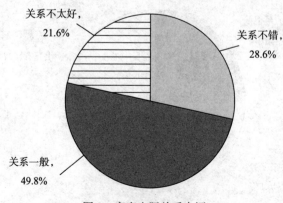

图 3　家庭人际关系自评

进一步研究研究生与家人关系的影响因素时，如图 4 所示，有 36.1％的研究生认为与家人关系不和谐主要是由于家人对自己的管束太多；有 23.8％的研究生认为主要原因是由于与家人年龄差距大、有代沟；有 22.5％的研究生认为影响家庭关系的主要原因是由于忙碌联系较少导致的和家人的沟通不畅；还有 9.6％的研究生认为导致家庭关系不洽的主要原因是父母干涉了自由；另有 8.0％的学生认为是由于家人对自己的关怀少，导致沟通交流不和谐。可见，在研究生与家人关系中，导致家庭关系不洽的原因不仅有研究生自身的问题，也不能忽视家人与研究生之间的沟通交流问题。

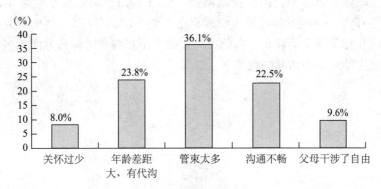

图 4　影响家庭关系的主要因素

（三）异性关系

在调查研究生与异性之间的关系中，如图 5 所示，大多数研究生在与异性相处中，感觉很自然，且能正常交往，比例占 72.2％。此外，有接近 1/3 的研究生存在与异性交流问题，其中有 17.4％的被调查者与异性几乎没有接触，没有交往；还有 10.4％的被调查者在与异性沟通交流过程中感觉十分不自然，且认为只有在十分必要的情况下才会接触异性。通过调查显示，研究生与异性交流整体情况还是比较良好的，同时也存在着不少的问题。

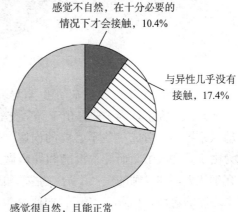

图 5　异性交往状况自评

（四）师生关系

作为研究生，在日常的学习生活中离不开与导师的沟通交流。在参与导师项目中，研究生与导师是否能有良好的沟通对项目的顺利展开有着十分重要的作用。在调查研究生与导师的师生关系中，主要针对研究生与导师的沟通情况，大多数研究生与导师的关系都比较融洽，有少数存在与导师冷漠等关系不洽的现象。在分析与导师的互动交流中，如图 6 所示，有 47.9％的研究生选择有时自己主动联系导师，有时导师主动联系自己。可见，将近一半研究生没有积极主动联系导师的习惯。根据调查，仅有 23.1％的研究生经常主动联系导师；还有 25.8％是导师经常主动找自己；此外，仍存在 3.2％的研究生，自己和导师互相都不主动联系。由此可见，研究生在与导师沟通方面大多数还存在不积极主动与导师沟通的现象。

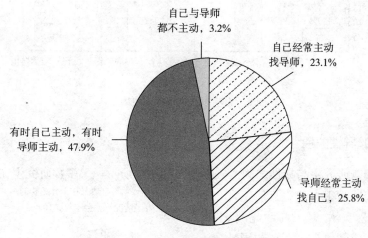

图 6　师生互动交流状况自评

进一步调查分析影响研究生与导师关系的主要因素，如图 7 所示，有 43.6％的研究生认为主要是由于导师交给的任务难以完成，从而因畏缩而不主动联系导师，造成一些不必要的误解，导致沟通不洽；有 22.6％的研究生认为由于导师太忙，而导致没能和导师做到有效的沟通交流；还有 23.2％的研究生认为，和导师的关系不洽，主要是因为互相之间沟通交流的太少，缺乏思想之间的对话；仍存在 10.6％的研究生认为和导师关系不好源于在学术上与导师的观点不一致。由此可见，影响研究生与导师关系实质性原因并不多，主要是沟通不充分引起的。

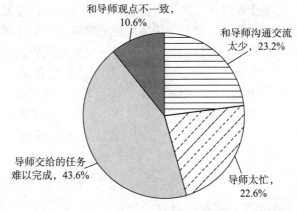

图 7 影响与导师关系的主要因素

三、研究生人际关系存在的问题

通过调查问卷发现，作为研究生，在与同学、家人、异性和导师之间的交往中还存在一些问题，概括以下几个方面：

（一）同伴关系存在的问题

对于研究生而言，更多的时间花在了科研和社会实践上，经常早出晚归，与同伴交流的机会较少，使得同伴间不能建立信任关系；同时，由于研究生年龄较大，个性特征及为人处世方式已经形成，行为方式个性化突出，容易产生交往回避；部分研究生认为自己已经是成年人，应该更加独立地应对生活中的困难，遇到问题羞于向同学、朋友求助，难免孤独无助。这些与同伴的交往特征，使得研究生同伴彼此间交流较少，一旦遇到问题，大部分的处理方式是不予理会，导致问题矛盾积累越来越深，容易导致更深的误会发生，如果遇到不好的事情，会演变成更加矛盾的问题，更有甚者出现心理问题。

（二）家庭关系存在的问题

部分研究生上学都是远离家庭，随着年龄的增长，出现报喜不报忧的现象较为常见。其实，研究生所处的年龄是比较尴尬的，面对来自家庭、外界、父母的各种压力，导致与父母之间的关系不再像以前那么亲密。

（三）异性关系存在的问题

对于研究生而言，生活圈相对而言比较小，大部分研究生由于学科的限制条件，班级根本就很少有异性，研究生需要扩大交往范围、增加与异性接触的机会来寻找终身伴侣。然而，研究生生活领域相对狭小，不少研究生仅仅局限在宿舍和实验室，很难弥补感情的空白；对部分已成家的研究生，他们会面临几年的分居生活，有学业、事业、家庭的压力；对于有男女朋友的研究生而言，所处的环境不再相同，加之交流较少，导致看待问题的观点出现了分歧，所以在遇到问题的时候，容易出现吵架、冷战的现象，对于研究生的生活无疑是雪上加霜，如果时间较长，将处于压抑状态，导致心理问题的出现。所以说，在异性方面无论出于什么样的状态，对于研究生的年纪都会有不同程度的焦虑感。

（四）师生关系存在的问题

师生关系是否和谐是研究生培养质量的重要影响因素。在研究生学习阶段，导师是其成长成才的重要他人，与导师的关系也是最主要的师生关系。从调查数据看，目前部分研究生缺乏与导师沟通的主动性，一方面，可能因为科研、学习动力不足；另一方面，可能与研究生面临很多生活经济压力，不能全身心投入科研，科研进展缓慢，从而回避与导师主动交流。此外，有部分导师除科研教学之外的工作较忙，无暇顾及与研究生的交流，使得研究生主动交流的积极性下降。

四、对策及建议

根据调查问卷的分析，针对以上出现的部分问题，提出以下几方面建议：

（一）提升研究生相关方面的自我认知

研究生人际关系问题的产生，不仅受外界环境影响，更与研究生自我认知有关。例如，较差的心理状态、自我调节能力、挫折容忍力等，都会导致不良的心理素质，面对各类人际关系时难免应对不自如，或是看法有所欠缺和偏颇错误。因此，提升研究生人际关系质量以及相关心理健康状态的根本方法就是提高研究生对自身以及周围环境的认知，自主地去发现问题、解决问题，去寻求帮助，从根源上改善个人的心理健康状况。

（二）搭建交往平台，促进研究生多渠道、多层次的人际交流

由于研究生的大部分时间要投入科研、学习，自由社交的时间较为有限，

学校要结合研究生的学习生活特点，鼓励研究生社团组织开展形式多样的人际交往、交流活动，引导研究生通过参与活动，扩大交际范围，结识更多的朋友。不仅使正常的交往需求得到满足，同时使交往技能也得到提升，如团体体育活动、社会实践活动及联谊会等。

（三）充分发挥导师在研究生人际交往中的引导作用

在研究生培养中，导师不仅承担着指导学生学术方向的责任，同时也是研究生成长的人生导师。首先，导师要引导研究生树立和端正正确的人际交往观念。其次，在工作中，加强与研究生的交流，切实了解他们的人际需求，如与家人的关系以及婚恋状况等，并在此基础上给予指导。最后，导师在引导研究生投身科研的同时，适度地给予研究生时间和空间，让其与家人、朋友进行交往，让生活学习形成良好互动。

研究生作为高等教育培养的最高学历层次人才，将在未来的社会发展中起到至关重要的作用，高素质人才首先应该是心理健康的、能与他人及环境和谐共处的，希望这次的调查研究为今后的研究生教育引导工作提供参考。

参 考 文 献

白秀丽，2015. 研究生人际关系培养浅论［J］. 中国教育学刊（S2）：16-17.

黄桂仙，李辉，浦昆华，2014. 研究生宿舍人际关系与主观幸福感的相关研究［J］. 中国健康心理学杂志（3）：422-424.

宋智辉，2013. 硕士研究生人际关系与主观幸福感的关系研究［J］. 社会心理科学（5）：60-64，117.

王瑜，2014. 硕士研究生人际关系特点及教育干预研究［D］. 重庆：第三军医大学.

张中菊，2013. 硕士研究生的孤独感和人际关系的相关研究［J］. 科教导刊（上旬刊）（3）：210-211.

研究生"三助一辅"现状分析
——以北京农学院为例

田 鹤
（北京农学院研究生处）

摘　要："三助一辅"岗位是指助教、助管、助研及学生辅导员。研究生在校学习期间参加"三助一辅"工作可以获得薪酬，同时得到一定的锻炼。高等学校要按规定统筹利用科研经费、学费收入、社会捐助等资金，根据实际情况设置研究生"三助一辅"岗位，并提供"三助一辅"岗位津贴。"三助一辅"延续至今运行如何？又存在哪些问题？如何解决当前存在的问题，本文以北京农学院研究生"三助一辅"现状为例，论述研究生"三助一辅"现状。

关键词：研究生　"三助一辅"　现状分析　对策　建议

一、认识"三助一辅"

"三助一辅"是助研、助教、助管和学生辅导员工作的简称，是指研究生在校学习期间，按照学校规定，应聘参加助研、助教、助管及学生辅导员工作，以此获得劳动报酬，得到能力提升或得到系统的锻炼。各高校针对如何做好"三助一辅"工作制定了不同的政策与措施，保障相关工作的运行，根据实际情况开展的重点及范围各有不同。研究生"三助一辅"工作是各高校、科研等培养单位开发研究生人力资源、为研究生提供经济资助、提高研究生培养质量的重要途径。

2014年教育部颁布《关于做好研究生担任助研、助教、助管和学生辅导员工作的意见》，意见指出："一是要进一步突出'三助一辅'的培养功能。研究生参加

基金项目：北京农学院学位与研究生教育改革与发展项目资助。
作者简介：田鹤，硕士，北京农学院研究生处。E-mail：342862941@qq.com。

'三助一辅'工作，符合研究生培养规律和全面能力培养要求，并对培养单位的科研、教学以及管理具有重要的支撑或补充作用。二是要坚持把助研作为研究生科研能力培养的重要途径。'在科研和实践中培养'是培养研究生的基本模式。对于适合以助研方式进行科研训练的学科，研究生均应参加助研工作。三是要提升助教对研究生能力培养和知识掌握的有效作用。四是要重视通过助管工作加强研究生管理能力锻炼。在适度发挥助困作用的同时，重视助管工作对研究生协调、沟通能力和责任意识的锻炼。五是要有力推进研究生担任学生辅导员工作。"

各高校围绕"三助一辅"工作开展建设，充分挖掘"三助一辅"的培养功能、作用及价值，制定相关政策及措施，进一步提高研究生的培养质量和综合实力。如何更好地让"三助一辅"发挥作用已经成为各高校广泛关注的焦点。

二、"三助一辅"功能定位

针对研究生"三助一辅"的功能，主要有3个：

1. 对研究生的培养功能　研究生参加"三助一辅"工作，巩固所学知识的同时锻炼专业技能，让研究生在实践、工作中提高自身的学习、科研与沟通等素质及能力，提高自身的素养，在岗位的锻炼、指导老师及工作环境的影响下，提升学生的思想、动手及业务能力，让学生的责任心、担当意识得到一定的锻炼，接触更多的场合及人员。

2. 对研究生的经济补贴功能　各高校、科研等培养单位依据"三助一辅"的工作内容、研究生的具体表现及完成的工作量、质量，按月提供给研究生一定的经济补助，在锻炼研究生自身能力素养的同时，为家庭或经济困难的研究生提供保障，解决学业中的经济和生活费问题。

3. 对高校教学、科研、管理工作的补充及辅助功能　研究生参加"三助一辅"岗位，可以发挥研究生自身优势及主动性，协助各岗位的教学、科研及管理工作，针对目前高等教育快速发展的现象，高校各部门、各院系的工作逐渐繁杂琐碎，教职人员越来越紧缺，设置"三助一辅"岗位，让具有较高科学文化素养的研究生参与相关管理、科研或教学工作，对人员紧缺是一种弥补，对工作也是一种补充和协助。

三、北京农学院"三助一辅"现状分析

（一）现状分析

目前，北京农学院从事研究生"三助一辅"共计 97 人，分布在各个学院，

其中助管 37 人，助研 60 人，尚未开设助教岗位，见图 1。

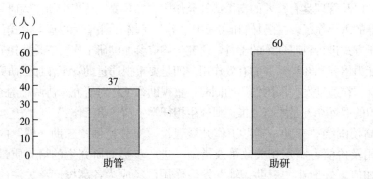

图 1　北京农学院"三助一辅"在岗情况

由图 1 可以看出，当前从事助研岗位人数较多，而助管岗位人数较少。从事"三助一辅"工作的研究生大多以科研为主，大多数研究生偏向科研能力提升，以便促进学业、促进论文的撰写；而部分研究生则从事与研究方向一致的科研岗位，利用岗位的工作直接促进学业的发展。目前，所有在岗研究生分布在 7 个学院，见图 2。

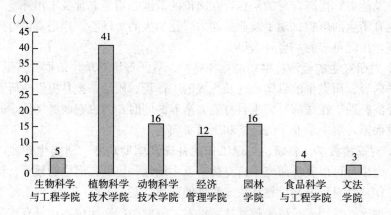

图 2　"三助一辅"岗位学院分布情况

由图 2 可以看出，"三助一辅"在岗人数受到学院整体人数多少的影响，研究生人数较多的学院在岗人数多，而研究生人数较少的学院则在岗人数较少，甚至个别学院没有从事"三助一辅"的研究生。除此之外，因受到导师及科研、实验任务的影响，部分研究生不得不放弃从事"三助一辅"的意愿，这也影响了当前在岗的研究生人数。

（二）存在问题

1. 岗位数量不足　北京农学院设立了研究生"三助一辅"专项资金用以支撑岗位的设立及工作的开展，但因岗位数量有限，多数岗位设立于科研部门或单位，限制了助管岗位的设立，助教岗位仍未开设，也是造成岗位较少的因素之一。

2. 能力培养作用有限，阻碍"三助一辅"工作顺利开展　部分单位或部门在培养从事"三助一辅"工作的研究生时，忽略了对其的培养力度，而偏重于表面或琐碎工作，造成在助研岗位上做着助管的工作，使本应发挥培养作用的助研岗位失去了原有的意义。

3. 存在将"三助一辅"研究生单纯作为科研、教学、管理的支撑或补充，将"三助一辅"工作单纯作为助学助困渠道等倾向　一些岗位设立时，单纯地作为解决困难研究生经济的渠道，为发放补助而设立。该现象的存在容易造成"三助一辅"作用流失，使"三助一辅"工作毫无价值。

4. 相关管理还不够科学规范，限制了"三助一辅"作用的充分发挥。

四、对策及建议

（一）根据实际需求扩充岗位数量，优化岗位设置

助教、助研、助管和学生辅导员工作对研究生的科研、交流、统筹能力等锻炼各有侧重，"三助一辅"岗位设置应当合理、均衡，全方位提高研究生培养质量，给研究生以充足的实践机会和平台。当前，北京农学院存在偏助研、轻助管的现象，应适量增加助管岗位，既可锻炼研究生统筹协调能力，也是对高校工作的补充。

（二）注重发挥"三助一辅"的培养功能

各个助研岗位设置要以提升培养质量为目标，以学位基本要求为依据，以有利于研究生成长成才和长远发展为原则，围绕科研工作安排研究生的助研，避免研究生因过多琐碎、无关且繁杂的工作而失去参与足够科研训练的机会和时间。

（三）完善管理制度

"三助一辅"制度设计应围绕提高研究生培养质量开展，在实践中优化完善。首先，应加强顶层设计。虽然设立研究生"三助一辅"中心，但其监管机

制还不完善，没有发挥其应有的作用。"三助一辅"涉及研究生处、财务处、学院等多个部门，应做到分工明确，权责清晰，在研究生"三助一辅"中心的统筹下通力合作，推动相关工作顺利发展。其次，应合理分配权责，充分调动各方面的积极性，合理分配学生、学院、用人单位（导师）之间各项权利和义务，从而解决研究生"三助一辅"工作内部动力不足的问题。可实行合同或协议制，以书面形式约定用人单位（导师）与研究生之间的权利与义务，切实保障"三助一辅"参与各方权益。

参 考 文 献

蒋勇，2015. "三助一辅"对地方高校研究生培养作用及对策 [J]. 淮阴工学院学报（8）.

屈超，2016. 研究生"三助一辅"工作的优化实施探讨 [J]. 武汉工程职业技术学院学报（9）.

史少杰，周海涛，2016. 研究生"三助一辅"工作问题及对策 [J]. 国家教育行政学院学报（3）.

农林高校研究生招生存在的问题及对策

王 艳 李秀英 何忠伟

（北京农学院研究生处）

摘 要：在非全日制研究生与全日制研究生考试统筹管理的新形势下，农林高校存在生源不足、生源质量有待提高、复试录取工作需要加强等一系列问题。针对这些问题，农林高校应该做好研究生招生宣传工作；积极申请研究生推荐免试资格；提升高校自身实力，加强研究生培养质量的建设；积极争取经费支持，加大研究生奖助投入力度；加强就业工作，提高研究生就业率与就业质量。

关键词：农林高校 研究生招生

研究生是一个高校科研发展的基础，是提升科研水平的主力军。2017年非全日制研究生与全日制研究生统筹管理，这是一次综合性改革。对于研究生招生工作来说，也面临着新的挑战。本文拟对新形势下农林高校研究生招生工作的现状、存在的问题及对策进行探讨，从而为农林高校更有针对性地开展研究生招生宣传工作、提高研究生生源数量及质量提供理论依据。

一、农林高校研究生招生现状

（一）研究生生源数量现状

2016年9月14日，教育部正式下发《关于统筹全日制和非全日制研究生管理工作的通知》，12月1日以后录取的研究生从培养方式上按全日

基金项目：北京农学院学位与研究生教育改革与发展项目资助。

第一作者：王艳，博士，北京农学院研究生处招生科。主要研究方向：研究生教育管理。

制和非全日制形式区分，其学历学位证书由原来的只颁发学位证书（单证）改为同时颁发学历证书和学位证书（双证）。在职研究生考试纳入统考，这一政策调整很大程度上带动了 2017 年研究生报考热，多地非全日制报名人数占比超过 10％。根据教育部数据，2016 年全国硕士研究生报名人数 177 万人，比 2015 年增加 12.1 万人，增幅 7.3％；2017 年研究生报名人数达到 201 万人，增幅为 13.6％。其中，报考非全日制硕士研究生的考生占比明显。研究生院与部属高校因其本身的办学水平、师资力量等原因，吸引了大量的生源报考，而农林高校因其自身的特点，研究生生源数量面临着巨大的挑战。一些具有学科特色、就业前景好的专业生源较为充足，而一些冷门专业报考人数较少。以北京农学院为例，2017 年研究生招生考试报考考生为 701 人，现场确认之后参加 2017 年硕士研究生招生考试 588 人，最终一志愿录取人数 288 人，录取率仅为 48.98％。其中，学术型研究生因其考试难度大且修业年限长于专业学位研究生等一些原因，导致一志愿生源严重不足，录取的考生中一志愿生源仅占到 26.88％，部分专业出现了"零报考"的情况，很多专业最终招生计划只能依靠调剂来完成，导致研究生整体水平参差不齐；而非全日制研究生因 2017 年首次与全日制研究生统筹招生，根据上级部门规定，研究生培养单位根据培养要求分别制订培养方案，统筹全日制与非全日制研究生教育协调发展，坚持同一标准，保证同等质量。这就造成了非全日制研究生考试难度的增加，在很大程度上影响了在职人员的报考热情。在 2017 年录取的考生中，一志愿生源仅占到 20.18％，远低于历年水平。

（二）研究生生源质量现状

农林高校因其学科特点，对考生吸引力较弱。同时，一些"985""211"高校因其学科实力较强、办学水平较高以及招生学科面较宽，对考生的吸引力较大，使得农林高校自身的一些优秀本科毕业生大量流失。在进行录取工作时，因生源紧张，导致对考生的选择性较差，尤其是一些需要大量依靠调剂生源完成招生计划的专业领域，要做大量的调剂工作，从而不得不在一定程度上降低了对研究生选拔质量的要求，影响了研究生的生源质量。这样就导致在后期的研究生教学、培养以及质量提高上存在一定的困难。2017 年北京农学院所录取的考生中，来自本校的考生占 60.38％；来自"985""211"高校的考生仅占到了 4.72％，本校生源所占比例较高。在以后的研究生招生宣传过程中，研究生招生工作人员需要继续加强研究生招生宣传力度，吸引优质生源，提高生源质量。

二、农林高校研究生招生过程中存在的问题

（一）生源数量严重不足，生源质量有待提高

自 2016 年全国硕士研究生报考人数出现反弹后，2017 年研究生报名人数继续上升。农林高校因对考生的吸引力较小，且一些综合类院校招收研究生的领域也在向生物类、涉农类拓展，使得本就紧张的生源更显不足。在进行研究生录取工作时，因一志愿考生数量不足，为完成招生计划，需要调剂大量的生源，有时甚至出现无调剂生源的情况。一些农学门类的专业在复试过程中淘汰比例过低，甚至出现"零淘汰"的现象，大大削弱了研究生选拔力度，使复试的有效性减弱。以北京农学院为例，在 2017 年的研究生招生考试过程中，全日制研究生共有 25 个专业进行招生，其中有 17 个专业通过调剂完成招生计划；非全日制研究生共有 14 个领域进行招生，共有 12 个领域最终录取到考生，但其中仅有 2 个招生领域一志愿上线考生高于或等于最终录取到的考生数，大部分招生领域需要通过调剂完成招生录取工作。这就使研究生的生源质量较难达到预期，增加了后续研究生的培养难度。

（二）招生宣传工作需继续加强

研究生招生工作具有很强的专业性和政策性。农林高校目前普遍缺乏专门的研究生招生宣传队伍。各相关学院及招生导师参与招生相关宣传工作的积极性不高，认为招生宣传仅是研究生招生部门的工作，缺乏参与感。2017 年非全日制研究生与全日制研究生统筹招生，需要与考生解读很多相关政策。目前，农林高校的研究生宣传人员多为研究生招生办公室的工作人员以及各二级学院的研究生秘书，其他参加研究生招生宣传工作的研究生导师及相关人员因对研究生招生宣传工作缺乏积极性，且对招生政策不甚了解，使研究生招生宣传工作效果大打折扣。研究生招生宣传主要采取参加全国性的招生咨询会、微信公众号、校内校外讲座等方式，在形式及内容上也略显不足。

（三）复试录取工作有待加强

2017 年非全日制研究生招生工作第一年并入全日制研究生招生，部分政策不确定，许多工作在摸索中进行，且农林高校因生源不足，需要进行大量的调剂工作，为确保考生能够及时被录取，复试组织的批次过多。在这个过程中，很容易出现复试工作时间安排紧张、复试地点安排随意、对考生的考查全面性欠缺等情况。复试录取工作涉及考生的切身利益，政策性强、程序多，一

定要按照政策规定执行；相关工作做得越细致越好，调剂、录取、收集和审查材料等都需要向考生做好解释工作，既要反映工作人员的政策水平，又要体现对考生的人文关怀。

三、加强研究生招生工作的对策

（一）做好研究生招生宣传工作

国内外的许多高校都十分重视研究生的招生宣传工作。面对研究生生源数量不足、生源质量不高的情况，农林高校更应该不断地拓展研究生招生宣传方式，加大研究生招生宣传力度，从而吸引更多的优质生源。农林高校首先应打造一支专门的、高水平的研究生招生宣传队伍。不仅仅是研究生招生部门，各相关二级学院以及研究生导师都应该积极参与进来，利用导师出去开会、学科交流的机会进行研究生招生宣传，用自己的学术魅力吸引考生进行报考。在研究生招生宣传方式上，更是要不断创新，紧跟时代潮流，利用各自学校在培养、就业、奖助学金等方面的一些优势，从多种途径吸引优质生源。同时，农林高校可以在生源互荐方面形成合作，建立一个长期有效的互惠模式，促进优质生源的良性流动。

（二）积极申请研究生推荐免试资格

农林高校的优秀毕业生一般会选择报考研究生院和部属院校，造成优质生源的流失。为了尽量减少这部分生源的流失，农林高校应该积极申请免试推免权，尽可能地保留本校的优秀本科毕业生。同时，国家也应该对农林高校的研究生推荐免试资格进行一定程度的放宽，增加具有推荐免试资格的农林高校。

（三）提升自身实力，加强研究生培养质量的建设

研究生是一个高校科研的主力军。农林高校应不断加强学科建设，在优化传统优势学科的基础上，积极探索，形成具有自身特色和优势的学科。同时，农林高校要重视导师队伍的建设，导师作为研究生成长过程中的引路人，他们的道德追求往往在潜移默化中影响着学生的成长，农林高校要明确导师职责，强化导师学术自律和对研究生的督导责任，将研究生中期考核和学位论文抽检等结果与导师招生资格确认、招生计划分配以及其他评比活动紧密挂钩，鼓励导师育人积极性。另外，农林高校也要多方争取经费支持，努力提高高校科研条件，并建立科研共享平台，为研究生提供良好的科研环境。

（四）积极争取经费支持，加大研究生奖助投入力度

农林高校应从多种渠道争取研究生经费支持，设立多种奖助学金，制定鼓励政策，吸引考生报考。以北京农学院为例，设立了100％全覆盖的学校学业奖学金、国家助学金、学校助学金、助研津贴，另外还设立了国家奖学金、学术创新奖、优秀研究生奖等奖励；一些地理位置较为偏远的农林高校，如内蒙古农业大学，除设立了国家助学金、研究生国家奖学金、研究生自治区奖学金、国家学业奖学金、学校学业奖学金等奖学金之外，还设立了优秀生源奖学金，鼓励一些"985""211"工程大学以及本校优秀应届本科生进行报考。这些措施都在一定程度上激励了优质生源报考。同时，农林高校还应该建立健全"三助一辅"体系，与国家奖学金、学业奖学金、国家助学金等制度、政策的统筹设计和整体优化，增加岗位设置，对有相关需求的研究生提供帮助，减轻研究生经济上的压力。

（五）加强高校就业工作，提高研究生就业率与就业质量

根据教育部发布的数据显示，2017年全国普通高校毕业生预计达795万人，呈现逐年递增的趋势。面对如此严峻的就业形势，农林高校必须注重对研究生质量的培养，提高研究生科研、实践与创新的能力，加强就业指导，帮助学生树立正确的择业观，同时也可以为研究生会提供职业生涯规划、就业形势及政策、面试技巧等方面的指导，使研究生能够正确对自己做好定位。同时，农林高校也应该建立优质产业实践基地，加强校企合作，将农林科研成果转化为生产力，加大社会对农林高校研究生的需求量，提高研究生的就业率及就业质量，从而吸引更多的优质生源报考。

参 考 文 献

高静，郑兆兆，2007. 关于加强和改进研究生招生管理工作的探讨［J］. 科教文汇旬刊（11）：102-103.

钱慧，2010. 农林院校学生就业存在的问题及对策［J］. 安徽农学通报，16（3）：175-176.

周喜新，李阿利，毛友纯，2009. 新形势下地方农林院校农学类研究生招生存在的问题及对策［J］. 中国农业教育（5）：41-43.

社会实践报告

京郊"村转居"社区治理问题研究

王立颖

（北京农学院文法学院）

一、绪论

（一）问题提出

1. 农村城镇化进程的加速　曾获得诺贝尔经济学奖的约瑟夫·斯蒂格利茨预言："影响 21 世纪人类发展的两大主题将是中国的城镇化建设及美国的科技发展。"

现今，我国的城市化进程是当今社会飞速发展的必经之路，是为了保证我国社会经济发展中的根本力量。但我国农村的城镇化却是我国城市化进程发展之中最为重要并且关键的一步，更成为我国农村产业化与工业化发展的重要内因。农村城镇化的发展需要农村工业化来带动，反之，农村城镇化还会反作用于农村的经济发展。在农村，随着工业化发展的推动，农村的城镇化进程将会促进农村社会结构的转变，这一转变不仅包括资本、市场、人口等基本因素向农村产业发展和产业结构调整，城镇集中，农业实现商品化、现代化、规模化经营的转变。农村城镇化进程的根本是实现人口聚集以及产业的聚集，其中最为重要的是产业的集聚，因为产业的聚集带动了人口的聚集，是初始动力。依据经济发展的客观规律来说，产业发展应当与城镇化发展相互协调。但是，我国目前的城市化水平处于严重的滞后情况，严重地滞后于产业发展和经济发展。随着工业化进程加快和经济快速发展，失地农民越来越多，农村的耕地正在迅速减少，但农村城市化进程却没有跟上经济发展的脚步，我国农村还不能

基金项目：北京农学院学位与研究生教育改革与发展项目资助。

作者简介：王立颖，北京农学院文法学院硕士研究生。

紧跟经济结构的发展，从而实现转型。这加剧了我国农村社会的冲突和矛盾。在上述条件下，城镇自身职能才会逐步发挥，实现发展以及成长。农村的城镇化进程能够加快技术、文化、智力资源要素和科技的引入，让农村的经济发展加快步伐。城镇化的发展意味着第三产业和工业经济能够获取集中效能从而良好的发展，同时，它也可以借助农民的生活方式改变，进一步吸引更大的消费需要。这种消费需要产生的收入增长效应与消费转换效益，是今后农村社会转型与经济发展的重要催化剂。1978 年，我国城镇化率仅仅有 17.92％，到 2009 年，城镇人口的数量已经达到了 6.22 亿人，城镇化比率提高到 46.6％。2008 年是 45.7％，2009 年相较 2008 年，有近将近 1 个百分点的提升。在中国社会科学院社会学研究所发布的《2012 年中国社会形势分析与预测》里称，2011 年，是中国城市化进程发展道路上具有里程碑意义的一年，城镇人口数量占到总人口的比重，将首次超过 50％。这意味着中国的社会发展进入了一个新的成长阶段，城市化成为继工业化之后推动经济社会发展的新引擎。

城镇化进程将打破我国的城乡二元结构，转变城乡管理体制，协调区域经济发展，调整城乡经济结构，是农村土地承包责任制后的一次改革，是我国农村经济社会的一次重要的重建。这将成为发展道路上一个艰巨而复杂的过程。

中国的城镇化要想实现，主要通过两个途径：第一个途径是关于人的城镇化，即所谓的农村内劳动力进城务工，但是由于制度、户籍、收入等方面限制，农村村民并不能真正地融入城市中去，享受市民的待遇，仍然处于游离在农村与城市之间；第二是空间的城镇化，即在农村当中集中发展农村工业，建立工业园区，让失去了土地的农民进入农村社区之中，从而达到就地城镇化。近 30 年来，我国城镇化发展经历了从支持小城镇到最终发展大城市，再到小城镇与大中小城市协调共同发展一系列的转变。这种转变实际就是在城镇化进程之中，中国的制度逐渐从限制农民进城再到接受、并且引导农民进城，最终到支持、鼓励农民进入城市的过程。因为二元体制以及大城市有限的容纳力，农民还不能享受到社会保障以及城市社会公共服务，只能够进行"候鸟式"的人员地域流动。所以，让农民实现就地的城市化，使农民能够就地或者在附近实现角色的转变，是更好的一种适应我国农村城镇化情况的途径。换句话说，我们的乡村可以保留，但是城市化生活的方方面面、现代社会的文化教育、闲暇时光以及机械化的劳动方式等，都和城市居民化的生活生产方式没有任何区别。目前，以发展小城镇的此类农村就近城市化的发展模式，已经被认为是在中国特定情况下，农村城市化的最佳途径。作为推进农村城镇化的重要平台，新型农村社区是实施人口城镇化与农村空间城镇化的载体。农村城镇化包括人口城镇化和空间城镇化两个过程，空间城镇化是在一定的区域内人口的规模、基础设施、管理和服务手段、经济产业结构、居住环境条件、人们的生活方式等不同的要素不断地向城市化发展的过程，农村城镇化的整体过程不能离开农村的社区建设，传统的农村居住和生活的格局被新型农村社区改变了，它成为了全新的农村社会空间组成，在客观上来说，这也是农村城镇化的空间变换过程。在农村农业产业化经营、生产力发展和工业化发展的带动下，随着城镇化进程飞速发展的同时，也推进了农村新型社区的发展与建设。在城镇化的进程当中，现代农村社区的崛起、自然村落的整合、新农村建设中，国家对农村的居住环境以及基础设施的投入，是农村社区建设的主要催化剂。所以，从一定程度上来讲，新型农村社区的建设对是农村城镇化来说有很大意义，农村城镇化是建设农村社区的必要因素。

2. 城乡一体化进程中"村转居"社区的出现 伴随着城市化进程的飞速发展，现如今城市的规模发生了极度扩张。原本处于城市边缘的城中村已经被归属到一个又一个城市项目的规划建设当中。在我国，城中村是乡村和城市互相作用下的结果，它给城市与乡村交流提供了平台，也受到了来自于城市扩散效应与集聚效应双重作用的影响。无法规避的事实是，城市化进程的加速推进，致使大批的农业耕地被快速征用，成为了商业、工业以及服务业的用地。广大农民失去了曾经赖以生存的土地，同时还面临着大量涌入的外来人口带来的压力，服务、养老、医疗、就业、教育等压力都成为了急需解决的问题。另外，村委会曾经具备的种种职能已经不能应对这突如其来的改变，需要立刻进行转变和调整。怎样管理日渐复杂的乡村事物、怎样适应新环境、怎样把握新时期机遇，成为了统筹农村与城市发展之路的一大难题。

缩短城乡之间发展的差距，推进一体化的城乡发展进程，这是中共中央在改革开放之后始终倡导的方针路线。在此期间，政府始终不停从成型的城市社区治理当中寻找城中村的治理办法，"村转居"的治理也在这一进程中，从模糊渐渐地清晰起来。从我国特有城乡二元结构上来说，在制度与人口结构、土地的使用与管理，服务的提供与生活的享受，城市与农村之间都存在着自然而然的差异。正是由于差异的存在，使城市和农村相比，拥有更好的环境、更优的资源。农村与城市相比，只会有更多的矛盾。农村相应的"村转居"治理比城市的社区治理有更多的困难。作为我国改革开放后出现的新兴事物，虽然它起步相应较晚，软件与硬件设施也并不齐全，但是从农民转变市民过程与就业渠道的多样化、生活方式改变等特征看来，它急需推进村居的社区改制。城市进程不断的加快，使大量得"村转居"新型社区不断产生，由于改变制度所产生的矛盾不断碰撞，种种问题开始浮出水面。在城中村大规模的项目建设当中，中央以及地方人民政府把大部分力量都投入社会经济发展上来，没有给

"村转居"社区发展提供其相配套的资源，致使"村改居"的社区在体制上都存在先天方面的缺陷。例如，新成立的村内社区居委会，没有尽快完成运行体制的转变，也没有有效化解村集体资产在改制过程中的利益与矛盾，原本的村委会管理和自治的模式与当今的社区服务和管理相互难以适应，村民没有加强适应"村转居"社区变化，社会组织的发展、居民热情的参与社区治理没有办法在短暂的时间内做到发展。这些全部阻碍着"村转居"社区治理的进步。

"村转居"社区可以说是一种比较特殊的过渡型社区。在我国，它还处于完全"摸着石头过河"的情况，它的治理与发展都面临着无法回避的问题和现实困难，但这一过渡性质的社区却对我国的传统乡村自治进行了革命性的创新，在村内社区治理当中，引入了城市的社区管理理念，展现出了其特殊性。从全国"村转居"的社区治理以及发展看来，它不但促进了国家经济平稳的发展、维护了整个社会的和谐与稳定，还成为了城市与乡村之间矛盾碰撞的调和剂，平衡了城市与乡村双方利益。从我国"村改居"社区当中的发展来看，我们一方面可以看到广东等沿海地区在"村改居"社区改革管理方面取得的经验；另一方面，我们还看到了究竟其他城市应该如何定位政府在"村改居"社区建设当中的角色扮演，如何改善与加强"村转居"社区治理表现出的疲态。

3. 农村社会管理模式的创新　当今正处于农村社会的转型期，农村社区的管理是中国农村基层组织与管理方式的制度创新以及重大变革，是构建中国特色社会主义和谐社会的必经之路。参考社会发展与经济的规律，社会的变革通过社会发展带动，社会通过经济的转型进一步发展，所以农村社会在农村经济发展模式的领导之下进行转型。现如今，农村社会正在处于大转型时期，这种转型表现在个人、经济、社会治理等各个方面。农村经济由集体的经济转变为不确定的社区经济共同体，政治上，国家的基层治理单位转变为社会和国家共同治理的单位，农村村民开始转变成为有较大自治权的新型社区人，农村社区从传统意义的农业社区转化为自治的经济共同体社区。在转型过程当中，农村的社会开始展现出新的社会矛盾和特点，这便需要对原有的体制与社会管理的方式进行革新。随着农村小城镇建设的推进和工业化发展，传统的村庄变为农村社区，使得农村社区转变成农村社会实施管理和整合的全新载体。农村社区不单单是农民的新空间与生活载体，还是农村社会变化过程中农村治理的根本，也是一定规模基础以及地域上的农民自治体现。所以，农村社区民主科学的管理，不单单与农民生活质量和生活水平有关系，还与农村社会管理有着千丝万缕出的联系。随着农村社区管理水平的提高，不单单会使农民生活更加幸福、提升农村社会管理的整体质量，还会使农村社会更加的和谐，国家更加的繁荣稳定。

现如今农村社会管理重心不断的下沉，农村社区治理的基层单位变为新型农村社区，同时也成为提供社会公共服务与加强农村社会管理的重要平台。农村村民对社会公共服务的需求以及对利益的维护，都需要借助农村社会的村民自治管理来进行体现，所以农村社区是改革组织机构以及乡村治理管理体制的重中之重。在农村社区中，从村庄的逐渐消失到农村社区制的出现，实际是国家与社会之间的治理结构的调整与转变，从简单的国家治理开始转变成社会和国家共同的治理。村委会与乡镇政府是两个不同性质的权力组织，乡镇政府是国家基层的行政管理机关部门，村委会则是居民自治形成的组织，这种组成的结构在社区治理中表现为不一样的行为特点和任务。乡镇政府在农村社区管理以及建设当中，要进行全新的定位，要重塑与社区的关系，从而使乡村治理的社区化转变得到实现。这种变化也在空间关系上得到了体现，从乡镇政府的直接治理转变为间接治理；在机制运作上，由乡村自治向交织与渗透方面转变。农村社区的治理重构了农村社会治理，把农村社区所在地的社会团体、企事业单位、政府很好地"组织"在一起，共同向同一个目标进行努力，利用好社区的资源，发挥好各方面的功能，解决好社区的共同问题，最终使社会与社区协调持续发展。

新型农村社区管理要按照以人为本的社会治理理念，以农民利益为根本作为出发点，实现社区的民主管理。农村社区不光是农民工作与生活的共同区域，还是农民根本利益的落脚点。农村社区管理应坚持成果共享、以人为本、服务为要的管理理念，进一步拓展、延伸到农村，努力推动农村公共服务的升级与转变，使越来越多的农村村民参与到改革、建设的发展道路中去，促进民生的发展，使新农村的建设步伐进一步加快，汇集广大社会的力量，为社会发展做出贡献。农民进入到社区后，原本的农村土地可以进行流转与置换，但是农民的生活方式、身份、生活水平、生存能力却因为城乡二元制的原因，无法迅速转换。这就使得广大农民需要比较长的时间去进行适应，甚至需要付出一定的代价。所以，社区农民最看重的是利益最大化。在社区的改造进程里，农民如果获得的补偿足够，自身利益得到满足，生活水平不会降低，对未来的生活没有不确定因素以及担忧，他们便会接受；否则，他们便会组织社会化进程，采取暴力、法律等手段进行对抗，这是农民进行自我保护的体现。所以，应当在农村的社区化进程当中尊重农民利益，制定健全的利益分配机制，保护好农民的根本权益，避免社区冲突以及社会矛盾。中国农村社区要想减少农村社区冲突，实现农村社区和谐发展，就要保护农民自身利益，行使合法权利，实行民主自治管理模式。

（二）研究意义

社会和经济的进步加快了城市化的发展。城市化是社会飞速发展的必定趋势，是物质的一种运动表现形式，是按照一定规律进行发展的过程，它不以人的意志为转移，是自然的进程，是一个国家向现代化发展的必经之路，生产方式的改变和生产力的发展必将引起社会深层次变化，让城市化进程变成现实和必然。所以，研究和探索顺应时代发展的城市化模式与道路对于稳健健康地推进城市化进程具有深远的意义。在我国，对城市化的概念从社会学和政治学表述，只是简单片面地把它看成是经济发展的现象和结果，而很少从价值观、治理理念、文化等方面对城市化的发展和建设有一个全面的了解与认识。所以，就造成了当前城市化经济发展过快，而在政治方面发展却很慢。"村转居"是在城市化建设进程中研究出的一种从农村向城市过渡的模式与理念，它在经济、社会、政治发展等许多方面结合了城市与农村社区的共同特性。稳妥并积极地推动"村改居"的开展，研究高效的居民自治与社区管理的新模式，对推动城乡基层民主政治建设与城市化进程具有非常重要的意义。

"村转居"社区在城市社区与传统农村社区之间存在明显的不同，因为城乡一体化建设，现如今很多传统农村都在开展城乡一体化建设，"村转居"型社区开始出现于全国各地。自改革开放以来，"村转居"型社区的形成是同时伴随着这个特殊的社区出现的，所以之后的问题也越来越多。本文将深入"村转居"社区做问卷调查以及群众访谈，通过对比传统社区，提出其中存在的问题以及解决问题的建议。进一步对"村转居"社区做一个全面而详细的了解。并通过"村转居"社区治理的创新模式，结合城乡资源、促进资金、人才、技术等各个生产要素在城乡之间合理地进行配置，促进城乡一体化，推动农村社会更全面的发展。

1. 理论意义　在治理农村社区的问题上，近几年的参考文献数量逐年呈上升的趋势。但是，与城市的社区发展相比较，对于农村社区的研究依旧充满局限性。对于"村转居"社区治理问题的研究中，学者大多集中在社区治理中政府与各社会组织中的行为，很少在社会治理行为上，如社区治理过程中关于社区经济、文化、环境、服务建设中存在问题的研究。本文将根据大量的参考文献以及实地调研的方式对京郊"村转居"社区的治理行为方面中存在的问题进行归纳与整合，并找出出现这些问题的原因进行分析，最终得出有创新性并符合京郊"村转居"社区的治理建议。

2. 现实意义　为"村转居"内的社区提供一种新兴的治理模式，促进我国城乡一体化建成，改善"村转居"居民的文体活动及生活方式，解决农民因失地带来的就业问题，为"村转居"居民提供更优质的生活条件与生活质量，进而提升"村转居"村民的幸福生活指数，使城乡一体化尽快建成。

（三）国内外研究现状

1. 农村城市化研究现状 正所谓"以史为鉴，可以知兴替"，失败的教训与成功的经验共同构成了历史的两个不同方面。归纳历史，借鉴成功的经验，吸取前人失败的教训，是为了让我们更好地规划未来、把握现在。分析国内与国外农村城市化进程趋势下"村改居"社区治理的发展路线与方向，从前人的经验中归纳总结，掌握住我国的特殊情况，为新时代下城市化进程的社区治理转型提供标准与借鉴。城市化进程是社会发展的首要趋势，是现实当中物质运动的一种表现形态，是一个按照客观规律发展的发展过程。它不以人的意念为转移，是一种自然历史的发展过程，是一个国家走向现代化之路的必要条件。按照现今中国城市化水平的预期发展，一旦 2038 年，我国农业人口数量减少到 15%，换句话说，21 世纪初的中国正在尝试验证法国学者孟德拉斯的证言——农民的终结。城市化对于我国来说具有多层次的含义，同时涉及很多领域学科的内容，在学科领域之外观察城市化进程的根本，可以发现：城市化不光是人口集中的一个过程，同时也是先进的生产方式取代相对落后的生产方式的一种过程，它也是创新生活和生产方式相适应同时进行推广的一个过程，上述 3 个过程之间实际上是相辅相成的，它们共同构建成了一个统于城市的整体进程。

从认识上来说，农村的城市化进程并不是让农村消失的过程，而是城市与乡村之间逐渐协调相互发展，从而让城市与乡村的差别消失，实现城乡一体化的一个完整过程。它所造成的结果是城市与乡村共同分享现代文明。城市化进程不断从低级逐渐向高级进发，它是没有止境的一个过程。探索和研究中国的城市化发展之路，一方面，我们必须要把视线放在其他发展中国家与发达国家的实践基础上去，对他们的成功之路进行总结，深刻反省他们在城市化进程中所遇到的种种问题，从正反两方面为我国的实践提供正确的启示以及经验；另一方面，中国的城市化实践过程必须要适应我国的基本国情，依据不同的地区以及不同的区域的具体现实，在城市化道路上不断地探索、不停创新。

世界上每个国家的发展历程以及国情都各不相同，我国相对于其他国家在城市化进程中社区治理方面转型不能够拿来主义，直接套用其他国的成功模式与经验。但是，其中有一些教训和经验是相互相通的，我们需要围绕经济社会来进行发展，通过稳定且持续的增收来提高我们的治理水平，这是最基本的原则。本文借鉴与分析德国、日本、美国等国家在社区治理方面的成功经验，希望给我们国家的农村社区治理提供一些启示与帮助。

德国遵循的是联邦制度，社区管理最重要的组成就是依法办事。德国在基本法律规定的基础上制定了相应的社区自治法规，同时各个机构以及各级政府都严格遵循这些法律。所以，使民主化与高度的社区自治模式能够得以落实。社区执行的自治与自我管理是法律赋予给社区本身的一种权利，同时也是维护国家制度与民主的基础。各级政府之间明确责任，没有无限制的下放到最基层自治单位或者社区政府的情况。德国的社区遵守自治的原则，在法律所规定的范围之内独立地处理各级地方性事件，这种自治的权限主要体现在公共服务领域以及地方性的社会管理领域。

日本的新型农村社会运动基本上达到了城乡一体化建设，他们的发展建设模式有许多值得我们借鉴学习的地方。首先，就是通过制度改革避免"城乡二元结构"的出现，让城市与农村的居民享受同样的经济与整治待遇；其次，是完善了统一的公共社会保障和服务体系；最后，是城市化高速发展的过程当中提出了"造村运动"，把农村努力建设成一个不输于城市的环境，尽量地缩小城乡之间的差距。当然，在提高农村治理水平、推进城乡一体化的过程当中，也出现了一些问题。例如，"农协"大批陷入了困境、农村的基础设施建设过度浪费、公营住宅规划不合理以及农业衰退等。

美国的独特之处是实行联邦、州和地方的三级定位。在州政府之下的乡镇、县（county）、自治市、学区以及各种的特区，无论大小，都属于地方政府，全部遵照以地方自治为根本的多元化管理方式，实现在居民利益竞争性中进行治理。他们的自治机构是社区委员会，由其负责收集记录社区居民的建议，再向政府反映本社区的民意情况，根据需要来动员和组织居民参与到公益事业等建设的问题上，共同向政府的相关部门提供政策制定的具体意见。

2. "村转居"社区现状　　"村转居"是探索我国农村进行城市化建设过程中的新模式和新路径，它与社会的经济发展紧密联系，推进城市化进程发展，消除城乡二元结构、实现全面城乡一体化这一目标的特殊阶段。但同时很多地区和政府在进行城市化改革当中，以推进城市化建设为名，却私下为了获得土地增值后的利益，把农村村民的共同利益抛在脑后，掠夺性地对村民进行征地，使得表面上所实现的城市化，在"村转居"后社区的管理当中逃避责任，致使广大农民没有获得城市化之后应得到的切实收益以及生活保障和公共服务等。在"村转居"的居住环境建设上，有些地区缺乏统一管理和规划，为了获得更大的土地回收利益，造成了建筑密度过高、容积率低、产出率和土地利用率低等诸多问题。所以，"村转居"进程当中存在的问题不单单对城市管理体制的建设造成了很大影响，还使它所在的街道不能够依照城市管理体制来进行管理，同时还对城市用地造成了很大的影响。

从形式上看城市化进程，村民户籍从"农籍"改变成了"非农籍"的城市居民，住所从"一户一居"的散落庭院平房变为生活配置相对齐全的高层建筑，但更深层次的一些问题凸显的是从村民向居民角色以及转变变得非常艰难。这是由于在城市化进程当中，农民之前生存保证的耕地被直接征用，农民身份虽然发生了转变，可原本的农业生产技能也随之消失，需要重新掌握和学习新的城市谋生技能和手段，同时面临着人口老龄化、学历素质低等诸多问题；同时，"农转非"过程中农村村民由于城市化进程而失去了原本的土地，但我国现在实行的土地征用补偿办法多采取一次性的补偿方式，如果按照现有的法律法规计算，补偿的标准远远低于土地所拥有的实际价值，也没有考虑到未来升值所取得的效益，这就使得在城市化进程中失去自己土地的农村村民生活风险大大增加；最后，就是保障体系不够完善。虽然有些地区选择使用一些医疗保险和养老保险补偿的方式对村民进行补偿，让农村村民与城市的居民享有同样的生活保证，但是在补偿的实施当中并没有与城市居民采取相同的待遇，致使村民的就业、利益保障以及身份角色等方面在城市化进程中产生了尴尬的境地，农村村民没有办法真正地实现村民到城市居民社会角色的转变，逐渐成为处于城市社区生活边缘的人。

(四) 概念界定

1. "村转居" 对"村转居"比较直观的理解就是居民由原来的农村户口改为城市户口，村委会改为居委会或社区委员会，即通常所说的"农转非"。具体来说，"村转居"就是在原有传统自然村村委会的基础上，通过改建基层组织、变更村民身份、股份化运作原有村集体资产等一系列工作，将村委会转变为社区委员会或居民委员会，从而实现"村转居"后的服务公共化、资产股份化、就业非农化、居住城区化、福利社保化等预期目标。"村转居"需要满足的条件包括农村不再以纯农业生产为主，农民不再完全从事原有耕作性质的体力劳动，有至少 2/3 的农民不再从事生产劳动，不再以农产品收入作为主要的经济来源。

"村转居"工作是一项极其复杂的系统工程和现实工作，关系到基层人民群众的切身利益。近年来，随着城市化进程的不断加快和城乡二元体制改革的加快，我国出现了越来越多的"城中村"，这些"城中村"都面临着转轨变型的问题。因为"村转居"工作的重要性及对社会稳定影响的广泛性，在开展"村转居"工作时，必须把握重要的原则，就是一切要从实际出发，因地制宜，在充分调查取证的基础上，制订符合实际、科学合理的改革方案，绝对不能搞所谓的"一刀切"模式。此外，工作中还要考虑地域差异、认同感等社区构成要素，合理科学地划分社区，建立健全基层党组织和自治组织，加强和改进民主法治建设，鼓励广大居民积极参与社区建设，保证居民充分就业，获得与城市居民同样待遇的社会保障。

2. 社区治理 社区治理可以理解为治理理论在社区层面上的运用，或者说，是对社区范围内的公共事务进行治理。

社区治理与传统的政府与城乡基层社会的管理、治理不同，它是指具有相同的目标而对该社区公共事务方面的管理机制。对于这些公共事务管理的主体不仅仅为政府，还可以是不依靠国家强制力量而组成的社会组织。它是由该社区范围内的个人、组织、机构等行为主体，依据国家法律法规的正式文件以及人们共同遵守的道德规范，通过各种形式共同对社区中居民的个体性事务及集体事务进行管理。通过对公共事务的管理以增强居民凝聚力，提高社区居民的自治能力，促进社区文文化、环境、经济等方面的进步。

社区治理目的在于提高社区居民的生活水平，其行为指向是社区中的公共事务，它是一个关系社区成员切身利益的范围广阔的领域，它包括社区中的服务、照顾；安全、综合治理；公共卫生、疾病预防；环境、物业管理；文化、精神文明建设；社会保障等。在公共事务的管理治理中要最大限度上地结合社区中人力资源、物力资源、财力资源等，使得资源合理配置，以提高社区治理能力。

（五）本文结构与研究方法

1. 本文结构 本文共分为六部分。

第一部分为绪论。主要介绍了本文的研究背景和研究意义；国内外城市化进程中"村转居"社区管理的理论研究、实践经验和推进状况；核心概念的界定以及本文的研究设计和方法，本文样本的选取。

第二部分为京郊"村转居"社区治理现状的研究，主要从社区的组织架构模式理论研究；由于"村转居"后失地居民就业问题的现状调查以及对于当前就业的满意度分析；社区环境、社区文化建设的现状调查及满意度分析。

第三部分为"村转居"社区治理模式中存在的问题，主要通过 3 个方面：失地居民就业、环境、文化建设等方面进行分析。

第四部分为完善"村转居"社区的治理问题，主要从构建多元组织管理、政府与居委会社会组织这 3 个维度进行论述展开。

第五部分为总结。

2. 研究方法

（1）文献研究法。通过查阅相关资料，了解国内外相关的研究动态和研究现状。

（2）问卷调查法。本文的数据来源为石景山区西黄村、顺义区板桥村、密云区溪翁庄村 3 个社区的实地调研，预计 3 个社区共发放 600 份问卷，采用随机抽样的办法对村民进行问卷调查。调查问卷的设计主要包括当前社区的组织结构、就业、环境、文化建设 4 个方面的满意度；传统社区治理的满意度及当前社区治理的满意度；已上楼居民对该社区治理满意度及未上楼居民对社区治理满意度的调查。截至目前，共收回问卷 541 份，分别为：西黄村 156 份、板桥村 189 份、溪翁庄村 196 份。

（3）深度访谈法。运用深度访谈法对问卷调查的数据所表示的内容进行深层次分析，同时通过访谈可以弥补问卷调查的不足。本文的访谈对象包括对 3 个社区抽取的样本的随机访谈和对村干部、村民代表及各类组织负责人共 150 人的深度访谈。

（六）样本介绍

1. 石景山区西黄村　北京市石景山区苹果园街道西黄村社区位于石景山区东部偏北，是典型的城乡结合部。早在 20 世纪初便进行了"村转居"的改造，2014 年 11 月进行居民区的棚户区改造已村民居住水平。截至目前，棚户区改造仍在进行当中，预计 2018 年完成全部居民搬迁工作。

2. 顺义区板桥村　北京市顺义区赵全营镇板桥村位于位于顺义区城中心西北 24.5 公里。2012 年 5 月进行拆迁动员工作，且符合"村转居"社区设立条件，将村民的农业户口转为居民户口，村委会转为居委会。截至目前，板桥村所有居民都已完成拆迁上楼工程。

3. 密云区溪翁庄村　密云区溪翁庄镇溪翁庄村为行政村，位于密云区城的北部，20 世纪已完成"村转居"社区转制。2001 年开始第一批的拆迁工作，由于拆迁过程中面临的种种困难，时至今日仍有将近 1/2 的村民未进行拆迁工作。

4. 样本归纳　通过样本的选择，我们可以大概的将京郊"村转居"社区划分为年轻型社区与养老型社区。年轻型社区即主要是以外地务工人员占多数的"年轻化社区"，由村民变成的居民基本上都是老年人，自然为这些外地务工人员的"房东"。而原来在该社区居住的青年人大多已搬到城市去居住，这类社区一般交通较为便利，与一些科技园区、开发区等相距不远。当然，这类"村转居"社区对于商业服务设施、教育设施、文化和体育设施等需求度较高；

养老型社区即一般以老年人为主，在此租房的外地务工人员较少，本地的青年人也比较少。我们暂且把这样的社区称之为"养老型"社区。这类社区大多地势比较偏僻，该社区的主要需求在医疗卫生设施、文化娱乐及体育等方面。他们更希望看病求医更加方便些，生活方式丰富些。混合型社区即拥有年轻化社区与养老型社区两方面的需求。

二、京郊"村转居"社区治理现状

（一）社区失地居民就业现状

"村转居"社区需要满足的条件包括农村不再以纯农业生产为主，农民不再完全从事原有耕作性质的体力劳动，有至少 2/3 的农民不再从事生产劳动，不再以农产品收入作为主要的经济来源。由于北京为首都，是国际大都市，其土地越来越稀缺，在城市化进程中绝大多数的"村转居"社区都是以出售或租赁土地给经济生产为目的。因此，绝大多数的"村转居"居民在户口转制后都伴随着土地的流失，村民不再依靠种植来维持基本生计。因此，在"村转居"社区的治理中所面临最棘手的问题之一便是失地村民的就业问题。

在对京郊"村转居"社区居民的问卷调查中，我们了解到石景山区西黄村由于地处五大城区，就业机会较多。且转制较早，许多适龄的年轻人由于户籍转制赶上了 20 世纪 90 年代至 21 世纪初与单位签订的正式聘用合同，成为单位的正式员工，享受单位及国家的就业规定。因此，在该村并没有关于就业方面的帮助、补助等。

顺义区的板桥村在户籍转制后为村民就业问题做了一次性补贴，不同的年龄段其补贴的金额也不同：30～40 岁为 8 万元，40 岁至退休年龄为 6 万元，超转人员虽然没有就业补助，但村委会会为这部分人群办理退休手续，享受国家居民退休待遇。面对此种现象，我们也和村委会的工作人员做了访问，笔者了解到之所以本村出现了这种一次性就业补助，究其原因有以下几个方面：第一，村民更倾向于一次性补助；第二，由于拆迁的特殊性，村民大多数有拆迁补偿款，因此对工作的需求度不高且对工作待遇要求较高，不愿意从事劳动性工作；第三，村内资源较少，能够就业的岗位不多。

密云区溪翁庄村在户籍转制后则是为村民提供了一些就业岗位，见图1。

由图1可以看到，在失地居民接受村委会安排就业的类别中，有 58% 的居民被安排到公益型工作中，35% 的居民被安排到服务型工作中，7% 的居民被安排到管理型的工作中。在公益型的岗位中，有被安排到绿化队、交

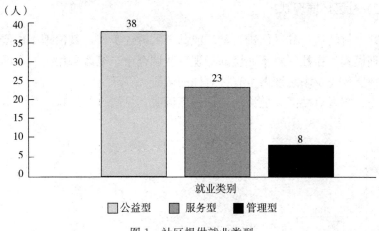

图 1   社区提供就业类型

通队等，主要是进行一些志愿性公益活动，如到人烟稀少的山上巡查、垃圾拾捡等；服务型的岗位中有被安排到社区环卫、物业、村委会等，主要进行社区街道的路面清洁、垃圾回收及分类、电工、水暖工等；而参与到管理型工作的人较少，一般仅限于社区物业及村委会。针对以上的工作岗位，笔者也对工作内容的满意度及工作薪资的满意度做了问卷调查。首先，对于工作内容的满意度为：非常满意 6％、一般 58％、不满意 36％。通过数据可以看到，虽然社区为失地居民提供了就业岗位，但工作内容却有 36％不满意，感觉一般的有 58％。针对这个问题，笔者也采访了这些村民。大家对于工作内容普遍觉得不满意的地方在于工作内容单调、工作环境较脏，且工作有一定的危险性。其次，对于工作薪资的满意度为：非常满意 15％、一般68％、不满意 7％、不做评价 10％。在薪资这一方面，该社区居民的满意程度较高，村民普遍认为，虽然薪资为北京市的最低工资水平，但不需要付出太多的脑力及体力。

　　问卷中对工作时间进行了调查，调查发现，村委会为村民提供的就业时间为 6～8 个小时，每周单休。村民对该工作时间的满意度为：非常满意 36％、一般 62％、不满意 2％。村民们表示，该工作时间较灵活，单位领导也比较照顾，在完成工作的情况下，可以在工作时间上做合理的调整，在天气不好的时候，也会酌情考虑缩短工作时间。因此，村民对该社区所提供的工作时间满意度较高。

　　问卷中还提及了关于该工作为村民提供的保险情况，通过对问卷的整理可以看到，只要为该岗位正式聘用的员工都是有"五险一金"的保障。

（二）社区环境现状

京郊"村转居"社区已进行整体或部分的拆迁工作，其治理工作便为小区环境治理模式。在社区对于环境的治理现状调查中，笔者采用了调查问卷的方式，对社区环境及满意度做了有针对性的调研。

首先，笔者对社区环境清洁工作做了调研，见图2、表1。

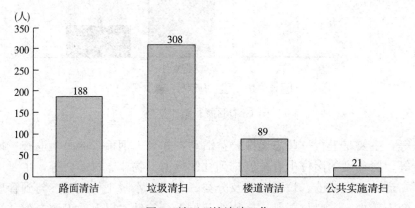

图 2　社区环境清洁工作

表 1　社区环境清洁工作

频率（%）	每天一次	隔天一次	一周一次	无固定时间
路面清洁	51.52	14.91	21.21	11.36
垃圾清扫	74.33	13.37	7.49	4.81
楼道清洁	46.07	13.48	12.36	28.09
公共设施清扫	4.76	14.29	14.29	71.43

通过对社区环境清洁工作的调研可以看到，在这3个社区中，有35%的村民看到了本村中有路面清洁的工作；有57%的村民看到了本村的垃圾清扫工作；有16%的村民看到了本村中有楼道清洁的工作，有4%的村民看到了本村中有公共设施清扫的工作。从图2和表1中可以看到，3个社区中在环境清洁方面做得最好的为垃圾清扫，不仅村民的熟知程度最高，清洁的频率也较高，有74%的村民看到所在社区每天都会进行垃圾清扫工作；在社区环境清洁工作中做的第二好的为路面清洁，将近52%的村民看到路面清洁频率为每天一次；楼道清洁工作在这3个社区中做得不是很到位，仅有较少的村民看到该社区有路面清洁工作，并且清洁的频率也不是很高，在路面的清洁中，有将近41%的居民认为清扫频率在一周一次到无固定时间范

围内；然而，与之相比关于公共设施的清扫工作更是少之又少，几乎没有什么人知道本社区有公共设施的清洁清扫工作，即使有看到过偶尔几次的清洁，也是无固定的工作时间。

笔者不仅从社区环境清洁的角度做了问卷调研，还从社区绿化的角度做了调研，见图3。

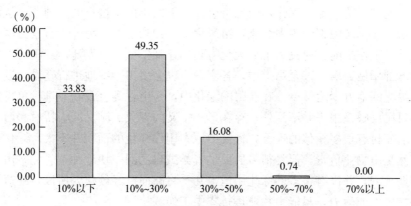

图3　社区的绿化覆盖率

在村民所看到的本社区的绿化覆盖率的调研结果为：33.83%的居民认为该社区的绿化覆盖率不足10%；49.35%的居民认为该社区的绿化覆盖率在10%～30%；16.08%的村民认为该社区的绿化覆盖率为30%～50%；不到1%的居民认为该社区的绿化覆盖率达到了50%～70%；然而，没有村民认为该社区的绿化覆盖率达到了70%以上。

笔者通过对村民的调研发现，这3个社区中绿化工作做得最好的是密云区溪翁庄社区，有将尽40%的村民认为该社区的绿化覆盖率在10%～30%，在该社区中不仅有小区楼与楼间的绿化面积，还有公园及一些绿地。而相比于溪翁庄村，顺义区的板桥村和石景山区的西黄村其村内绿地覆盖便很少很少。其中一方面原因在于小区原始规划中，开发商为了经济利益最大化，使得楼间距较小，硬化面积较多，几乎没有成片的绿地，只是在马路两侧的人行道上做了些绿化的装饰；另一方面原因在于社区居民：如西黄村社区，在搬迁之前村民为了多拿拆迁补偿费，便在自家院中建设2层甚至3层的住宅，更有甚者会强行占用公共道路进行违建。在居民搬迁至楼房后，由于村民居住的习惯，喜欢把一些生活用品摆放在楼下，以方便拿取，以至于占用了很多公共用地。

了解到社区绿化覆盖率后，笔者又从绿化工作由谁负责的角度进行了调研。在这3个社区中，发现顺义区板桥村和石景山区西黄村的绿化工作是由物业来负责的，而密云区溪翁庄村的绿化工作有一部分是由绿化负责，还有一部分是由村民自发进行的。根据这种现象，笔者也和3个社区的村民进行进一步的调研。笔者发现，由于"村转居"居民的特殊性，虽然他们在户口中显示为居民，但骨子里还是充满了村民的特征：他们需要土地，希望可以和拆迁前一样每家都有一个菜园子自己种菜，也正是因为这个原因，使得溪翁庄的村民即使有物业进行统一绿化工作，他们也会在楼下的小区中进行圈地种菜，从而导致了物业在小区中无法集中绿化，给绿化工作带来阻力。另外，石景山区西黄村在拆迁工作之前，村民为了最大化得到拆迁补偿款，自发地把院里几乎所有的地方都用做盖房，甚至街道中，各家各户也会多占一些地进行建设，以至于可以绿化的地方少之又少。在有限的绿化中，是由村委会及物业进行负责，但是据村民反映该服务并不到位，存在形式主义的现象。顺义区板桥村和西黄村与溪翁庄村有很多相似的地方，社区中原本用作绿化的面积并不大，绿化过程中虽然是由物业负责，但是很多居民也曾尝试自己圈一块地种菜。无奈由于社区前期规划，并没有很多的绿化用地，几乎将路面已经硬化。所以，在这个过程中村民无能为力，只能由物业进行集中工作。

针对以上现象，笔者向村民进行了关于社区绿化满意度的调研，结果显示：有7.9％（43人）的人对社区的绿化工作非常满意；32.3％（175人）的人对社区的绿化工作满意度一般；59.7％（323人）的人对社区的绿化工作不满意。通过以上数据可以看到，关于社区绿化工作的满意度普遍呈现出不满意的趋势。因此，在绿化工作中还有待提高。

（三）京郊"村转居"社区文化建设现状

随着国家的发展，城镇化进程的延伸，我国人民不仅在经济方面需求较大，精神方面的需求度也越来越多。北京作为国际大都市，无论是生活在城区的上班族白领，还是待业在家的群众都在不同程度上需要精神文化的熏陶，使得人民幸福感不断加强。"村转居"社区的开展，使得面朝黄土背朝天的农民改变了自己原本的工作，而向城市居民靠拢。在失去自己平常的耕作生活后，又更多的时间待在家中，在社区里活动。因此，社区中文化建设成为了重中之重。

笔者通过调查问卷的形式对社区的文化建设做了调研，见图4、图5。

通过数据可以看到，社区村民对社区开展的文娱活动的了解程度很低，有23.48％的人非常了解该社区的文娱活动；30.5％的人一般了解该社区的文娱活动；46.02％的人一点都不了解社区的文娱活动。在对村民进行访谈的过程中，笔者了解到绝大多数的村民并不知道社区组织过哪些文娱活动，

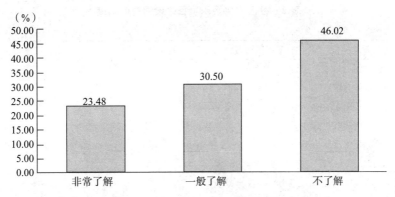

图4　对本社区文娱活动了解程度

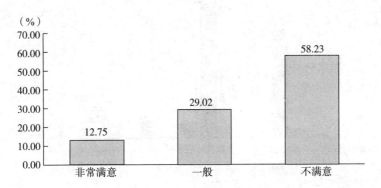

图5　对社区文化建设满意度

而在一般了解的社区文娱活动的村民中，有很多活动是村民自发组织的，如顺义区板桥社区中的村民会自己组织广场舞比赛、踢毽子比赛等。但是，笔者也和村委会的工作人员进行了一些调研，发现村委会的工作人员向笔者展示了很多关于本村居民参加文娱比赛的活动介绍及奖项。工作人员向笔者解答这个问题说："由于村民素质水平有限，政府组织了很多文娱比赛的时候并没有向广大村民进行通知，更没有节目、比赛项目的预选等工作。政府每次开展类似工作的时候，村委会一般会从内部挑选一些工作人员参与比赛，村民并不知晓。"

从数据还可以看出，村民对社区文娱活动了解程度与文化建设满意度成正相关，只有12.75％的村民对社区文化建设的满意度较高；29.02％的村民对社区文化建设满意度一般；58.23％的村民对社区文化建设不满意。

通过对以上的了解，笔者对社区的文化娱乐项目进行了调研，见表2、图6。

表 2 社区文化娱乐项目建设情况熟知度

单位：人

项　　目	石景山区西黄村	顺义区板桥村	密云区溪翁庄村
免费开放的图书馆	43	64	35
免费开放的体育馆	9	156	41
免费开放的舞蹈室	3	21	56
免费开放的电影院	0	1	12
免费开放的棋牌室	107	21	17
其他	0	0	0

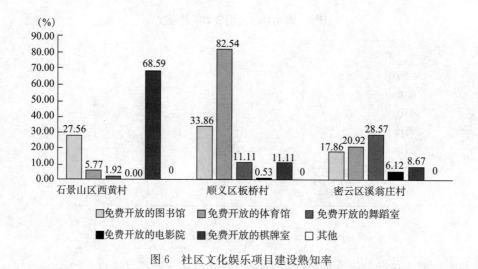

图 6 社区文化娱乐项目建设熟知率

通过表 2 可以看到，社区所提供的文化娱乐项目建设情况并不乐观，并且有许多村民并不了解本社区所提供这方面的服务。

在石景山区西黄村的调研中，只有免费开放的棋牌室村民比较了解，其他的文化娱乐设施几乎无人知晓：免费开放的图书馆有 27.36% 的村民知道、免费开放的体育馆有 5.77% 的村民知道、免费开放的舞蹈室有 1.92% 的村民知道。笔者在做这方面调研的过程中，也和西黄村的村委会工作人员进行了沟通，了解到该社区居委会中在搬迁之前有免费的图书室和棋牌室，居民可以免费享用这两方面的资源。而体育场所、舞蹈室、电影院等并没有相应的场所。

顺义区板桥村的村民有 82.54% 的人知道该社区有免费的体育场所，平常可以进行一些篮球、乒乓球的运动，并且村民的参与度较高，多数村民认为这些场所的建设有很积极的意义。在免费开放的图书馆方面，有 33.86% 的村民了解该设施、11.11% 的村民了解到该社区有免费开放的舞蹈室、0.53% 的村民了解到该社区有免费开放的电影院、11.11%的村民了解到该社区有免费开放的棋牌室。相应的，笔者通过对社区村民的了解后，也和村委会的工作人员进行了简单的沟通，根据工作人员的解答发现，在板桥村社区居委会为村民提供了免费的体育场所、棋牌室。通过两方面的对比，村民对于该社区所提供的文化娱乐设施的熟知度较高，居委会的宣传工作做得较好。

通过数据可以看到，密云区溪翁庄村社区的文化娱乐设施方面做得不太到位，各项文娱设施的村民熟知度普遍较低。相比之下，熟知度最高的设施为免费开放的舞蹈室，有28.57%的村民知道，而免费开放的图书馆有17.86%的村民了解、免费开放的体育馆有20.92%的村民了解、免费开放的电影院有6.12%的村民了解、免费开放的棋牌室有8.67%的村民了解。通过和居委会的工作人员调研，笔者了解到溪翁庄村为村民所提供的文化娱乐场所有免费开放的图书室、体育场、舞蹈场地和棋牌室。但是，相对于村民的反馈可以明显看出，虽然居委会为村民提供了较多的文娱场所，村民并不了解，其熟知程度很低。

另外，笔者对社区举办的文娱活动进行了调研，见表3、图7。

表3　社区组织文娱活动熟知度

项　目	石景山区西黄村	顺义区板桥村	密云区溪翁庄村
合唱比赛	3	37	12
文艺晚会	1	11	94
趣味活动	9	75	5
舞蹈比赛	51	49	23
其他	0	0	0

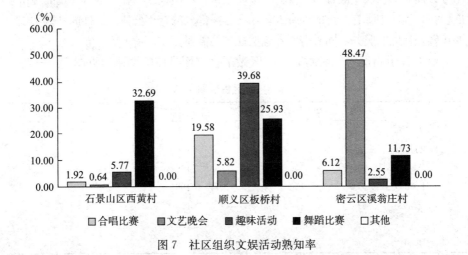

图7　社区组织文娱活动熟知率

通过对举办文娱活动的调研，笔者发现相比于社区提供的文化娱乐场所，文化娱乐活动开展的熟知度更是少之又少。在石景山区西黄村开展的活动中，村民熟知度最高的为舞蹈比赛，占 32.69%，而合唱比赛、文艺活动、趣味活动仅占到 1.92%、0.64%、5.77%；顺义区板桥村开展的活动中，村民熟知度最高的为趣味活动，占到 39.68%，而合唱比赛、文艺活动舞蹈比赛占到 19.58%、5.82%、25.93%；密云区溪翁庄村所开展的活动中，村民熟知度最高的为文艺晚会，占 48.47%，而合唱比赛、趣味活动、舞蹈比赛仅占 6.12%、2.55%、11.73%。

然而，笔者和村委会的工作人员访谈中得到的答案却和村民的问卷调研中出现了明显的不同。在顺义区板桥村和密云区溪翁庄村居委会中了解到，两个社区所在政府会定时举办各种文娱活动，无论是合唱比赛、文艺活动、趣味活动还是舞蹈比赛都有所涉及。而石景山区西黄村由于现在拆迁工作已完毕，搬迁工作还未开展，村民居住较分散，举办的文娱活动较少。

（四）京郊"村转居"社区所提供服务的现状

笔者把京郊"村转居"社区分为 3 个类型：年轻型社区、养老型社区与混合型社区。年轻型社区（石景山区西黄村）主要指在城区或近郊，经济发展较快，并在社区周边有开发区或科技园等经济组织。社区中外来流动人口较多，社区总体村民年龄较年轻。这样的社区对幼儿园、学校、超市、公交枢纽等方面需求较大。养老型社区（密云区溪翁庄村）指所在地区较偏僻，经济发展缓慢，有一定的外来人口，但比重不大，社区中以老年人为主。这样的社区在养老院、社区医院、市民菜站等方面需求较大。混合型社区（顺义区板桥村）指社区所在地区有一定的经济发展项目，社区中既有一定的外来人口，又有一部分的老年群体。这样的社区不仅需要年轻型社区的服务，同时需要养老型社区的需要。

针对以上情况，笔者对 3 个社区做了这方面具体的调研。见图 8、表 4。

表 4　社区提供服务

项　　目	年轻型社区	养老型社区	混合型社区
养老院	0	196	69
幼儿园	0	196	0
学校	156	196	189
社区医院	156	196	0
菜站	132	196	156
超市	127	196	179
活动中心	23	146	123

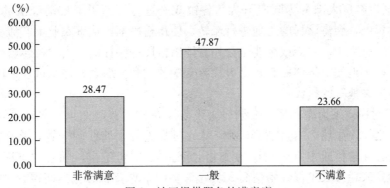

图 8　社区提供服务的满意度

通过数据的统计可以看到，这 3 个社区的居民对该社区提供服务的满意度为：非常满意 28.47%、一般 47.87%、不满意 23.66%。总体来说，社区提供的服务村民满意度较高，但也在某些方面存在着一些的问题。

另外，通过数据可以看到 3 个社区中，密云区溪翁庄村即养老型社区在提供服务方面做得较好，几乎达到了在养老、教育、医疗等方面进行服务。在该社区生活的村民出行、生活较方便。石景山区西黄村即年轻型社区在学校、医疗、菜站、超市等方面提供服务较多，而养老院和幼儿园却没有体现，但由于该社区地理位置较好，与周边养老院、幼儿园、医院等相距不远，因此村民生活起来也比较方便。顺义区板桥村即混合型社区在学校、菜站、超市、活动中心等方面提供了较方便的服务，但在幼儿园和社区医院等方面并未体现，儿童去幼儿园路途较远，老年人看病不方便。

总体来讲，无论是在年轻型社区，还是在养老型社区及混合型社区为村民提供的服务方面比较好，居住在这里的村民及流动人口生活起来比较方便。

三、京郊"村转居"社区治理中存在的问题及原因分析

虽然北京市作为首都，在政策方面对"村转居"社区有一定的扶持政策，并且由于经济水平较高，这些新型社区发展普遍较好，但是通过以上研究，笔者仍发现在治理过程中在这过程中存在着各式各样的问题，无论在"失地"村民的就业方面、社区的环境建设方面、社区文化建设方面还是社区服务方面都存在不同程度的问题，以下笔者会根据这些问题做详细的分析。

(一)"失地"村民的就业问题

"村转居"社区的成立条件为 2/3 以上的村民不再从事农业生产，京郊的

"村转居"社区大部分为政府行为。各镇政府进行招商引资推动经济的发展。在此过程中，会将该村的土地进行流转，使得村民不再从事农业生产活动，在土地流转过程中，政府或企业也会相应地给村民一些补助。当"村转居"社区成立后，土地便归集体所有，个人没有支配的权利。那么，在此过程中便出现了很多"失地"的村民。

1. 村民"下岗率"低　在调研中发现，在村民普遍知识水平较低，且没有一技之长，虽然 20 世纪初转制较早的村都进行了就业的安置，将"失地"村民安置在本村或本乡镇建厂的企业上班。但 20 世纪末，随着"下岗工人"热潮的到来，各大单位开始精简人员，许多国企央企私有化，使得在"失地"中再就业的村民再次失业，成为"下岗工人"。多年来，虽然国家高度重视"下岗工人"问题，并着力建立国有企业下岗职工基本生活保障制度。劳动和社会保障部在全国实施的两期"三年千万再就业培训"计划，但还是有很大部分的村民在就业中没有相应的工作保障，且较不稳定。

2. 基层政府与居委会对"失地"村民再就业问题不重视　在与 3 个社区的调研中了解到，石景山区西黄村与顺义区板桥村在"失地"村民再就业中都没有相应的扶持政策。其中，石景山区西黄村没有任何就业扶持，居委会工作人员表示，该社区处在城区，就业机会较多，并且由于社区正在进行棚户区改造，村民拆迁过程中都有一定的拆迁补偿，在经济上工作人员普遍认为居民对于再就业的需求并不大，并且村民文化水平较低。因此，"失地"居民的再就业问题便没有得到相应的重视。顺义区板桥村在村民户籍转制后采取了一次性补偿的方式，根据年龄段划分补偿金额。在与该社区村民沟通中了解到，村民对该社区的这一做法满意度较高，能有一次性的就业补偿。但是，也有些较年轻的村民反映，这些就业补偿并不能满足群众的需求，随着经济的增长、物价的提高，一次性就业补偿并不能解决村民的"再就业"问题。

3. 就业岗位薪资低危险性高　在这 3 个社区的调研中了解到，只有密云区溪翁庄村为村民提供了一些就业岗位。这些岗位中，有 55% 的岗位为公益型岗位；33% 为服务型岗位；12% 为管理型岗位。通过数据不难发现，公益型与服务型岗位占据多数。而在与这两个类型的村民访谈中了解到，他们被安排的职位有环境绿化、社区垃圾清运清扫、看山护林、厨师等。无论工作的单位是什么，其工资都为北京市最低工资水平，村民在薪资这方面的满意度上，非常满意仅占 15%，一般及不满意占到 85%。在与村民沟通中，笔者了解到虽然该村有就业上的扶持，提供了一些就业岗位，但是薪资普遍较低，达不到村民满意的水平。村民表示假若一家三口人，父母两人在社区安排的就业中工作，那么一个月的薪资仅有不足 4 000 元，除去生活必需品的购买几乎没有结余，如果没有这些拆迁补偿款及出租房屋的租金，只靠工资过日子，那么这些钱还不能养活一个正在上高中的孩子。这些工作不仅薪资水平低，工作内容也一般被分配到马路上捡垃圾、山里看山护林，其工作的危险性很强。对于工作内容的满意度整合中，非常满意只占有6％，94％的村民持一般和不满意的态度。村民认为，的确由于自身知识水平较低，也没有技能，在就业中确实存在很多困难。但是，现在国家政策好，居委会及政府可以组织一些企业来社区进行招聘，以选拔制的方式来招人，以提高村民对于工作的热情。在溪翁庄村"失地"村民的就业中还存在一种现象便是：托人找关系现象严重。

在文献阅读中，笔者了解到在近几年进行"村转居"的社区中，对于就业问题普遍的解决方式为一次性向村民发放失业补助，根据不同年龄段的村民发放不同档位的补助。这些社区一般是以拆迁工作为契机进行转制，有了拆迁补偿款，并且回迁后村民每户都有至少一套的住房用于租赁，村民在经济方面比较富裕。因此，居委会在村民再就业方面只是进行了一定的经济补偿。试想，随着市场经济的发展、物价的提高，在未来的10～20年内中国经济发展过程中目前所拥有拆迁补偿款及就业补贴的村民不能只靠这些补助生活。可能现在他们的生活水平较高，但是未来没有保障，因此，笔者认为"失地"村民的再就业问题仍迫在眉睫。

（二）社区环境问题严重

笔者在对京郊"村转居"社区的调研中，发现了一个普遍存在的问题，就是社区环境相对较差，村民对社区环境的满意度较低。

1. 社区清洁工作停于表面　在调研中，笔者发现对于社区清洁工作有的社区是由居委会组织的物业负责，有的社区是由招标来的物业公司负责。由村委会组织的物业负责的社区中，村民们普遍反映清洁工作较差，社区环境有待提高，很多的清洁工作只停于表面。在清洁过程中，很多时候只是将硬化路面的垃圾拾捡，并没有大范围的清扫；楼道卫生脏乱差，物业工作人员清扫频率低，有些甚至没有固定的清洁频率，在楼道中乱摆乱放的现象严重，尘土较厚；楼道中的楼梯、电梯间的扶手很脏，除了村民自己清洁，没有物业的工作人员进行这方面的工作。还有些社区的环境清洁工作由居委会公开招标的物业公司负责，相比于居委会自己的物业，公司形式的物业在清洁工作中的工作效果更好一些。最起码的路面清洁、垃圾清扫及楼道清洁做得比较好，村民普遍反映在这方面物业公司的工作比较到位。

2. 绿化覆盖率低　在绿化方面，这些社区做的也不尽如人意。居民对绿化的满意度很低，一方面，村民不满意在社区的绿化率上，在搬迁之前和搬迁之后为了使经济最大化提高，小区中绿化用地的规划远远不足，能作为建筑用地的绝不进行绿化，最终使得社区中的绿化面积少之又少；另一方面，村民不满意在物业的绿化工作上，村民普遍认为物业并没有对小区中的花草树木进行定期修剪，甚至有许多枯死的植物也没有相应的解决方式。社区中还存在一种现象：小区中原有的绿化用地被村民圈做自己菜园。虽然这些社区的村民户籍由农业户口转为居民户口，村民也已经上楼不再住平房，但很多生活方式还停留在以前，他们很多一部分人还习惯于每家一个菜园，习惯于不同季节种不同时令的蔬菜。因此，在很多社区中的确存在绿化用地被村民圈用，物业人员管理存在困难。

3. 社区环境整洁度差　在京郊"村转居"的社区中，在物业的角度中面临最大的问题在于村民很少按时缴纳物业费，有些村民只缴纳物业费中的一部分：如卫生费。还有些村民完全不缴纳任何物业费用，并认为在没有搬迁上楼之前从没有缴纳过任何物业费用，而现在却要缴纳，并且物业做的并没有让村民满意。因此，物业再面临这个问题上其生存压力较大，恶性循环。第二个问题是由于村民自身素质水平文化水平较低、生活习惯的不同，很多已上楼村民仍习惯于之前的生活，搬迁后还有很多搬迁之前的物品，上楼后家里没地方存放便放在自己楼下，占据了很多公共道路；社区中有相当一部分为年龄相对较大的居民，为了出行方便，很多有自己的电动三轮车，由于该车辆较大，且没有规范停车的意识，很多电动车占据了 2～3 个车位，以至于许多其他村民及外来人员停车出现很大的问题，经常出现车没地方停、车被刮等现象。第三个问题在于社区的安全方面。村民普遍认为随着基础设施建设所出现在本社区的外地务工人员及小区管理宽松，监控系统不到位，使得社区中经常出现安全问题，在这方面村民普遍认为物业没有尽到应尽的责任，不缴纳物业费。

4. 回迁社区硬件质量差　开发商过分追求经济效益，在回迁小区的建设中存在很多偷工减料的情况，再加上国家政策的不完善，商品房与回迁房在质量上存在很大的偏差，以至于京郊"村转居"社区在搬迁上楼过程中的房屋质量普遍较差。在调研中了解到，这 3 个社区回迁房房屋质量普遍较差，如房屋外表及室内会出现裂缝等。社区居民表示，虽然住进回迁房后无论在社区环境上还是居住舒适度上较以前都有了不同程度的提高，但是房屋质量问题使得村民心里多少还会存在一些担心，希望政府能够出台政策完善房屋质量。"豆腐渣"工程不仅在房屋建设方面，在小区的硬化、绿化过程中都出现了质量不过关等情况，在调研的 3 个社区中都能看到小区路面不平、积水等情况。这些都是导致社区环境差的主要原因之一。

（三）社区文化建设存在问题

随着社会大力提倡精神文化建设，人们越来越对精神文化方面有所需求。笔者在社区文化建设方面调研的过程中，却发现了很多问题。

1. 文化娱乐设施建设水平低　在调研中发现，很多社区并不重视文娱设施的建设，有的社区只有体育场或棋牌室，而且这些场所的占地面积很小，并不能够满足村民的需求。有的社区所建造的文娱活动场所在管理中存在很多的纰漏，如器械的维修、场所的开放时间等，村民在该场所活动中可能存在安全隐患。还有的社区中通过居委会工作人员了解到该社区有很多的文娱设备，但村民并不了解，以至于文娱活动室被称为摆设。

2. 居委会对社区中文娱活动不重视　在调研中发现，和居委会工作人员进行沟通的过程中组织了很多的文娱活动，其绝大部分由政府下达文娱活动任务。但是，在与村民的调研中却发现，绝大多数村民认为该社区组织的文娱活动很少，在认为有限的这些文娱活动中还有大部分是由村民自发组织的。笔者通过询问居委会工作人员发现之所以出现以上现象的原因是由于村民自身素质较低，组织管理起来有一定的困难，但是由于政府的硬性规定不得不参与很多文娱活动，那么居委会便从内部工作人员进行抽选到政府参加活动，获得的奖品由工作人员所得。

（四）京郊"村转居"社区所提供的服务存在问题

在京郊"村转居"社区的调研中发现，3个社区在服务方面做得较好。笔者将京郊的"村转居"社区分为3种类型：年轻型社区、养老型社区、混合型社区。这3种社区的需求方面不尽相同。年轻型社区在教育资源方面及交通、生活购物等方面需求度较高；养老型社区在医疗、养老、生活必需品的购买等方面需求度较高；混合型社区则结合以上两个类型的需求，在教育、交通、养老、医疗及生活购买方面都有所需求。

1. 在养老方面　随着社会老龄化的加深，社区中"留守"老人现象严重，无论在养老型社区还是年轻型社区、混合型社区，养老问题都是社区建设中的重中之重。但是，通过调研笔者发现，除密云区溪翁庄社区有养老院外，剩下两个社区都没有相应的服务。社区中的村民的养老一般只有在卧病在床，子女没时间照看才会被迫去养老院，且这些养老院大多数离自己所在社区较远。在调研中发现，其实很多"留守"老人尤其在搬迁上楼后生活较孤单，希望在社区中有相应的老年活动中心或者社区养老院，可以在白天有一些精神文化活动，也可以解决一日三餐问题。

2. 在教育方面 调研中发现，虽然每个社区都有学校，但集中在小学。幼儿园只有密云区溪翁庄村有体现。村民大多把孩子送到附近幼儿园，在这个过程中不仅会产生安全问题还会浪费时间，增加生活成本。溪翁庄村由于是行政村，各项服务较齐全，但在幼儿园方面也存在问题。溪翁庄村在 21 世纪前有 3 个幼儿园，但由于计划生育政策幼儿园普遍亏损，到现在仅剩一个公办幼儿园。随着二孩政策的放开，外来人口的增加，孩子入园难问题便越来越严重。村民普遍反映如今在本社区上幼儿园很困难，需要提前几个月排队入园。而且，该幼儿园的教育水平也有待改善。家长们普遍的需求是让孩子能够在幼儿园中多学习一些知识，而幼儿园在这方面却不太重视。

3. 在医疗方面 在调研中发现，大多数社区中有相应的卫生室或社区医院，但是该医院的医疗水平很低，一般情况下只能满足村民一些日常小病的治疗，如感冒、发烧、验血、测血压等。医生的工作效率低、工作质量低，医生护士人员较少，在遇到紧急情况下这些医生并没有能力做紧急处理。另外，社区中的公立医院药品种类少，在社区医院中多买到的药几乎出自小药厂，村民对这方面有很大的担忧。还有些社区中没有医疗方面的服务，社区居民看病拿药需去附近社区。居住在该社区的村民认为，看病难是急需解决的问题，就是日常的一些小毛病都要去外边就诊，而且社区中的药店为私立，不能享受医疗保险，随着国家政策的发展，上过医保的人们在每年达到 1 300 元基数后便能在公立医院享受医疗报销。对于老年人或者有慢性疾病的村民来说，公立医院每次可以开 3 天的药量，也就是说每 3 天就要去一趟外边的公立医院，非常不方便。

4. 在生活购买方面 在调研中发现，几乎每个社区都有一些出售生活必需品的超市或商场，村民在购买商品方面相对较方便。但是，这些商店一般为小商小贩，很少有大型超市或商场。小商小贩一方面，卖的水果蔬菜种类较少，为了保障新鲜，一般商家所进的食材数量较少，到晚上一般很多菜就卖完了；另一方面，有些日化产品和食品村民很少购买，担心存在质量问题，或者商家为了最大化盈利而选择一些成本较低的假冒伪劣或山寨产品，从而给村民生活带来影响。

5. 在社区活动中心方面 有些社区有相应的活动中心，而有些则没有。没有活动中心的社区村民在休息日或者老年人在日常生活中便很少在社区里活动，人与人之间的沟通及交流会减少，社区少了很多活力。在有活动中心的社区中，也存在活动中心形式化：占地较偏僻、面积较少、形式单一等。这样使得很多村民即使想去活动中心做一些社区活动，在实际过程中也存在种种阻碍，最后导致活动中心只是一个摆设。

（五）社区村民生活中的问题得不到及时解决

1."踢皮球"现象严重　由于"村转居"社区的特殊性，村民在"上楼"后往往和以往的传统农村生活不同，有很多不适应的地方。例如，社区的管理中规定不得在楼下等公共场所支棚办红白事，但由于村民的生活习惯还停留在传统，使得在这些方面与社区管理规定有冲突。但是，在与社区居委会包括政府间协调过程中并不能够得到及时处理，使得村民不得不违背管理，按照自己的习惯进行。并且，在社区生活中村民所看到社区治理中存在不合理的情况与居委会反映时，工作人员往往会各个科室间互相推，为村民真正解决问题的部分很少，村民所遇到的实际问题也很少被解决。

2.社区工作人员工作不到位　在调研中了解到，社区的环境清洁等工作无论是由居委会下属的物业负责还是竞标下的物业公司负责，在社区环境清洁招聘中，一般为本村村民应聘该工作。村民在对环境清洁中往往存在偷懒的现象，认为这是本村街道又是本村村民，没有人能真正服从领导管理，兢兢业业为社区服务。因此，在这过程中便会出现村民反映清洁不到位情况，而做这项工作的村民不以为然，也不听从领导指挥，仍然工作散漫，不听取村民及领导的意见。

（六）"已上楼"社区与"未上楼"社区在社区治理中存在差距

1."未上楼"社区无人管理　笔者在与村民进行访谈过程中发现，"已上楼"的村民对于社区治理方面的反映要比"未上楼"的村民好，究其原因在于在社区治理过程中，无论是物业公司还是居委会乃至村民都认为"未拆迁"是暂时的，那么在社区路面清洁、绿化等方面很少有人顾及。"已上楼"社区中虽然在社区管理中仍存在很多的问题，但"未上楼"社区基本上就是无人管理。村民每家每户都会在公共道路上堆放物品，过着传统村庄的生活模式。在调研中了解到，密云区溪翁转村仍存在将近一半的社区为"未上楼"传统社区，早在20年前该社区便进行了路面硬化，但是随着时间的推移，直到3年前才进行路面硬化的维护。在这之前"未上楼"社区一直处于雨季路面大小泥坑、冬季路面冻冰等情况。在维修后也没有彻底将路面进行整洁。居委会工作人员都表示这个路面是暂时的，传统社区进行拆迁后会重新规划道路。然而，正是由于拆迁使得原本干净整洁的社区一直邋遢到现在，而拆迁还是遥遥无期。

2."未上楼"社区基础设施缺乏　由于传统社区在最早的社区规划中没有将基础设施建设规划到位，使得在当前的传统社区并没有基础设施的建设。例如，溪翁庄村在"未上楼"社区中没有村民休息锻炼身体的广场，路边也没有健身器材的放置，生活在传统社区的村民在生活中很不方便。

四、京郊"村转居"社区治理创新建议探索

"村转居"社区建设的成败，对新型城镇化至关重要。只有切实解决好失地农民的就业和社会保障问题，为包括外来人员在内的全体居民提供更好的公共服务，改善社区生产生活环境，使居民比原来农村体制下生活得更好，"村转居"才能赢得农民的拥护和支持，才有吸引力和生命力。如果居民的生活生计问题不能得到很好解决，社区居民就会产生不满，社会就可能会出现不安定因素，"村转居"就会中断，城乡发展一体化就不能顺利推进。

在社区的治理中，首先要提高居委会工作人员的思想认识，要切实意识到居委会所做的一切都是为了本村村民，要想群众之所想、急群众之所急，在群众最盼处出实招，在群众最想处抓整改，在群众最急处见行动，让居委会每一个工作、每一个决策都符合村民的切身利益。居委会的工作人员不仅要考虑到村民现阶段的利益，更要为村民做长远打算。另外，不要为了完成上级交给的任务而去做一些形式主义的事情，要想到上级政府所做的一切工作是为了人民，而形式主义则是一种不负责任的欺骗行为，要杜绝类似行为的发生。还需加强村民的思想认识。加大社区宣传教育，营造和谐健康的社区氛围。让村民真正了解到作为一名居民在生活习惯方面应该有所改进，取其精华去其糟粕，传承农村社会中好的方面，而把不适应新社区的习惯改掉。规范村民行为，通过宣传教育使村民在思想上意识到行为规范化的重要性、政府工作的初心，不要一味地贪图便宜、不劳而获。

（一）构建多元管理体系

当今京郊"村转居"社区中最主要的问题在于由于该社区的特殊性，在治理过程中有很多介于传统社区与居民社区过渡性阶段。在这个阶段中，若所有管理事项皆为政府主导、居委会完成，那么社区中便会存在很多的问题。因此，构建多元管理体系便尤为重要。在社区中引进公司，在保障居民"再就业"的同时，规范社区管理；成立理事会，在满足居民在传统社区生活习惯的基础上，规范秩序。

1. 引进管理公司，规范社区管理 由于"村转居"社区的特殊性，在调研中发现，公共事务的管理若为不同的社会组织进行，那么社区在治理中便能呈现出较好秩序。在该社区需要明确居委会、社会组织间的任务，由政府进行

监管，以保证社区治理有效开展。社区中可以选用招标的方式，引进物业公司、绿化公司、保洁公司等。利用公司管理的模式将社区中的环境方面工作承包出去，而村民公摊物业费、保洁费、绿化费等。通过这种方法，使得社区管理更加规范。并且，通过公司的引进也可以解决村民"再就业"问题：公司统一制定招聘标准发布招聘公告，符合公司条件者便聘为本单位员工。在员工的管理中，严格按照公司的标准统一管理。

2. 成立理事会，满足村民需求　在"村转居"社区转制后，村民仍保留了传统社区生活的习惯，在搬迁后的社区生活中会存在很多的不方便、不协调的地方。因此，为了最大化地满足村民的需求，在社区中成立不同的理事会。在该社区居民中普遍保留的传统成立理事会，并由村民自己担任理事会成员。例如，在京郊很多社区还存在搭棚办红白喜事，假设无统一管理，谁家有事都在楼下搭棚办事，那么该社区秩序便很混乱。假若成立一个红白喜事的理事会，会长由村中经验丰富的人担任，并有配套的资源、设施等，村民再有这方面的事宜便由该理事会负责，统一选址、统一规格，那么该社区在最大化保护传统文化时又取其精华去其糟粕，最大化地满足居民需求，又规范了社区秩序。

（二）提高政府管理能力

1. 完善法律法规，提高监管力度　京郊"村转居"社区大部分已面临拆迁上楼，但是回迁房与商品房质量难免有所不同。回迁房难道真的在质量方面就可以低下吗？笔者看来，"村转居"社区的回迁工作无论是原地回迁还是异地回迁，村民上楼后都有一个共同的特点就是村民居住聚集、外来人口流动大。在这样的情况下，若住房不能得到保障，那么一旦出现问题便会危害到许多人的生命。因此，在回迁房的建设及监理中，要加强立法，完善法律法规。不要把回迁房与商品房的监管力度划不同等级，应一视同仁。在施工过程中出现的问题要用法律的手段去解决。

2. 完善政策制定，强化政策支持　对于符合政策中关于"村转居"转制的社区，要依法推进"村转居"社区建设，并需有关部门出台针对"村转居"社区建设工作的意见，作为一部文件向各基层政府进行发放学习。"村转居"社区作为传统社区与城市居民社区的过渡期，不仅要把城市管理体系中的管理政策应用于该转型社区中，更要考虑到群众的切身利益，将政策中不能及时开展的设定一定时间段的转型期，以便居民、社区适应。学习各地区对"村转居"社区治理中先进经验，对该社区建设治理中的常规性、原则性问题进行统一部署，并将这些先进经验、原则性政策制定出相关文件以供学习。并成立

"村转居"社区建设工作的专门委员会，加强对该社区中常规性原则性工作的指导、加强对社区领导班子成员的培训、统筹协调该社区中各个职能部门的工作，以提高其"村转居"社区中领导干部的工作能力，避免在社区治理、建设过程中出现偏差，以最大效率地提升社区治理水平。"村转居"社区作为我国城乡一体化进程中一次创新性的转变，在建设过程中出现了一系列的问题，如何解决群众中由于"村转居"而改变的农民的利益关系并妥善处理其利益关系，是各级政府与居委会所面临最棘手的问题。

第一，对于"村转居"社区来说，假若能有一个强有力的领导班子，那么该社区建设的开展便会顺利很多，因此领导班子是关键。但是，由于"村转居"社区的特殊性，其社区居委会中的工作人员及领导都是由原来传统的村委会中转变而来的，对于"三农"问题或许这些工作人员有一定的工作经验及工作能力，但是对于社区工作来说便显得力不从心，无论在政策上还是实际工作中，都有许多与原来村委会中不同的地方。因此，加强社区干部队伍建设，合理配备领导班子，加强领导班子成员的学习，是该社区建设中所必须解决的首要问题。

第二，在"村转居"社区中还存在一些政策性、常规性的问题。例如，村民需办理的社会保险程序、农村合作医疗保险与城市居民保险的衔接等。这些问题看似不算一些棘手的问题，但是这些却是真正与群众息息相关的事，何时办理、怎么办理虽然没有强制性的时间规定，但是也许晚一天办就会给村民带来直接的伤害。然而，对于这些常规性事项有关部门却没有出台一个规范性的文件，没有形成统一的意见。从政策方面来看，由于中央政府及有关部门还没有出台有关"村转居"社区建设的相关政策，"村转居"中的政策性方案一般为各个地方制定的，其内容与国家及上级政府所出台的规定政策并不配套，难以得到国家或者上级政府间的政策性支持，以至于在实际工作中存在很多事情不能及时解决、办理等现象。另外，从领导机构层面看，"村转居"社区建设中并不是一两个部门的事，它涉及了很多职能部门，在各部门工作中协调起来难度很大，仅由某一个部门牵头推动力肯定不够，从这一方面来说也会影响到"村转居"社区建设的顺利展开。

因此，为保障"村转居"社区治理工作的顺利开展，首先要有一个强有力的领导队伍，其次还要加强政策的制定，将政策中所出现的漏洞进行补救，统筹协调各部门之间的关系。

3. 提高财政支出　随着城乡一体化的发展，京郊农村的城乡结合部地带出现了一种"村转居"新型社区，在这个社区中，现在所面临最主要的问题为社区重建：将传统的农村重建为拥有城市功能的新型过渡社区。在社区的重建中，资金问题成为影响"村转居"社区发展的一大阻碍。京郊"村转居"社区目前在社区规划中存在很多的问题，究其原因在很大程度上为开发商过分追求经济效益从而使社区在最初的规划中没有关于村民文化娱乐方面的建设用地、很少甚至没有绿化用地等情况。因此，政府需要在"村转居"社区提高财政支出，以保障该社区良好发展。

第一，"村转居"社区中的基础设施建设应统一纳入政府财政预算中，如道路的建设、街道的规划、管道的铺设以及供村民健身休闲的娱乐设施等。近些年，由于国家的大力推广，农村社会也有使用天然气等与城市相一致的公共服务需求，因此城市中的自来水、天然气等公共服务也应延伸到这个过渡性社区来。

第二，"村转居"社区中的居委会等办公场所也应该统一由政府全额拨款扶持。特别是由于当前"村转居"社区从村委会转制到居委会过程中，村里的土地归国家所有，没有相应的收益，那么居委会及各社区组织中的人员工资问题便须由政府统一发放；并且，在社区工作中必定产生一定的工作经费，那么经费的承担者也应为基层政府。一个强有力的领导班子是"村转居"社区治理中的关键，那么如何激励社区领导干部、提高办事人员的思想素质是强有力领导班子成立的核心。因此，要想他们能够全心全力地投入工作中来，就必须解决他们的工资待遇问题。

第三，在京郊很多"村转居"社区中，其社区建设很多基础薄弱，村内盈利性工作少，资金不足。而对于这样的社区，政府首先要在社区转型起步阶段进行资金上的供给、政策上的照顾。事实上，在不同的社区这方面所面临的情况不同，有些社区还保留有一些集体经济，日常盈利可以维持社区建设；而有些社区在这方面完全没有收入，不仅无法投入社区的建设中，就连社区的日常工作也难以有效开展；还有些社区在转制前村集体债务较重，在"村转居"社区转制过程后，原本村集体的债务便转移到当前社区中，制约了社区建设的发展。因此，在这方面，"村转居"社区的建设中，政府要考虑该社区的实际情况，从实际出发提高财政支出来保障社区建设初期所面临资金方面的问题。"村转居"社区不仅是由以前村委会改为现在居委会名字上的差异，在社区治理中还存在与传统农村不同的地方，要真正能够按照城市社区的发展来要求"村转居"社区，那么就要加大财政力度，政府统一规划、统一布局，真正将该社区所面临资金上的困难解决到位。

4. 保障村民权益　第一，"村转居"村民是一种特殊性的群体，这一群体在户籍集体转制前为农民，而现在转为居民。但是，随着国家对农民利好政策的开展，很多"村转居"村民却享受不到以前关于农民的政策，那么在这过程中若各职能部门处理不好与该社区村民的经济利益，便会导致村民的反对，以至于"村转居"难以顺利进行。在京郊的农村中，村民普遍享有的利好政策有种粮补贴、高龄津贴、家电下乡等。但是，随着"村转居"的实行，以前享受的这些政策便必须全部放弃，不再享受这些政策性利益。然而，作为城市居民也可以享受到一些关于居民的利好政策，如享受比农民高的低保、享受较高的医疗保险报销比例、享受较多的养老金等。因此，在"村转居"过程中，社区村民一方面不愿意放弃作为农民的利益；另一方面，又要享受作为市民的应得利益。而如何将这两方面妥善解决，使得村民即在最大限度上享受保障，又能不违背国家政策，是"村转居"社区建设中的挑战。如何将这两种利益妥善处理好，是"村转居"社区建设面临的一个挑战。

第二，土地是农民生存的保障，失去土地的村民在生存上存在巨大的压力。虽然在京郊"村转居"社区中村民在生活中不存在太大的问题，但是"失地"村民的再就业问题也成为制约"村转居"社区建设中的难题。由于村民知识水平有限，又没有职业技能，并且普遍年龄偏大，在"失地"再就业中难度很大。此外，当今京郊很多参与新城镇建设的村统一规划，将村民统一搬迁至回迁楼居住，村内所有土地由集体分配流转出去，每年租地所挣的钱按照股份给村民分红，保障村民的正常生活开支。而"村转居"中的土地归国家所有，不享受土地流转政策，这也就意味着村民不再以土地为生，必须寻求其他收入。因此，各级政府要制定各种优惠措施，提供各种条件来充分保障"村转居"合法权益。各级政府及居委会可以为"失地"村民提供职业技能培训、利用小额贷款、税收减免等措施，鼓励农民自主创业。对于招聘失地农民的企业要加大奖励力度，吸引更多的企业关爱"失地"农民等。

（三）落实居委会、社区组织工作内容

1. 完善管理制度　随着"村转居"社区的推进，其治理过程中在管理方面存在了很多的问题。解决这些问题迫在眉睫：

（1）完善各级政府与居委会间管理工作的对接，使村民明确了解不同职能政府的不同职责，在遇到社区中管理方面存在问题后能够及时找到相应管理部门进行反馈。完善上访渠道，杜绝出现"门难进、脸难看"的现象，各级政府与居委会要真正做到以人民群众为工作的出发点及落脚点。面对上访群众的上访原因要了解实情的原委、真假，以认真负责的态度为群众解决生活中的难题。

（2）加强物业、居委会的管理执行能力。第一，完善物业及居委会的服务工作，无论在居民生活活动方面，还是小区安保方面，完善基础设施的建设，

并在不同部门配备专员进行管理。例如，完善小区内部监控设备，并相应配有中控室，定期组织专业人员维修，以保证设备正常运行；配备完善的安保人员，定期巡逻，及时发现问题解决问题；配备小区出入口汽车起停杆，严禁外来车辆占据村民停车位。第二，无论在已回迁小区还是未拆迁传统村落，在治理方面要一视同仁，不要只注重小区的管理而忽略传统村落，并且要根据不同的社区进行不同的治理，不可千篇一律。

2. 提高社区服务水平　无论是年轻型社区、养老型社区还是混合型社区，学校、医疗、购买等方面服务的提高都是重中之重。在社区中建立幼儿园小学，保证社区村民的适龄儿童能够按时入学；提高学校的办学质量。如今社区中很少配备幼儿园，以至于社区居民儿童入园难、入园远的问题亟待解决。随着国家二孩政策的放开，每年初生儿的数量逐年增加，社区不仅要配备幼儿园等教育资源，还要保证居民的需求。从根本上解决"入园难，入园远"的问题。在社区中配备相应的养老服务：随着国家老年化步伐的推进，养老问题越来越严重。社区养老服务的供给中，不仅要完善养老院等基础设施的建设，还要考虑到随着人们生活水平的提高及对养老院不同的认识，很多老年人在有自理能力时不愿去养老院。因此，在社区中需建立老人活动中心，为老年人提供精神上的享受。当今"村转居"社区中以小商小贩为主，村民在购买日用品、加工好的食品半成品时往往存在疑虑。因此，社区在加强监管的同时，也要注重口碑较好的超市、商场的引进。

3. 构建新型邻里关系　"村转居"社区作为一种新型社区，与农村传统的"熟人社会"不同，与城市社区中完全的陌生人社会也不同，它属于一个"半数人的社会"。在这样的社区中，有一部分为以前传统农村中的村民，还有一部分为外人人口。原来的村民与现在外来人口间的沟通及交流包括生活习惯可能存在很大的差异，因此邻里之间一定会出现很多的问题，构建新型邻里关系便成为社区治理中需要解决的问题。在"村转居"社区中要构建一种新型的"熟人社会"关系，即以社区居民共同的兴趣、共同的利益为出发点，以社区中的文化娱乐活动及各社会组织，如理事会为平台，使得居民间拥有超越血缘、地域关系的友谊，从而使得这份友谊来自动调节生活中所遇到邻里间的矛盾，提升社区间居民的认同感，形成一个有秩序的社区。

第一，可以通过弘扬中国传统文化，使社区中居民有共同爱好来重建这个新型的"熟人社会"。我国传统文化博大精深，不同地域、不同文化的人们在传统文化都有一种归属感，因此以传统文化建设为纽带，不仅可以弘扬我国的传统文化，还能使得社区居民间有一种亲切感。例如，在社区文化建设中，可以弘扬并宣传中国的孝道，可以在社区中多组织一些关于孝道的讲座或者颁奖晚会。在活动中可以进行居民间的投票，评选出孝道之星等奖项。通过活动使得社区居民间有一个相互的了解、基本的认识，提高居民间的熟悉度。社区中还可以成立一些有关传统文化的组织，如成立某某社区书法协会、剪纸协会等。通过居民间自治成立的组织，使得提高邻里沟通，在传承文化的同时，提高居民间的感情。

第二，通过社区组织与居民自我调节解决邻里之间的矛盾分歧。无论在农村间的"熟人社会"中还是城市间的陌生人社会中，邻里间的矛盾都经常发生。作为一个特殊的"半数人社会"邻里间的问题可能会比前两个社区中矛盾更多，但是这些矛盾其实并不是什么不可调节的大矛盾，只是存在于鸡毛蒜皮的小事之中。因此，当居民间有矛盾时，首先要对其做思想上的工作，另外还可以设置一些交流平台，如现在新兴的微信群等，通过群组的设置，使得居民加入到群中，通过日常的聊天来增强社区居民的认同感和熟悉度，在遇到问题时大家一起想办法解决，将矛盾化解。另外，也要充分发挥社区中各组织的调解能力，不仅在居民间产生矛盾后进行调解，日常中也要时刻关注社区困难群体，让生活在该社区的居民充分感受到社区的温暖。社区中还可以组织退休老人、在家待业的居民成立爱心小组，居民中有困难，需要帮助的可以找到这个组织进行帮助。

五、总结

笔者通过对京郊"村转居"的调研发现，在就业方面，有些社区或政府为"失地"村民提供就业平台，有些社区为"失地"村民提供一次性就业补助，而有些社区没有这方面的服务。社区为村民提供就业平台的工作中普遍存在工作强度大、危险性高、薪资水平低等现象；为村民提供一次性就业补助这一解决措施在笔者看来只能满足当前村民的需求，随着社会的发展、经济水平的提高，并不能作为解决"失地"村民再就业问题的办法。因此，笔者认为首先社区居委会及基层政府要与镇里、村里的企业进行联系，为村民提供就业平台；居委会和各基层政府也要多开展就业方面的培训，引进新的理念，为村民申请创业贷款等。

在环境治理方面，第一，提高村民的个人思想意识水平，尽量避免农村社会中不适应新社区的习惯，杜绝乱摆乱放的情况，支持物业管理人员的工作。第二，提高物业、居委会管理水平，提高监管水平，完善物业、居委会的服务工作，无论在居民生活活动方面还是小区安保方面，完善基础设施的建设，并在不同部门配备专员进行管理。

在文化建设方面，完善社区的基础设施建设，提高村民的思想意识。居委会要定期开展文化娱乐活动，以保障村民的精神文化需求。在文娱活动开展过程中，要本着服务于民的意识，杜绝形式主义，要把锻炼村民身体素质水平与提高村民精神文化水平作为活动开展的出发点及落脚点。提高村民的思想意识，使村民切实了解到居委会及基层政府开展的文体活动是为提高大家的身体素质，为村民生活增添一些乐趣，而所获的奖品只是一种鼓励，要本着友谊第一、比赛第二的心态，不过分追求奖品奖金，真正地体会到在活动中提高身体素质水平，娱乐身心。

在社区服务方面，虽然京郊"村转居"社区在服务方面村民对其满意度较高，但也存在很多问题。第一，加强监管。加强对小商小贩的监管，禁止出售假冒伪劣的生活用品，规范进货渠道。第二，根据不同社区村民的需求，在社区中建立幼儿园、养老院、学校、社区医院等公共场所的服务，提高社区居民生活的便捷程度。

"村转居"社区作为一个特殊的社区，村民由农户转为居民，在国家政策方面要保障村民的权益。目前，国家对农村的许多政策待遇比城市还要优越，农民享有很多政策性利益，如种粮补贴、高龄津贴、家电下乡、免费九年义务教育、一户一宅等。实行"村转居"，农民转变为市民，就意味着这些权益必须放弃。但是，城市居民也有一些农民不能享受的政策性利益。城市居民的低保比农民的高、医疗保险报销比例比农民的高、养老金比农民的多。在"村转居"过程中，农民一方面不愿意放弃作为农民的既得利益；另一方面，又要享受作为市民的应得利益。如何调节这一矛盾是关键。

构建新型社区关系。通过社区组织和居民的自我调解来解决邻里纠纷。社区居民之间发生矛盾和纠纷在所难免，但这些矛盾的冲突度不高，往往通过做一些必要的思想工作就可以加以化解。要通过提供各种条件，建立一些交往平台，让全体居民参与到社区公共事务的治理上来，增强居民对社区的认同感和责任感，让社区所有居民感觉到社区的事情就是自己的事情。要充分发挥社区各种主体在调解社区邻里矛盾和纠纷中的作用。要帮助困难居民解决生活困难，让他们充分感受到社区的温暖。可以组织一些在当地有威信的老族人、退休干部、退休党员，成立困难帮扶服务队或矛盾化解小组，对有困难或有矛盾的居民进行一对一的帮助。

总之，虽然京郊"村转居"社区的治理中还存在各式各样的问题，但是希望通过笔者的思考及总结，能够为这些社区在治理中提供一个新思路。也希望即将进行转制的社区能够吸取经验教训，将"村转居"社区中得到更完善的治理。

双合作社模式下农地信托法律问题研究

马　静

（北京农学院文法学院）

一、水漳村农地信托试点调研情况

（一）项目进展情况

1. 信托资金已经全部到位，突破了农业经营资金"瓶颈"　密云区水漳村土地信托方案的突出特点在于"双信托"，为了解决土地经营中的资金困局，按照信托设计，在土地信托的基础上配套设有资金信托计划，北京国际信托有限公司向作为信托土地的承接方圣水樱桃专业合作社提供 1 000 万元的信托资金用于农业经营。2014 年 6 月 17 日，双方正式签订资金信托合同。同年 9 月，经中国银行业监督管理委员会（以下简称银监会）批准，并由北京市农业融资担保公司担保，1 000 万元信托资金分两期全部到账。迅速给作为土地承接经营方的水漳村圣水樱桃合作社带来了活力，有效缓解了其升级转型面临的资金"瓶颈"问题。

2. 农业设施和作物品种得到显著改善，现代农业经营已初具规模　目前，合作社将信托资金主要用于扩大生产、完善设施、改善经营管理等，相关项目落实进展十分顺利。

（1）升级完善和新建农业设施。在对原有大棚设施进行完善升级，更新了部分覆膜、棚架、照明及保温设施，并新配备了除虫、滴灌等设备，同时计划对现有大棚进行信息化改造。

（2）改良农作物品种。该村引进新型樱桃苗木 2 万余株，总计种植樱桃苗木 4 万余株，种植蓝莓苗木 1 万余株。

基金项目：北京农学院学位与研究生教育改革与发展项目资助。
作者简介：马静，北京农学院文法学院硕士研究生。

（3）农业种植规模进一步扩大。增加樱桃种植面积 1 000 亩（达到 1 200 余亩）。新增蓝莓、草莓、葡萄等其他经济作物 200 余亩（达到 450 余亩，其中蓝莓种植 100 余亩，草莓 70 余亩，葡萄 280 余亩）。

（4）配备了相关的灭虫、滴灌以及部分农业专业器械。

（5）加强了农业基础设施建设。完善了棚间道路，并对靠近公路两旁的设施环境进行了整治，为农业休闲采摘创造了良好环境条件。

3. 引进先进的农业生产技术和农资，实现土地改良和产出提高　为突破农业技术"瓶颈"，圣水樱桃专业合作社积极与多家从事农业技术研发的机构合作。不仅与生物制剂研究生产企业合作，改进农药、肥料的施用和管理。还与农业部下属的农业研究机构合作，对土地实施改良。并多次邀请相关农业专家来村为合作社提供技术指导和支持。根据专家指导，在蓝莓、樱桃种植时引进施用新型肥料，并计划逐步推广到草莓等作物的全面种植中，预计推广后草莓亩产可以提高至 3 000 千克。

4. 借助"农超对接"和"网络销售"，解决农产品销售难题　按照水漳村土地信托方案设计，北京信托除配套资金信托外，还充分利用自身渠道资源优势，帮助圣水樱桃合作社对接华联超市，华联超市为水漳村农产品提供免费绿色通道。经过实际考察，由双方协商，决定先期将通过绿色通道将水漳村蓝莓直接打入华联超市卖场，并为水漳村加挂"华联超市蓝莓基地"牌子。一方面，通过互联网实现生产和消费直接对接，减少中间流通环节，降低成本，提高经济效益；另一方面，产销结合，有利于供需信息沟通，使合作社随时了解市场需求情况，有利于及时调整生产计划。预计其果品销售以及农业采摘收入有望实现爆发式的增长。

5. 依托农业经营多元化融合发展，建设现代农业产业　水漳村三面环山，耕地数量稀少，山地面积大。圣水樱桃专业合作社因地制宜，种植樱桃树、蓝莓树等经济附加值高的经济作物，同时又在政府补贴支持下发展"林下经济"，种植甘薯。为解决甘薯销路问题，借助信托资金支持合作社扩建红薯粉加工厂，每天可以加工甘薯 6 万千克，在解决销路问题的同时，又延长产业链增加了产品附加值，提高了经济效益。

根据合作社规划，后续合作社将重点发展反季节水果，结合休闲采摘、超市配送以及农产品加工，全面提升合作社盈利能力。未来将着力打造"圣水樱桃"的农业品牌，依托现有农业设施，以现代设施农业为基础逐步建立集休闲采摘、农业体验、餐饮娱乐为一体的现代农业产业园，使水漳村成为北京知名的农业休闲胜地，带动村庄发展和农民致富。

（二）面临的法律问题

1. 土地股份合作社作为委托人资质欠缺

（1）土地股份合作社尚无合法身份。在北京水漳、山东青州两地的农地信托中委托人均为土地股份合作社，土地承包经营权人先将土地入股至土地股份合作社，再由土地股份合作社作为信托委托人和信托公司签订土地信托合同。这样固然可以将分散的土地承包经营权人集中起来，降低信托公司的缔约成本，又可以减少单个的土地承包经营权人和信托公司之间悬殊的实力差距，在信托运行过程中，出现损害土地承包经营权人权益事由时，可以更好地为其主张权益。然而，当前的法律语境下，土地股份合作社面临最尴尬的问题是尚无合法身份。

农民专业合作社的性质在《农民专业合作社法》中明确定性为互助性经济组织。可见，土地股份合作社和农民专业合作社还是有所不同的，专业合作社更加侧重成员参与合作社的生产经营活动，土地股份合作社的运行则是成员将土地入股，折算定价之后领取土地收益，换言之，土地股份合作社成立的目的是实现土地的流转及规模经营，顾名思义对土地的依赖程度很高。这也在一定程度上导致了《农民专业合作社法》没有将土地股份合作社纳入其规范之中。目前，北京只有4家经工商行政管理局注册的土地股份合作社，在其他地方有出台行政法规规定土地股份合作社可以参照《农民专业合作社法》登记设立，即便如此，土地股份合作社仍面临无合法身份的问题，任何一种民事法律关系的产生的前提都是有适格的法律关系主体。这对于土地股份合作社能否成为农地信托的委托人形成质疑。

（2）土地股份合作社取得土地经营权依据不足。诚然土地股份合作社作为农地信托的委托人是出于农地信托的现实需要，但是土地股份合作社能否基于入股关系，成为对土地经营权有处分权的人，进而成为信托财产的权利人是有待考证的。

目前，对土地承包经营权入股的性质学界仍存在争议：一种观点认为入股是债权行为，土地承包经营权入股和出租一样，是设定债权的流转方式；一种观点认为入股是物权行为，和转让、互换、抵押一样，是发生物权变动后果的流转。

《农民专业合作社法》规定设立专业合作社应当有符合章程规定的成员出资。目前，我国还没有一部法律用以规范股份合作社，土地股份合作社更是面临无法可依的问题。在部分地区土地股份合作社是按照农民专业合作社法设立、运行。无论土地股份合作社是否受《农民专业合作社法》的约束，土地股份合作社作为一个经济组织，其应当具备可以独立承担责任的财产，土地股份合作社建构的基础在于土地承包经营权入股，这就要求入股必须引致物权变动，合作社方可具备独立的财产。但是，入股能否认定为可以引起物权变动尚无法律明确规定，土地股份合作社通过土地承包经营权人入股的形式获得土地经营权的依据不充分。

2. 信托公司参与农地信托动力不足

（1）无法参照公益信托给予税收优惠。农地信托虽然是私益信托，但从长远而言农地信托兼具公益信托的特质。农地信托有推动农业发展、保障粮食安全、稳定社会关系的作用，从这些视角分析，其受益人是不特定的多数人，符合公益信托的性质，因此对参与农地信托的信托公司可参照公益信托的税收政策。但是，我国《信托法》第六十条用列举的方式明确了公益信托的范围，农地信托只能划归为"发展其他社会公益事业"公益信托。在我国农地信托探索实践中，农地信托按照私益信托管理，并未将其纳入公益信托体系，这也导致了信托公司并没有因为参与农地信托而有财政、金融政策方面的优惠。

进言之，农地信托参照公益信托税收政策管理，在实际执行中仍有阻碍，我国《信托法》规定，公益事业管理机构应当对公益信托活动给以支持，但是具体的支持形式和怎样落实支持政策并未规定，国家相关的鼓励措施尤其是税收优惠措施并未出台，因此即便是按照公益信托管理，信托公司所得实惠并不多，相较于信托公司开展的其他业务，农地信托可谓是"费力不讨好"。我国《企业所得税法》将企业用于公益范畴的捐赠支出，在计算应纳税所得额时在一定额度内予以扣除。但是，该政策如何适用于信托还有待进一步明确。

（2）风险分担机制不合理。农业除了和其他产业一样面临市场波动的风险外，还受到自然环境的制约，这就导致了农业风险高。尤其是农地信托是农地流转的创新探索，尚属于起步阶段，还有一些不成熟的地方。一旦农地信托受到风险影响或者出现经营不善，那么农地信托的风险会影响到参与其中的各方主体。

信托财产的独立性是信托制度的核心，在信托法律关系中，其风险应由信托财产承担。在农地信托中，以土地经营权作为信托财产，按照信托原理，信托风险亦由其承担。在"三权分置"的背景下，土地承包经营权人享有土地承包权和经营权，中央1号文件提出"放活土地经营权"，土地经营权作为信托财产承担市场风险在法律制度层面没有障碍，但是放之我国国情中，不太容易实现。城乡二元制度下，村民和居民在社会保障上差异较大，农村土地作为生产资料之外，还承担着部分社会保障职能。如果农地信托的风险由土地经营权承担，会导致土地承包经营权人丧失来自土地的收入，不利于农村稳定，那么在出现风险时最有可能承担风险的主体就会是信托公司。这是因为参与农地信托的信托公司多为有知名度、经济实力雄厚的公司，而且我国信托业务中刚性兑付的现象并不鲜见，一旦农地信托出现风险，土地承包经营权人仍然会要求信托公司兑付信托利益。按照信托原理，除非因托人自身错误行为未尽到忠实、谨慎的管理义务或因受导致信托财产受到损失外，受托人不向委托人承担信托财产损失的责任，但是在我国由于法律的不完善，信托从业者为了追求业务量，向委托人承诺保本收益，或因为社会因素的原因导致了刚性兑付的出现，增加了信托公司的风险，在农地信托中这种风险同样存在。

我国作为一个农业大国，在其历史传承中，农业是"靠天吃饭"这样的理念已经根深蒂固。农民对农业保险不以为意，不愿意增加额外的生产成本，加之农业的高风险，保险公司在设置险种时也较为谨慎，农业保险在我国的参保率并不高。尤其是在应对农地信托这种风险较大的土地流转时，需要相应的保险来减少各方的风险。

3. 农地信托登记制度尚未构建　在我国，公示是财产权取得对世效力的必需条件，并且遵循不动产登记、动产交付的公示原则。在农地信托中信托财产为土地经营权，尽管土地经营权只是国家在政策层面提出的概念，并不是《物权法》明确规定的物权种类，但是土地经营权所依附的土地是归属于集体或国家所有的土地，所以农地信托同样应该适用不动产登记的公示原则。

《信托法》对信托登记效力的规定仅限于第十条，仅规定法律法规应当办理登记手续的，应当依法办理信托登记。在这种指引性的法律规定之下，农地信托是否应当办理信托登记手续变得模棱两可，农地信托登记的缺位可能导致信托财产独立性有所削减。信托当事人以外不特定的第三人有可能在信托登记缺位的情况下，因为公示公信的缺失，基于信息不对称而陷入交易不安全的境地。而且，这一独立于农地信托之外的处分信托财产的行为可能会有碍于农地信托目的的实现。

（1）信托登记法定申请人尚未明确。前已述及，《信托法》对信托登记的规定仅仅体现在第十条之中，该条并没有明确表述谁为信托登记的法定申请人。若因没有履行信托登记手续而影响信托效力，法定申请人不明确会产生推诿责任。有学者建议，可以规定信托登记申请人由委托人和受托人协商确定，但是笔者认为由二者协商确定，会产生委托人、受托人都可能成为申请人的情形。在政府代理模式的农地信托中，委托人是分散的土地承包经营权人，由多个共同委托人担任登记申请主体。且不论其是否具备申请登记的能力，能否向登记机关提交符合格式的申请书，提供登记所需的文件资料，单就登记机关在同一个信托产品登记中，需要应对数量如此庞大的委托人群体，逐一受理信托登记而言，是不现实的。无法保证信托登记的时效性，也是对国家行政资源的浪费。因此，笔者不赞成在农地信托中由委托人和受托人协商确定申请人，而是应该由法律强制规定受托人为法定的信托登记申请人。其一是作为农地信托受托人的信托公司在办理信托登记事宜时比委托人更具有专业性；其二是便于监管机构对受托人的监管，直观地掌握信托公司的业务情况。

（2）信托登记程序尚不完善。我国《信托法》自 2001 年颁布施行，与之配套的信托登记规则至今没有出台，登记机关、登记内容、登记实施细则没有明确规定。为了规范信托登记，2014 年在上海自由贸易试验区（以下简称自贸区）出台《信托登记试行办法》，该办法以自贸区的制度创新为契机，在自贸区内施行。《信托登记试行办法》对信托登记的程序、种类、应提交的申请材料有了较为完整的规定，对完善我国信托登记具有借鉴意义，但是该办法属于上海自贸区的地方性法规，其效力不能等同于其他地区。现行制度环境下信托登记机关往往是在行政主管受托人的机构，这就造成了即使是相同的信托财产，但由于受托人的不同，会由不同的机构登记，登记标准、程序存在差异。2016 年，中国信托登记有限公司在上海成立，定位为信托产品集中登记平台，预示着我国信托登记有了全国性质的统一登记平台。但是，我国已开展的农地信托计划，均是在这一平台成立之前设立的，无法弥补农地信托登记程序不完善的缺陷。统一的信托登记平台成立仅仅是完善我国信托登记制度的开端，与之配套的法律体系建设仍然是任重道远，农地信托登记程序的完善也需要在实践中不断完善。

4. 农地信托监督体系亟待完善

（1）交叉监管存在漏洞。农地信托中既有委托人、受托人、受益人的监督，又有农业、土地等政府管理部门以及村集体对农地使用情况的监督，还有银监会对信托公司的监督，这种看似广泛的监督，实则造成了农地信托监督难以协调，滋生推诿责任的情形。而银监部门对信托公司的监督倾向于业务是否规范、土地主管部门注重监督土地流转程序、土地流转后用途是否发生变化、在土地使用中是否存在损害土地资源的方方面面，概言之，信托公司主管部门侧重管资金，土地主管部门侧重管土地。这种看似划分清晰的管理范围，难以适应农地信托实践中资金和农地复合信托的现实监管需求，极易引发金融风险、法律风险，甚至社会风险。

（2）第三人监督缺位。我国《信托法》在公益信托中强制规定由第三人担任信托监察人，这是因为公益信托是为了公共利益，其受益人为不特定多数人，设置监察人是为了保障受益人获得信托利益的权利。在政府代理模式农地信托中，其受益人是分散的土地承包经营权人，由其单独行使受益权存在现实障碍，他们需要有一个类似于监察人的第三人维护受益权。我国农地信托被划为私益信托，法律并不强制要求设置监察人，在实践中也没有设立第三人作为监督人。虽然这并不和法律相冲突，但在实践中却因缺少外部监督，不利于信托的运行。

（三）我国农地信托法律问题的解决对策

1. 完善农地信托相关立法

（1）完备农地信托法律框架。目前，我国农地信托的运行是以《信托法》为法律框架，法律规定过于泛化，导致农地信托在实践操作中存在法律法规不完善的弊端。对此，可借鉴域外在土地信托方面的经验，完善相关立法，依据《信托法》等法律法规构建完善的框架。考虑中国土地信托流转的特殊性，需要系统地从政策法规和实施细则的角度，将各主体间的收益分配制度、风险分担制度、流转登记制度以及将税费制度等纳入土地信托流转的法律体系内。

（2）规范土地股份合作社管理。我国有一部分农地信托是以双合作社的模式开展的，土地股份合作社在其中的重要作用前文已述，将土地股份合作社纳入法律的规范之下既是现实的需求也是最终的归宿。当下可以参照《农民专业合作社法》对土地股份合作社进行规范化管理，以摆脱土地股份合作社无法可依、无法取得合法民事主体资格的处境。但还是鉴于土地股份合作社和专业合作社的区别，可以随着实践的不断深化，在时机成熟时出台单独的股份合作社立法，针对股份合作社的特质从设立登记、合并、分离、解散各个阶段，到入股财产范围、股东资格取得、组织机构、财务管理各个环节加以规定。

2. 建构受托人激励和保障机制

（1）出台税收优惠政策。信托公司在农地信托中的收益来自于委托人支付的报酬，而这报酬相较于信托公司在其他信托产品中的收益可谓微不足道，信托公司在农地信托内部无法获得更多收益已成事实，刺激信托公司参与农地信托则可以从外部条件入手。

农地信托与其他私益信托不同之处在于农地信托关系到农业产业发展、农民增收、农村社会和谐发展，可以说在这一层面上农地信托兼具公益信托性质。农地信托耦合了农地流转功能和融资功能，有效撬动城乡要素。结合农地信托的具有公益信托属性和适应农村土地产权制度深化改革，可以出台税收优惠政策，激励信托公司参与农地信托。例如，对信托公司在农地信托项目中的收益减免征税，也可以再划定适当比例，当农地信托在信托公司业务中所占比例达到一定程度时，可以给予其他的优惠政策。

（2）建立财政补贴制度。除税收优惠政策之外，可以通过财政补贴的方式激励信托公司参与农地信托。我国对农业企业的财政补贴政策促进了农业企业的健康发展，信托公司虽然不是农业企业，但在农地信托中作为信托财产的经营管理者，在实现农地规模化经营的同时解决了农业生产中资金不足的问题，对助力"三农"发展具有积极作用，具有极强正外部性。又由于农业本身是高风险行业，需要面对自然、市场等诸多风险，因而农地信托具备获得农业财政补贴的正当性，可以整合现有农业、国土等部门的支农资金对其给予适当的补贴，以激励其参与农地信托实践。

（3）健全风险分担和防范机制。前文所述，农地信托的风险大部分由信托公司承担，抑制了信托公司参与农地信托的积极性。其面临的风险主要是来自以下几个方面：第一，委托人违约。在农地流转中，委托人中途涨价违约的情形并不少见，在农地信托中同样可能出现。基于农地信托是自益信托，委托人又是受益人的这一特征，信托公司为防范委托人违约，可以在信托合同中加入委托人违约，当年土地浮动收益少分或不分给受益人，以降低委托人违约的风险。第二，农业规模经营主体履行还款义务不及时的风险。农业规模经营主体在偿还借款的环节出现违约，最主要原因是当年对农地经营不善，农业是高风险行业，而这种高风险由农业经营者承担是不利于农业的长远发展的，在农地信托中可以引入保险制度，农业规模经营主体购买农业保险，降低风险。

增强信托公司参与农地信托的动力，需要从农地信托内部和外部着手。在农地信托内部，分散信托公司的风险，建立公平的风险分担体系，避免受托人面临刚性兑付的风险。委托人和受托人可以在信托计划中约定，当出现特定事由，致使信托目的不能实现，或者信托财产可能受到损害时，可以解除信托合同。除因受托人未尽到谨慎管理义务，委托人只能取回现存的信托财产，不得要求受托人就信托财产减损的部分给予补偿。在农地信托外部，借助保险机制降低风险。第一，农业规模经营主体为规避农业产业的风险，可以购买商业保险，在经营不善或者遇到恶劣的自然灾害，收入减少时，可以把损失降到最低，以保证自己有偿还信托公司借款的能力。第二，信托公司也可为自己的信托业务投保，避免因自身原因给信托法律关系各方主体造成损失。第三，国家层面出台引导和支持。农业生产投保率低，一方面是生产者保险意识差，另一方面是农业保险险种较为固定，与各地实际情况有出入；理赔程序烦琐；风险大，保险公司赔付率高。解决这些客观问题，单纯依靠市场手段是不太容易实现的，需要国家积极引导、广泛宣传农业保险，提高农业生产者的参保率，并给予适当补贴，同时也要对保险公司提供支持。

3. 构筑农地信托登记和监督制度

（1）建立信托登记制度。信托是一种民事法律关系，应遵循平等自愿、协商一致的原则，登记申请主体可以由双方协商决定，在信托合同中约定即可；当信托合同没有约定或约定不明时，由法律规定的一方提起申请。在信托委托人、受托人、受益人这3个主体中，信托合同的设立是由委托人和受托人决定的，受益人处于被动的地位，无法及时做到申请登记，因此法定的申请人应在信托委托人和受托人中产生。

法定的信托登记申请人应当考量以下因素：第一，是否有利于农地信托登记的实现。在政府代理模式的农地信托中，委托人是分散且数量庞大的土地承包经营权人，在双合作社模式中委托人是土地股份合作社，虽然不存在委托人分散的问题，但是土地股份合作社做出决议需要经过股东的同意，因此以农地信托委托人为法定申请人不利于信托登记的申请。反观农地信托的受托人信托公司，其在办理其他信托业务时需要向主管部分申请登记，因此其在业务能力、办事效率要高于委托人，由信托公司作为登记申请主体更加符合设立登记的本意。

农地信托登记对抗主义改为登记生效主义。对于信托财产，有关法律、行政法规规定应当办理登记手续的，应当依法办理信托登记。按照现有法律，土地经营权作为信托财产并不需要办理登记手续，农地信托也采用的是登记对抗主义观点。将农地信托的登记对抗主义改为登记生效主义是为了强制农地信托登记程序，规范农地信托管理。

规范信托登记程序。在现有的信托登记制度中，因为登记机关的不同，登记程序和登记内容也各有不同。农地信托登记机关应该是土地管理部门和信托公司主管部门，农地信托的信托财产为土地经营权，有关土地登记的工作由土地管理部门负责，他们业务熟练，熟悉与农地有关的登记程序和登记内容。同时，由于信托公司受银监会管理，原本其信托业务应该报主管部门登记，农地信托业务自然也不例外。对于农地信托登记内容可以依据《土地登记办法》《不动产登记条例》《信托法》规范。

（2）引入第三人监督制度。《信托法》第六十四条规定，公益信托应当设置信托监察人，但是对于私益信托并没有强制规定。法国的信托保护人制度，和我国的信托监察人制度类似，即指定第三人监督受托人执行信托任务。不同之处在于设立的标准不同，在法国是否设立信托保护人取决于信托设立人的身份，如果信托设立人是自然人，出于自然人是否具备监督信托执行能力的考虑，则要强制制定保护人；如果信托设立人是法人，则不需要。

公益信托是为了公共利益设立的信托，其受益人为不特定的多数人，设立的目的是为了社会的发展。我国公益信托借鉴于英美国家的慈善信托,《信托法》第六十条列举了公益信托的形式,对农地信托可以参照该条第七项"发展其他社会公益事业"管理,这是因为农地信托受益人虽然是特定的,但是农地信托在保证农民增收的同时,推动了农业的发展,维护了农村的社会稳定,从这一层面而言,农地信托具备使不特定人受益的特质。监管部门可以出台相关政策法规或指导意见,规范农地信托设立信托监察人。

无论是政府代理模式中土地承包经营权人作为委托人,还是双合作社模式中土地股份合作社作为委托人,这二者在监督受托人执行信托任务能力方面不够,为了农地信托真正实现良性运行,需要专业、独立的第三方作为信托监察人。

其次,农地信托涉及多方权益,在引入信托监察人制度的同时,更要规范农地信托的内部监督机制。法律赋予了农地信托委托人、受托人、受益人监督信托运行的权利,明确划分三方主体在农地信托中的监督权利,并且明确怠于行使监督权将要承担的法律责任,督促各方积极行使监督权。

二、定州市信联农机专业合作社调研情况

(一)定州市信联农机专业合作社的基本情况

信联农机专业合作社成立于 2011 年,位于河北省定州市赵村镇韩家庄村,在 2014 年被评为国家级示范合作社。合作社现从土地承包经营权人手中共流转土地 1 700 亩,其中 1 200 亩位于本村,另有 500 亩在距离韩家庄村 20 公里的外村。土地流转价格按照小麦的市场价格折算,根据每年 7 月 2 日的小麦市场价格进行定价,核算出每斤小麦的价格,7 月 3 日付款,价格在 650 斤小麦款到 850 斤小麦款之间不等。如果流转土地少于 10 亩,则是每亩地 650 斤小麦款;若土地承包经营权人将土地连成 10 亩以上,按 750 斤小麦款;连成 100 亩以上,按 850 斤小麦款。土地流转期限分为 5 年和 10 年两个档期。

合作社除流转土地自行耕种外,还开展土地托管业务,提供农机服务业务。土地托管自 2013 年开始,至今由合作社托管的土地有 1 800 亩,合作社负责耕地、播种、收割,不负责灌溉,托管服务有明确的收费标准。

目前,合作社有 12 名固定员工,这 12 名固定员工是合作社的创始股东,每个月工资 3 000 元,平常雇工按天支付工资,每天 80～100 元。合作社设有党支部和工会。

(二)定州市信联农机专业合作社的发展方向

1. 发展绿色农业、循环农业 2015 年合作社曾选出一块土地种植节水小

麦，在普通小麦需要灌溉 3 次时，该小麦只需要灌溉 2 次，抗旱效果显著，在产量上也高出普通小麦。但是，目前仅有一年的数据对比。

引入肉牛养殖，由合作社种植的玉米饲养，肉牛的粪便用于玉米种植，在玉米种植的过程中不使用农药、化肥，确保玉米的质量安全从而保证牛肉的质量，在形成循环生产的同时注重绿色生产。

2. 探索建立农业产业链　在不断的摸索中，合作社成员已经意识到合作社不能只处于农业生产的初级阶段，必须要延长农业产业链，应对消费者的不同需求，生产不同层次的农产品。

3. 探索土地入股或"合作社＋家庭农场"的模式　为了调动农民的积极性，同时发展适度规模经营，合作社在探索土地入股或"合作社＋家庭农场"的模式。

土地入股是在合作社和土地承包经营权人之间的土地承包合同期满后，不再续签承包合同，而是将二者之间的承包关系改变为入股关系，农民以土地承包经营权入股合作社，农民成为合作社股东，以分红激励，以此来调动农民的积极性。

"合作社＋家庭农场"模式，合作社将从农户中承包来的土地划分成100～150 亩不等的地块，交给家庭农场经营，家庭农场向合作社支付流转费用，盈利归家庭农场所有，合作社负责提供农机服务。

4. 培养农业人才　为了吸引、留住农业人才，提高员工的待遇，合作社预期在 2016 年为职工缴纳社会保险。合作社和定州市科技局、定州市供销社三方合作，成为农业人才孵化器的实践基地。

（三）定州市信联农机专业合作社发展面临的问题

1. 缺少总体规划　合作社自 2011 年成立，在不断的探索中前进。2013 年5 月，省委、省政府确定定州市为河北省首批省直管县（市）体制改革试点，赋予定州省辖市级经济社会管理权限。也是在 2013 年之后，定州市有了扶持合作社发展的政策和补贴，弥补了之前的空白。京津冀一体化的提出，也为定州农业的发展吹来了东风。政策的引导、资金的投入对于合作社发展而言是机遇也是挑战，尤其是在食品安全越来越受重视、消费者对农产品的质量层次需求的多元化的现在，合作社的如果还是按照原有的模式，将影响长远的发展。因此，合作社需要由专业单位制订总体发展规划，来适应市场需求的变化。

2. 融资难　定州市农业局为了解决农业生产者的融资问题，由政府资金担保设立了政银保、助保贷。但是，银行对农业生产者的放贷条件和之前相同，贷款难的问题仍然存在。目前，定州土地确权工作正在开展，土地承包经营权证还没有颁发，合作社贷款仍然是面临抵押物不足的问题。

3. 农业人才欠缺 作为一个农机专业合作社，需要具备专业技能的农机操作者。相比而言，年轻人接受新鲜事物的能力强，学习技能时间短，操作农机上手快。目前，农村留不住年轻人是不争的事实，合作社面临着刚刚培养出来的农机手离开工作岗位的窘境。

另外，合作社需要综合管理类人才，既要有知识懂技术，又要熟悉农村的风土人情，带领合作社发展。

4. 与农民之间存在小摩擦 合作社承租的土地和本村其他农民之间有相邻之处，在公用的生产设施设备发生毁损之时，其他农民修理的积极性不高，更多的是等待合作社负责维修，这对合作社而言是一笔不小的开销。合作社在提供农机服务时，农机操作者碍于同村的情面会少收一些费用。

（四）定州市信联农机专业合作社发展的对策与建议

1. 委托专业机构制订总体规划 合作社有预期的发展方向，但是无法制订科学合理的产业规划，需要专业机构在遵循因地制宜、可持续发展、突出特色、创新原则的基础上制订总体规划。合作社距离保定、石家庄、北京较近，具有地缘优势，可以在三地寻找农业类高校或者农业研究机构，委托其制订合作社发展总体规划。

2. 培养专业人才，提高合作社员工待遇 解决农业人才短缺的问题需要从吸引人才、培养人才和留住人才3个维度出发。吸引人才的前提是合作社要做大做强，结合合作社的实际情况和本村的风土人情培养专业技术人才和管理人才，留住人才要通过提高合作社员工的福利待遇实现。

与在合作社工作的人员签订劳动合同，建立劳动关系。合作社作为用人单位依法保障员工的权益，同时利用劳动合同约束员工的行为。

合作社建立学习培训制度，坚持"走出去、引进来"的学习思路。"走出去"是指外出参观优秀合作社，学习其运行管理；"引进来"是指聘请具有农业专业技术知识的人才到合作社实地指导，对合作社员工进行培训。

3. 解决融资问题 合作社目前的发展情况可以借鉴北京市密云区水漳村的土地信托模式，通过引入信托公司解决合作社的资金问题，目前合作社已经完成1 700亩土地的集中整理，可以在此基础上成立土地股份合作社，由土地股份合作社作为信托委托人、信托公司作为受托人、农机专业合作社作为土地的经营者，由信托公司发行资金信托产品，并将资金借贷给农机专业合作社，通过双合作社信托模式解决资金难题。

4. 提高农民积极性 农民与合作社之间存在小摩擦的根本原因在于二者

是不同的利益主体，合作社和土地承包经营权人之间是土地承包关系，土地承包经营权人只获得土地流转费。可以将二者的关系改为入股，土地承包经营权人以土地入股合作社，成为合作社的股东，除获得固定的租金还可以获得合作社的分红。身份的转变可以提高农民的积极性，维护合作社的利益。

5. 依法规范合作社的管理　依《农民专业合作社法》和合作社章程对合作社进行规范化管理，对外厘清合作社和村委会、村民之间的权利义务关系，对内严格管理农机的使用，制定并执行农机使用标准，农机使用费用建立台账制度，做到账目明晰清楚。

北京农学院校园木本植物种植多样性的调查与分析

曹　潇

（北京农学院园林学院）

一、项目背景及意义

在全面建设生态文明的大前提下，北京市城市绿化事业迅速发展。同时，城市绿化树种的选择与应用是否科学合理的问题越来越引起大家的特别关注。人们普遍认识到，树种问题将直接关系到整个城市生态效益、环境效益、社会效益的有效发挥，关系到北京城市绿化建设的总体质量，关系到北京城市的可持续发展。

在积极构建生态城市、生态园林的今天，决不能忽视构建生态校园。发展校园、城市景观绿化最基本的材料是园林植物，在园林植物材料的应用中，作为骨架和主体的是园林树木。以植物造景和树种选择的多样性为主体的校园绿化是校园可持续发展的重要保证。铺装广场、硬质路面、建筑等都是在自然土壤上对环境的破坏，而植物的种植使土壤重新获得活性，同时植物景观的生态效益对周围环境又是积极的。

现代农林院校，在生态校园的建设中起着带头和示范的作用。北京农学院校园植物树种选择及景观营建应有别于其他院校，应体现特色，以"农林"治园，其植物景观除了要满足生态功能、景观功能需要外，应充分发挥其教育教学作用，与学科建设相结合，发挥实习基地的优势。通过调查北京农学院植物种植的多样性，组织规划农林科技观光园、植物主题园等，让北京农学院校园成为科普的实验地、知识的传授场，更好地将理论和实践结合在一起。

基金项目：北京农学院学位与研究生教育改革与发展项目资助。

作者简介：曹潇，北京农学院园林学院硕士研究生。

二、研究方法

研究小组对北京农学院校园进行实地调查，详细记录了学校植物的种类和数量概况等数据。对于不能确定种类的植物，采集图像信息，通过查阅资料和咨询老师等方法进行鉴定。进一步统计得出北京农学院校园植物名录，并对其多样性进行系统分析。

三、调查结果与分析

（一）校园木本植物种类统计

据不完全统计北京农学院校园植物种类，调查共有木本植物 91 种，分别隶属于 32 科 57 属，主要为松科、豆科、木犀科、蔷薇科 4 个大科。其中，蔷薇科木本植物种数占到了校园木本植物总种数的 26.67%，见表 1。91 种木本植物中，有乔木 51 种、灌木 37 种、本质藤本 3 种，分别占木本植物总数的56.04%、40.66%、3.30%。

表 1　北京农学院校园木本植物

序号	种名	拉丁名	科名	属名
1	银杏	*Ginkgo biloba* Linn.	银杏科	银杏属
2	杉松	*Abies holophylla* Maxim.	松科	冷杉属
3	白杆	*Picea asperata* Mast.	松科	云杉属
4	青杆	*Picea wilsonii* Mast.	松科	云杉属
5	雪松	*Cedrus deodara*（*Roxb.*）G. Don.	松科	雪松属
6	华山松	*Pinus armandii* Franch.	松科	松属
7	北美乔松	*Pinus strobus* Linn.	松科	松属
8	白皮松	*Pinus bungeana* Zucc. ex Endl.	松科	松属
9	油松	*Pinus tabuliformis* Carrière	松科	松属
10	水杉	*Metasequoia glyptostroboides* Hu & W. C. Cheng	杉科	水杉属
11	侧柏	*Platycladus orientalis*（L.）Franco	柏科	侧柏属
12	圆柏	*Juniperus chinensis* L.	柏科	圆柏属
13	沙地柏	*Sabina vulgaris*	柏科	圆柏属
14	毛白杨	*Populus tomentosa* Carrière	杨柳科	杨属
15	加拿大杨	*Populus canadensis*	杨柳科	杨属

（续）

序号	种名	拉丁名	科名	属名
16	旱柳	*Salix matsudana* Koidz.	杨柳科	柳属
17	胡桃	*Juglans regia* Linn	胡桃科	胡桃属
18	枫杨	*Pterocarya stenoptera* C. DC	胡桃科	枫杨属
19	榆树	*Ulmus pumila* L.	榆科	榆属
20	欧洲白榆	*Ulmus laevis*	榆科	榆属
21	桑树	*Morus alba* Linn. Sp.	桑科	桑属
22	构树	*Broussonetia papyrifera* （Linn.）	桑科	构属
23	牡丹	*Paeonia suffruticosa* Andr.	毛茛科	芍药属
24	紫叶小檗	*Berberis thunbergii* cv. *atropurpurea*	小檗科	小檗属
25	玉兰	*Magnolia denudata*	木兰科	木兰属
26	二乔玉兰	*Magnolia soulangeana* Soul. -Bod.	木兰科	木兰属
27	腊梅	*Chimonanthus praecox* （Linn.） Link.	腊梅科	腊梅属
28	太平花	*Philadelphus pekinensis* Rupr.	虎耳草科	山梅花属
29	杜仲	*Eucommia ulmoides*	杜仲科	杜仲属
30	悬铃木	*Platanus acerifolia* （Ait.）	悬铃木科	悬铃木属
31	珍珠梅	*Sorbaria sorbifolia* （L.） A. Br.	蔷薇科	珍珠梅属
32	贴梗海棠	*Chaenomeles speciosa*.	蔷薇科	木瓜属
33	木瓜	*Chaenomeles sinensis* （Thouin） Koehne	蔷薇科	木瓜属
34	苹果	*Malus pumila* Mill.	蔷薇科	苹果属
35	海棠花	*Malus spectabilis* （Ait.） Borkh.	蔷薇科	苹果属
36	西府海棠	*Malus micromalus* Makino	蔷薇科	苹果属
37	山荆子	*Malus baccata* （L.） Borkh.	蔷薇科	苹果属
38	白梨	*Pyrus bretschneideri* Rehd.	蔷薇科	梨属
39	褐梨	*Pyrus phaeocarpa* Rehd.	蔷薇科	梨属
40	野蔷薇	*Rosa multiflora* Thunb.	蔷薇科	蔷薇属
41	月季	*Rosa chinensis* Jacq.	蔷薇科	蔷薇属
42	玫瑰	*Rosa rugosa*	蔷薇科	蔷薇属
43	黄刺玫	*Rosa xanthina* Lindl	蔷薇科	蔷薇属
44	棣棠	*Kerria japonica* （L.） DC.	蔷薇科	棣棠属
45	李	*Prunus* L.	蔷薇科	梅属
46	紫叶李	*Prunus cerasifera* Ehrhar f.	蔷薇科	梅属

（续）

序号	种名	拉丁名	科名	属名
47	杏树	*Armeniaca vulgaris* Lam.	蔷薇科	梅属
48	桃树	*Prunus persica*	蔷薇科	梅属
49	红碧桃	*Amygdalus persica* Linn. var. *persica* f. *rubro-plena* Schneid.	蔷薇科	梅属
50	山桃	*Amygdalus davidiana*（*Carrière*）de Vos ex Henry	蔷薇科	梅属
51	重瓣榆叶梅	*Amygdalus triloba*（*Lindl.*）Ricker	蔷薇科	梅属
52	毛樱桃	*Cerasus tomentosa*（*Thunb.*）Wall.	蔷薇科	梅属
53	樱花	*Cerasus yedoensis*（*Matsum.*）Yu et Li	蔷薇科	梅属
54	日本晚樱	*Cerasus serrulata* var. *lannesiana*	蔷薇科	梅属
55	合欢	*Albizia julibrissin* Durazz.	豆科	合欢属
56	紫荆	*Cercis chinensis* Bunge	豆科	紫荆属
57	紫藤	*Wisteria sinensis*（*Sims*）Sweet	豆科	紫藤属
58	刺槐	*Robinia pseudoacacia* L.	豆科	刺槐属
59	龙爪槐	*Sophora japonica* 'Pendula'	豆科	槐属
60	槐树	*Sophora japonica* L.	豆科	槐属
61	臭椿	*Ailanthus altissima*（Mill.）*Swingle in Journ.*	苦木科	臭椿属
62	黄杨	*Buxus sinica*（Rehd. et Wils.）Cheng	黄杨科	黄杨属
63	火炬树	*Rhus Typhina* Nutt	漆树科	漆树属
64	黄栌	*Cotinus coggygria* Scop. var. *cinerea* Engl.	漆树科	黄栌属
65	大叶黄杨	*Buxus megistophylla* Levl.	卫矛科	卫矛属
66	扶芳藤	*Euonymus fortunei*（*Turcz.*）Hand.-Mazz	卫矛科	卫矛属
67	丝棉木	*Euonymus bungeanus*（*E. maackii*）	卫矛科	卫矛属
68	元宝枫	*Acer truncatum* Bunge	槭树科	槭树属
69	鸡爪槭	*Acer palmatum* Thunb.	槭树科	槭树属
70	栾树	*Koelreuteria paniculata*	无患子科	栾树属
71	美国地锦	*Parthenocissus quinquefolia*	葡萄科	爬山虎属
72	木槿	*Hibiscus syriacus* Linn.	锦葵科	木槿属
73	梧桐	*Firmiana platanifolia*（*L. f.*）Marsili	梧桐科	梧桐树
74	紫薇	*Lagerstroemia indica*	千屈菜科	紫薇树
75	红瑞木	*Cornus alba* L.	山茱萸科	梾木属
76	毛梾	*Swida walteri*（*Wanger.*）Sojak	山茱萸科	梾木属
77	柿树	*Diospyros kaki* Thunb	柿树科	柿树属

（续）

序号	种名	拉丁名	科名	属名
78	君迁子	*Diospyros lotus* Linn	柿树科	柿树属
79	白蜡	*Fraxinus chinensis*	木犀科	白蜡树属
80	连翘	*Forsythia suspensa*	木犀科	连翘属
81	紫丁香	*Syringa oblata* Lindl.	木犀科	丁香属
82	暴马丁香	*Syringa reticulata*（*Blume*）H. Hara var. *amurensis*（*Rupr.*）J. S. Pringle	木犀科	丁香属
83	女贞	*Ligustrum lucidum*	木犀科	女贞属
84	小腊	*Ligustrum sinense* Lour	木犀科	女贞属
85	小叶女贞	*Ligustrum quihoui* Carr.	木犀科	女贞属
86	迎春	*Jasminum nudiflorum*	木犀科	茉莉属
87	毛泡桐	*Paulownia tomentosa*（*Thunb.*）Steud.	玄参科	泡桐属
88	糯米条	*Abelia chinensis*	忍冬科	六道木属
89	金银木	*Lonicera maackii*（*Rupr.*）Maxim.	忍冬科	忍冬属
90	接骨木	*Sambucus williamsii* Hance	忍冬科	接骨木属
91	皱叶荚蒾	*Viburnum rhytidophyllum* Hemsl.	忍冬科	荚蒾属

（二）校园主要木本植物的分布与配置

在校园植物配置中，大型乔木如国槐、悬铃木、毛白杨主要用作行道树分布于道路两旁，为道路起到遮阳挡风的作用。教学楼、园林楼等区域的植物景观设计既能服务教学科研需要，又能为广大师生提供课间休憩场所，运用到的植物有银杏、白皮松、侧柏、玉兰、火炬树、黄栌、腊梅、黄刺玫、碧桃、红瑞木、连翘、小腊、紫叶李等。另外一些乔木如元宝枫、旱柳、雪松、栾树、构树、龙爪槐等则分散分布于实验楼、宿舍楼、图书馆、一食堂等地。

四、分析与建议

1. 据不完全统计，北京农学院校园木本植物共有 91 种，分别隶属于 32 科 57 属，主要为松科、豆科、木犀科、蔷薇科 4 个大科。其中，蔷薇科木本植物种数占到了校园木本植物总种数的 26.67%。从整体看，校园植物存在物种组成简单、多样性较低、观赏性不强等问题。校园绿化植物选择可考虑避免集中过多应用某几科植物，扩大一些目前在校园绿化中为单种科的植物类群，增加木本植物景观的变化。建议在今后的绿化中引进丰富多样的物种，使校园植物发挥更好的生态效益和景观效果，同时体现高校特色。

2. 物种选择既要注重绿化美化，又要体现学校的办学特色和空间布局，除了选择本地区的乡土物种外，还应结合自身的办学优势，适当引种一些珍稀、名贵树种，如红松（*pinus koraiensis* Sieb. et Zucc.）、水曲柳（*Fraxinus mandschurica* Rupr.）和猬实（*Kolkwitzia amabilis* Geaebn）等，有意识地提升校园文化氛围，同时这对抢救濒危珍稀树种、收集保存种植资源、维护生物遗传多样性具有重要的意义。

3. 加强观赏性园林植物的选择，形成"四季皆有景"的景观效果。因此，校园植物配置应该是观赏类型多样，将常绿、半常绿、落叶植物结合，观花、观果、观叶类植物合理搭配，丰富校园园林景观的季相变化，营造出四季分明的景观观赏效果。建议在今后的绿化中应该有针对性地种植或引进一些季节性强的植物，如观果类植物南天竹（*Nandina domestica*.）、无刺枸骨（*IIex Corunta* Var. *fortunei*），观叶类植物红枫（*Acer palmatum*）、榉树［*Zelkova serrata*（*Thunb.*）Makinoz］等。

4. 加大垂直绿化植物的种植，丰富校园绿化配置方式。垂直绿化是在墙壁、窗台、阳台、屋顶、棚架等处栽种攀缘类的木本或草本植物。这样既可以充分利用空间，增加绿化覆盖率，美化墙面，有效缓解学生多、人均绿地面积和空间景观少的现状，又能改善环境。例如，藤本植物不仅具有生长迅速、根基用地少、可塑性等优点，而且还有隔热增湿、除尘杀菌等生态功能。因此，建议多种植一些攀缘植物，凌霄［*Campsis grandiflora*（*Thunb.*）Schum.］、南蛇藤（*Celastrus orbiculatus* Thunb.）等。

北京国贸商圈公共空间规划设计调查报告

高 擎

（北京农学院园林学院）

一、绪论

（一）研究背景

在当今社会高速发展、人们生活水平不断提高的今天，城市公共空间的需求也变得越来越迫切。然而，在大规模建设各种形式、尺度的城市空间的浪潮下，城市公共空间是否能真正地满足居民的使用需求，是一个值得深思的问题。

现在，越来越多的城市公共空间只注意形式上的美观，却忽视了功能和尺度的要求。例如，许多政绩工程，建设大轴线、大广场，力求宏伟壮观，然而，放眼望去，十几公顷大的地方只有寥寥几人。这就是忽视功能与尺度的后果，没有树木、没有座椅，只有一望无际的硬质铺装，有谁愿意在这样的环境下停留。这样的尺度是给上帝看的，而不是给普通人用的，这就是现在城市公共空间在设计上所存在的现实。什么样的空间尺度是适宜儿童使用的，什么样的空间尺度是适宜老年人使用的，这些空间尺度如何在城市公共空间中应用，这就是笔者进行这次调研活动的意义与目的所在。

（二）研究目的与意义

1. 现实意义 随着我国城市化进程的逐渐加速，城市公共空间环境有了很大的改变，原本适于步行和自行车交通的环境已经支离破碎，普通人的日常生活空间也逐渐被大规模的商业开发所占据，大范围的区域专项功能化使城市

基金项目：北京农学院学位与研究生教育改革与发展项目资助。

作者简介：高擎，北京农学院园林学院硕士研究生。

丧失了原有的肌理和活力，冷漠的城市空间正在分解着传统城市脉络下生成的城市固定特质。近年来，城市中心区衰落的现象引起了学术界的普遍关注，其根本原因就是现代建筑与国际风格在追求城市功能效率的同时，忽视了城市历史文化传统，缺少了对人的关怀，其突出的表现就是城市公共空间尺度的缺失。

城市的公共空间如何能够保持活力，最为关键的一点是能够以适宜的尺度满足人们在物质、精神、心理、行为规范等方面的需求，体现出设计者对使用者的人性关怀，同时体现出空间设计在社会生活中的责任与义务。全面深入地研究城市公共空间尺度的概念和应用，必将对城市公共空间的设计理论和实践具有重要的指导意义。

2. 学术意义 人类的任何设计实践都要涉及度量，度量问题是任何设计的基本考虑。因此，尺度是设计的一种语言，是设计的一种表达方式。城市是几千年来人类建立起来的特有的生存环境，人类的一切生命活动几乎都是在城市中发生。城市是一个空间的系统，如建筑空间、城市公共空间、园林空间等，人们每时每刻都在其中体验着、感受着。在设计领域，可以说空间设计是与人类的生存联系最直接、最密切的一项内容。

随着人类社会文明的进步和科学技术的发展，以及人居环境城市化的加速，人们对空间尺度的认识也在不断深化和明晰。尺度在建筑空间领域内的研究比较普遍，同时也达到了相当的深度。但到目前为止，还没有一种准确而全面的关于城市公共空间尺度概念的描述，大多数人们甚至是学者都是根据经验来评定城市公共空间的尺度是否合理，而不是确切的定义和数值。

因此，无论在学术上还是在实践中，都迫切地需要关于城市公共空间尺度的概念和应用方面的调查和研究。

（三）研究方法

1. 文献综述 城市规划、建筑学、风景园林学中有诸多与城市公共空间和空间尺度相关的论证，同时大量文献资料为本研究提供了方便的研究的理论基础。中外大量的景观设计理论与实践资料为本研究提供了分析的方法与手段。城市公共空间设计的相关实践作品为本研究的案例分析提供了丰富的素材，增加了论证的广度。

2. 问卷调查 通过实地观察、访问调查、问卷调查等方法进行基础资料的调查研究，在调研中发现问题，并对问题加以分析，力求找出解决问题的方法及理论依据，检验理论研究成果。

3. 实地调研 城市公共空间尺度探讨除了大量的参考文献外，需要更多的实例分析。在实地调研过程中，一方面补充理论的不足，另一方面加深对于城市公共空间尺度的理解。本研究涉及的案例都是作者亲自考察过的。主要分为两个阶段：第一个阶段是在掌握了大量文献资料基础上的一般性调查，通过对实际场地的调查进一步从现实存在中感知设计；第二个阶段是对场地中的不同空间尺度场地进行重点调查，以更深层次剖析城市公共空间尺度。

(四) 研究内容与框架

见图1。

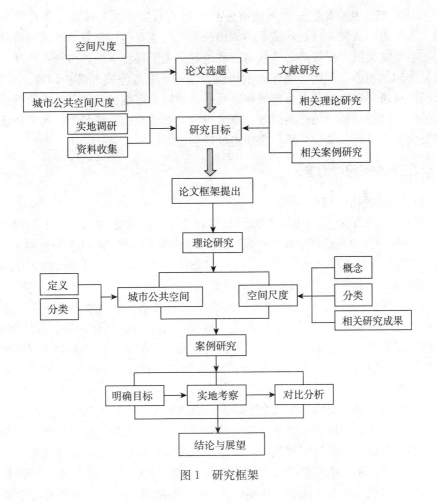

图1 研究框架

二、概念界定

（一）城市公共空间的概念与分类

1. 城市公共空间的定义　城市公共空间是指城市或城市群中，在建筑实体之间存在着的开放空间体，是城市居民进行公共交往、举行各种活动的开放性场所，其目的是为广大公众服务。城市公共空间主要包括山林、水系等自然环境，还有人为建造的公园、道路停车场等。从根本上说，城市公共空间是市民社会生活的场所，是城市实质环境的精华、多元文化的载体和独特魅力的源泉。

2. 城市公共空间的分类　城市公共空间类型从宏观上可以分为自然环境和人工环境两大类。自然环境下的城市公共空间主要包括风景名胜区、森林公园、自然文化遗产保护区、滨水生态廊道等。人工环境下的城市公共空间主要包括公园、街道、广场、体育休闲措施、室内化开放空间和防护绿地。其中，公园、街道和广场是其中最重要和常见的。公园又可细分为综合性公园、主题性公园、动植物园、历史名园等。街道可分为景观大道、步行街区等。广场又可分为商业广场、文化广场、交通集散广场等。

（二）空间尺度的含义

1. 空间的概念与分类

（1）空间的概念。空间的概念从语法结构上是一个名词对另一个名词进行限定。《辞海》中是这样定义"空间"的，"在哲学上，与'时间'一起构成运动着的物质存在的两种基本形式。空间指物质存在的广延性，时间指物质运动过程的持续性和顺序性。空间和时间具有客观性，同运动着的物质不可分割……"可见，"空间"的概念既是指物质的形态，同时又是一个哲学概念。空间是指与实体相对的概念，按照哲学的观点来解释，凡是实体以外的部分都是空间，空间是无形的、不可见的。从另一个角度来说，空间又是由一个物体同感觉它的人之间产生的相互关系所形成。"空间"是物质存在的一种客观形式，由长度、宽度和高度来表示。

空间是一种环境的三维概念范畴，一般通过人与人、人与物、物与物之间的位置、距离、比例的关系来表现它的存在。①人与人的空间关系通常用距离来描述，即心理距离与空间距离。心理距离指的是一种心心相印或近在咫尺却形同陌路的关系，空间距离指的是陌生人之间保持的一定空间距离，这两种距离是相辅相成、相互作用的。环境中人与人之间的距离关系，最终还是要通过空间尺度关系来体现。②人与物的空间关系在两个方面体现：一是以人的生理结构为基准的尺度关系，二是以人的心理感知为基准的尺度关系。人与物的关系不仅是物理空间人与物之间的位置、距离、比例等，还有心理空间人与物之间的亲近感、喜好度、舒适度等的相互作用。③物与物之间的关系也是偏向主观，以人为基本出发点，对比不同空间和形成空间的实体之间的感受。如让人在尺度巨大的空间生活，因为过大的空间，人们会感到恐惧、敬畏和无所适从；而让人在很小的如笼子一样的空间中生活，人们会感到压抑、消极。

（2）空间的分类。不同领域中对空间的定义不同，在城市公共空间中，通常将空间分为开敞空间、半开敞空间和封闭空间。

开敞空间：开敞空间是外向型的，限定性和私密性较小，强调与空间环境的交流、渗透，讲究对景、借景、与大自然或周围空间的融合。它可提供更多的室内外景观和扩大视野。在使用时，开敞空间灵活性较大，便于经常改变室内布置。在心理效果上，开敞空间常表现为开朗、活跃。在对景观关系上和空间性格上，开敞空间是收纳性的和开放性的。

半开敞空间：该空间与开敞空间相似，它的空间一面或多面部分受到较高植物的封闭，限制了视线的穿透。这种空间与开敞空间有相似的特性，不过开敞程度较小，其方向性指向封闭较差的开敞面。

封闭空间：用限定性较高的围护实体包围起来，在视觉、听觉等方面具有很强的隔离性。心理效果为领域感、安全感、私密性。

2. 空间尺度的概念　尺度是一个许多学科常用的概念，通常的理解是考察事物或现象特征与变化的时间和空间范围。因此，定义尺度时应该包括客体被考察对象、主体考察者，通常指人、时空维。对空间尺度而言，其客体为空间以及构成空间的实体，主体是人，空间尺度即是指人对空间或实体在时空维度上的度量和感受。

3. 空间尺度的分类　从理性角度看，分为宏观层面、中观层面和微观层面。

（1）宏观层面。宏观层面就是一块场地在整体空间中的定位，以及和周边场地、建筑之间的关系。宏观层面上的空间尺度是把握场地类型、面积等的关键。

（2）中观层面。中观层面的空间尺度从人的感受出发，是整体场地中各个小场地的空间尺度，这是人可以直接感受到的尺度，也和人的关系最为密切。

（3）微观层面。微观层面的空间尺度是指组成空间的各要素的尺度。包括水体、铺装、植物、微地形等。例如，不同高度的绿篱给人带来不一样的空间感受。

从感性角度看，分为社会性和心理性。空间尺度的心理性主要表现在领域性和习惯性两方面，是人们从心理感受和经验出发对空间的感知。空间尺度的社会性主要体现在人与人之间的交往上。

（三）空间尺度的相关研究成果

1. 尺度距离分类　在爱德华·T. 霍尔的《隐匿的尺度》一书中，将不同距离定义成不同尺度。这个尺度符合人与人之间接触最舒适的距离，对笔者后期的分析起到重要作用（表1）。

表1　不同距离对应表

类型	距离	说　明
亲密距离	0～45 厘米	是一种表达温柔、舒适、爱抚以及激愤等强烈感情的距离
个人距离	0.50～1.30 米	是亲近朋友或家庭成员之间谈话的距离，家庭餐桌上人们的距离就是一个例子
社会距离	1.30～3.75 米	是朋友、熟人、邻居、同事等之间日常交谈的距离。由咖啡桌和扶手椅构成的休息空间布局就表现了这种社会距离
公共距离	>3.75 米	是用于单向交流的集会、演讲，或者人们只愿旁观而无意参与的这样一些较拘谨场合的距离

2. 公共空间宽度（D）与周围建筑高度（H）比值　公共空间的宽度与相邻建筑高度的比例对人的心理和对空间尺度塑造有很大的影响。日本学者芦原义信总结为"当 $D/H>1$ 时，随着比值的增大，会逐渐产生远离之感。当 $D/H>2$ 时，则产生宽阔之感。当 $D/H<1$ 时，随着比值的减小，会产生接近之感。当 $D/H=1$ 时，高度与宽度之间存在着一种匀称之感。"见表2。

表2　公共空间宽度（D）与周围建筑高度（H）比值

D/H	说　明
当 $D/H>1$ 时	随着比值的增大，会逐渐产生远离之感
当 $D/H>2$ 时	产生宽阔之感
当 $D/H<1$ 时	随着比值的减小，会产生接近之感
当 $D/H=1$ 时	高度与宽度之间存在着一种匀称之感

3. 人的视觉感知范围

（1）水平视区。最佳视区指辨别物体最清晰的区域，其范围在 10°以内，以 1°～3°最优。瞬息区指很短时间内即可辨清物体的区域，其范围在 20°以内。有效区指集中精力才能辨认物体的区域，其范围在 30°以内。最大视区指边缘物体模糊不清，需相当的注意力才能辨认的区域，其范围是当头部不动时，为120°；头部转动时，可扩至220°。

（2）垂直视区。最佳视区指视水平线以下10°范围。良好视区指视水平线10°以上和30°以下范围。最大视区指视水平线50°以上和70°以下范围。

人的视觉感知和视域研究对城市公共空间尺度非常重要，如人观赏景物的垂直方向的最佳视区是视水平线以下范围，在进行城市公共空间设计时，关注这一范围的空间设计和景观尺度控制，吸引人的视线，可以较好地弱化不利空间因素如大尺度建筑带来的压抑感，形成良好的视觉效果。

三、国贸商圈公共空间分析研究

（一）区位

北京CBD现代艺术中心公园位于朝阳区的北京商务中心区。邻近朝外SOHO、世贸天阶等商业区，以及财富大厦等写字楼。周围分布着许多高档小区，是北京比较繁华和高端的地段（图2、图3）。

图2　北京商务中心区区位图

图3　现代艺术中心公园区位图

北京商务中心区（CBD）西北区中部坐落着一座特殊的城市公园，它身居高楼鳞次栉比的都市环境，东望央视北配大楼，西对世贸天阶"全北京向上看"，南北与现代艺术走廊相衔，为百米高的新城国际、光华国际和以太广场建筑群所环绕，商务中心区东西街从公园下部横穿而过，巨型绿色天桥飞渡两地，它就是北京CBD现代艺术中心公园。作为西北区块最大、最重要的城市集中绿地，同时位于商务中心区东西街城市绿带和宽50米、长达1公里的南北向的都市绿廊的交汇点上，现代艺术中心公园在CBD的开放空间体系中占有举足轻重的地位（图4）。CBD这条最宽的城市绿带——"都市绿廊"，用地约 12 公顷，南始于规划 E4 街，北终于朝阳路，东西街的中心公园实际上是这条绿廊上最重要的节点。

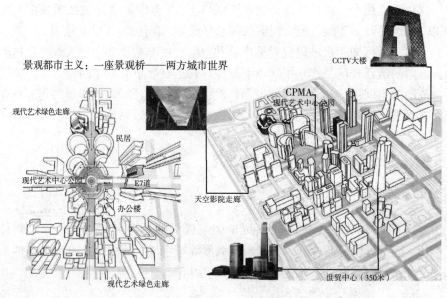

图 4　现代艺术中心公园立体效果图

中心公园平面上可简约为直径 200 米左右的圆形，作为围合公园的空间界面（建筑裙楼）成半圆形环抱中心场地，商务中心区东西街横贯切割公园核心场地为南北两个部分（图 5、图 6）。

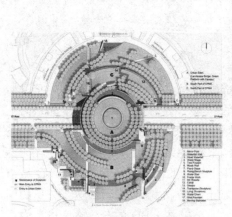

图 5　现代艺术中心公园俯视图　　　　图 6　现代艺术中心公园实景图

（二）现场调研照片

见图 7。

图 7　现场调研照片

（三）调查问卷分析

1. 年龄以 30～50 岁和 50 岁以上者居多，他们多使用林荫广场。20～30 岁者也占一定比重，他们主要使用公园坡地。

2. 使用者身份以在附近工作、居住的白领和居民为主，还有少量游客。

3. 使用频率以一天 1～2 次和一周 3～4 次为主。

4. 活动以陪孩子玩耍为主。

5. 大多数使用者认为此公共空间的基础设施比较完善，但是公园缺少座椅和垃圾桶。

6. 大多数使用者对次公共空间的小品设置还是比较满意，也有些人认为应该更加丰富和具有互动性（尤其对于儿童）。

7. 几乎所有使用者都对此公共空间持满意态度，这说明中心公园的规划设计从使用者的需求上还是比较成功的。

（四）场地分析

1. 空间层次分析　见图 8。

2. 空间行为活动分析　见图 9。

3. 局部空间分析

（1）局部空间分析 1。台阶连接不同高差平台空间，平台利用低矮围墙或

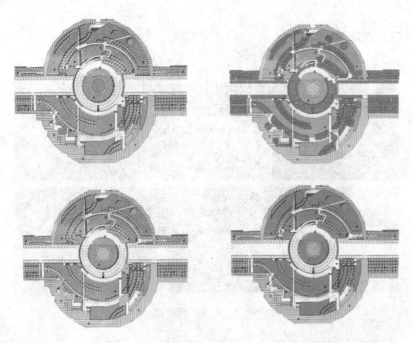

图 8　空间层次分析图

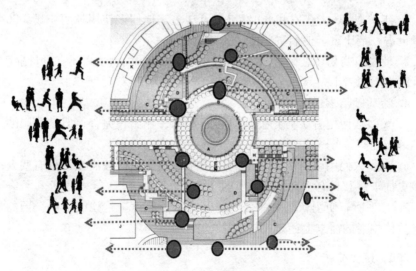

图 9　空间行为活动分析图

规整绿篱围合，并利用硬质石墙或铁质栏杆来封闭或通透不同序列的景观视线，使空间变化感更强。矮墙的高度也符合人体休息停坐时的生理需求（图10、图11）。

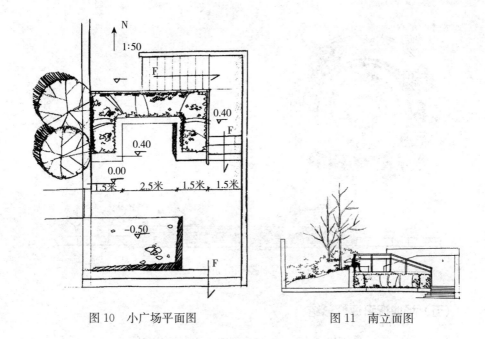

图 10　小广场平面图　　　　　图 11　南立面图

（2）局部空间分析 2。选取了一个带状空间，此空间结合了道路、座椅和植物，既有利于通行，又方便休息，满足不同人群的使用（图 12）。

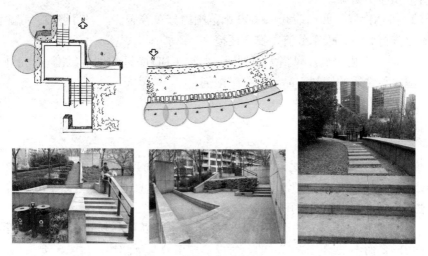

图 12　局部空间分析图（1）

（3）局部空间分析 3。矮墙限定外围边界，乔木限定竖向边界，中部绿篱围合下沉区域，形成一个半开敞空间。北部跌水景墙打破均衡空间，分割成南北两部分。同时满足了公共与私密两种需求。

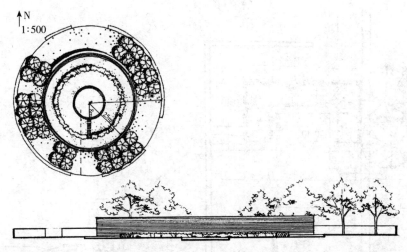

图 13 局部空间分析图（2）

（五）场地调研评价总结

1. 目前，公园较能满足使用者的生理需求，休憩空间充足，活动场地布局合理。只是坐憩设施稍不完善，部分场地缺乏坐凳，大都以不同的台阶形式代替，功能不明确。

2. 可达性好，四面 500～1 000 米范围内分布着居住区、写字楼、商业区，场地以步行为主，人车分流，安全便捷。

3. 区域文化明显，风格大胆创新，符合 CBD 园区的创造氛围，北部保留原工业文化性质的钢制小品，历史感浓郁。

四、总结与展望

通过对北京 CBD 现代艺术中心公园空间尺度的调研与分析，明确了空间尺度的概念与界定，得出空间尺度与人的使用需求息息相关，不同空间尺度的场地应满足人们不同的使用需求。

1. 空间尺度要与人的活动情况与使用需求相匹配 城市公共空间是给市民使用的，而不是给上帝展示的。所以，城市公共空间的尺度一定要根据人群的使用心理和使用需求进行设计，如私密空间应尺度较小，周边有植物或围墙围合，营造出安静、私密的氛围。

2. 不同尺度的空间在设计时应注重主次关系 一个城市公共空间中的各个子空间应该形成序列，主次分明，营造出不同的空间围合感。而不是没有分割、没有主次，这样的空间没有领域性，会让使用者觉得没有安全感。

3. 城市公共空间在设计时应提高空间的复合性，同时满足多种使用功能

在现代社会城市建设土地紧缺的情况下，尤其是 CBD 现代艺术中心公园这种坐落于商业中心区的城市公共空间，更应该注重空间的复合性，节约利用土地，尽可能使每一个子空间都能得到充分的利用，用最小的土地用量，创造出尽可能丰富的空间层次与种类。

探索加强研究生党员思想建设工作新模式

刘　欢　李　婷　马天昕　李雅博

（北京农学院植物科学技术学院）

摘　要：高校研究生党员作为党建工作中的一个特殊群体，他们的思想政治素质和科学文化素养关系到整个社会的科学发展方向和现代化建设趋势，是学校传播先进文化的重要窗口，在教育创新体系中承担着首要任务。本文主要从分析研究生群体的特殊性入手，阐明当前我国高校研究生党建工作中存在的问题。根据调研走访中国农业大学、北京林业大学并结合自身高校研究生党支部情况，最终提出依托专业特色活动，合理划分研究生党支部，充分发挥导师的作用，优秀师生座谈交流，结合现代网络平台开展党建工作，论述提高研究生党员思想建设发展的新方向、新模式。

关键词：研究生党建　思想建设　特色活动

研究生党建工作是党的建设过程中的重要环节，提高学生党建工作质量应着力从思想、组织、作风建设以及实践创新能力等方面综合推进，最大限度地发挥基层学生党支部的战斗堡垒作用和学生党员的先锋模范带头作用。自 2013 年来，以习近平同志为总书记的中共中央，十分重视通过思想理论建设来加强党的执政能力建设，自觉地把思想理论建设放在党的建设的首位，加强党的思想理论建设是党始终保持先锋队性质、提高党的凝聚力的根本性措施。因此，研究生党员思想建设工作是新时期党建工作亟待深入探讨的重要问题。

基金项目：北京农学院学位与研究生教育改革与发展项目资助。

第一作者：刘欢，硕士研究生。主要研究方向：果树品质优质生态安全。E-mail：13716492085@163.com。

一、高校研究生党建工作中存在的问题

（一）研究生党员活动教育形式单一，学习热情不高

与本科生相比，研究生群体存在更注重学术研究、思想更加社会化、思维更加多元化等特点。同时，自研究生扩招以来，研究生群体总量增加，呈现出结构日益复杂化：生源涉及应届毕业生、成人教育、大专生或推免生等；个体诉求差异化：研究生读研的目的各有千秋，除致力于学术研究、提高自身素质、丰富人生经历外，也有部分学生选择攻读研究生的目的较为"现实"，为了获得高学位便于求职就业，利于个人未来发展。由以上多种原因导致研究生传统的集体观念和班级意识相对淡化，研究生的凝聚力逐渐削弱。

随着研究生群体结构的不断变化，为研究生党建工作带来了挑战。研究生党员入学前所属党支部的党员日常行为规章制度存在差异，党员考核标准参差不齐，加大了统一管理的难度。由于接受理论培训的机会有限，以致大部分研究生党员存在"高门槛转正，低门槛引领"的现象，即入党前积极与党组织交流，按时提交思想汇报，正确评价自己与他人；然而，转正后由于缺乏考核评定、制度规范等因素的限制，研究生党员表现松懈，出现形式主义大行其道的不良现象，导致部分研究生党员学习热情不高、思想散漫，在入党后放松自我提升要求，不能按时参加党支部活动，起不到模范带头作用。

研究生党支部教育活动形式单一是导致研究生党员思想建设缓慢的一个重大因素，绝大多数党支部仅仅停留在召开组织生活、学习文件、发展吸收党员、收取党费等这些基本的管理活动上，并没有结合自身专业、党支部优势，形成独具特色的支部文化，组织独具特色的支部活动，不能达到提高研究生党员的积极性、提升组织凝聚力的目的。

（二）研究生党员活动缺乏持久性

很多高校研究生党支部存在学生进入高年级后集中发展党员的现象，使本校毕业生在与其他高校学生竞争中脱颖而出，但其在较短的时间内没有充分发挥效能，更起不到模范带头作用。

此外，党建活动缺乏持久性、党员缺乏积极性，是导致研究生党员思想建设缓慢的又一因素。研究生党员面对繁重的科研压力，对相应的支部活动存在组织松懈的现象，忽视了对每个阶段的主题活动深入思考与自我定位。长此以往，党员践行为人民服务、为学生服务的宗旨意识减弱，不能更好地发挥学生党员优秀人才的智慧与能力。

担任支部委员的学生党员，他们一方面要担负繁重的学习工作任务，另一方面又要忙于学生党员的监督管理工作，仅仅是支部一些基本的日常性工作已经让他们分身乏术，更不用说花心思与时间去想办法加强对学生党员的思想教育。此外，由于学生干部的流动性大，造成学生党支部书记更换频率高，同样会影响学生党员思想教育的连续性。

二、提高研究生党员思想建设发展的新方向、新模式

（一）提高研究生党员实践创新能力，激发组织活力

提高研究生党员思想建设的关键在于调动每位党员的积极性，达到每位研究生党员在党组织生活中逐步提升自身专业素养、社会实践工作能力的目标，因而可以最大限度地发挥组织活力，充分发挥研究生党员的桥梁与纽带作用。

研究生党支部的任务，首先是充分发挥支部特色，形成支部对接，各支部党员相互沟通、交流、学习、借鉴具有自身专业特色的实验调研方法、科学前沿知识、专业研究热点，畅谈当代时事话题，培养学生党员浓厚的政治素养、科研素养；其次是加强对学生党员的教育，保证学生党员的先进性，提高其服务群众的水平和能力；最后要充分发挥党员优势，为学校和社会积极搭建载体，有效地服务同学。以善于开拓、勇于创新、科学发展为第一要义，培养塑造出政治觉悟高、思想素质好、业务水平强的优秀学生党员。

（二）与时俱进，勇于创新，切实加强党员的思想教育工作

没有良好的思想素质，研究生党员的先进性难以发挥，为最大限度地发挥基层研究生党支部的战斗堡垒作用和研究生党员的先锋模范带头作用，加强其思想教育工作应首当其冲。内容创新是思想政治教育的基础。随着社会的发展、信息化进程的加快，人们通过传媒获得的知识和信息越来越多，对研究生来说，传统的思想政治教育存在一定的局限性，思想工作的培养难以取得很好的效果。应当将理论政治思想与现代信息技术相结合，借助易被学生接受的具有时代感的文化思想吸引学生。研究生党支部的教育活动要紧紧围绕学生党员的自身特点，不断创新、激发学生党员的学习兴趣，逐步实现规范化与多样化相结合。充分利用新媒体加强党支部思想素质建设，如利用植物科学技术学院的微信公共主页定期发布社会热点与自身看法相结合的实事问题——微信版社会热点问题沙龙，周末假期组织公益服务、社会调查、院校联合科研小课题等活动，实现"走出去"与"引进来"相结合，在活动中不断创新，提升学生党员的思想觉悟。

1. 坚持教育的连贯性 要杜绝党员教育"先松后紧"的情况发生，切实加强对学生入党前、中、后的教育，使其时刻保持党员的先进性，充分起到模范带头的作用，毫不松懈。结合党支部实际情况，制定并完善党员的跟踪考核制度，严格执行，切实保证每个党员的质量。

2. 多管齐下，激发组织活力

（1）营造独具特色的支部文化。研究生党支部是一个优秀人才的聚集地、是一个独特的组织。针对它的特殊性，只有通过独特的支部文化去渗透、熏陶每一个党员，以一种无形而又强有力的力量对学生党员产生潜移默化的影响，才能充分发挥基层学生党支部的战斗堡垒作用和学生党员的先锋模范带头作用，能够更好地增强支部的活力与凝聚力，为支部更好地发展提供强有力的保障。

一个健全的支部文化，应该包括独特的支部建设理念、明确的支部目标、鲜活的支部形象、健全的支部组织制度。用理念凝聚党员、目标激励党员、形象塑造党员、制度约束党员，激发支部活力，使学生党员充分热爱这个集体，勇于为这个集体奉献自己的一份力，不断促进支部更好地发展。

（2）通过多种渠道，加强沟通交流。研究生以实验室为单位进行科研研究，因此要以实验室为单位合理划分党支部，充分发挥导师的作用，设立师生党支部对接体系。无论是师生党员间的交流，还是研究生党员与群众间的交流，均能体现出一个党组织的活力与凝聚力。只有通过交流才能消除彼此间的陌生感，增强支部的归属感，进而激发支部活力。综合调研走访中国农业大学、北京林业大学与北京农学院各研究生党支部共 10 余个，总结党建特色活动如下：

①利用新媒体——微话题活动，学生群众与研究生党员在社交软件上进行交流探讨（学术、科研、爱国、爱党、爱国实例），促进学生之间的交流与沟通，真正体现研究生党员、党支部的沟通桥梁作用。

②党员-宿舍-活动-学习-运动相衔接，综合发展，起到模范带头作用提升综合素质。

③"走出去"与"引进来"相结合，党支部内部建立科研主题、事实主题等方面的小课题，由研究生党员外出调研完成，利用闲暇时间积极参加志愿活动、爱心帮扶活动、参观调研活动，增强支部建设体系，激发支部活力，提高党员的凝聚力。

④重温红色经典，最大限度地发挥基层学生党支部的战斗堡垒作用和学生党员的先锋模范带头作用，增强学生党员的奉献、服务意识。提倡爱国、爱家、爱人民的优良传统。

⑤结合学科特色、专业优势服务社会，立足京郊，增强学生党员的自豪感（如研本互助，结合本专业特色下基层惠农、利农）。

⑥相关的主题教育活动（主题教育，案例剖析、讨论，党史、社会时事热点问题讨论，价值取向等问题）等。

积极开展具有专业、部门特色的活动，有利于调动研究生党员的积极性，为成为一名合格的党员始终严格要求自己，积极主动地服务于其他同学，充分做到内化于心、外化于行，服务他人，以活动为契机、以提高学生党员自我的先进性为载体，提高学生党员的自我意识、服务他人意识，起到模范带头作用。夯实组织基础建设，确立学生党支部在思想政治教育的地位，充分发挥其战斗堡垒作用。

参 考 文 献

郝颖，王一鸣，2015. 研究生党建工作与学风道德建设 [J]. 文学教育（6）：140.

李有林，严建骏，2015. 学生党建工作的质量提升路径 [J]. 教育评论（8）.

潘广炜，王长华，付建军，2012. 研究生党建工作机制创新研究：基于社会学习理论的分析 [J]. 社会主义研究（6）：206.

王继东，2008. 研究生党建工作的实践探索 [J]. 燕山大学学报（哲学社会科学版）（1）：126-127.

文光，黄锋，盛育冬，2008. 高校研究生党建工作现状与对策研究 [J]. 成都大学学报（教育科学版）（3）：11-12.

工作报告

研究生处（研究生工作部）2016 年工作总结

北京农学院研究生处（研究生工作部）

2016 年是"十三五"规划开局之年，是北京农学院进一步深化改革、内涵发展的开端之年。研究生处（研究生工作部）在校党委的正确领导下、在校领导的正确指导下、在各部门的大力支持下、在部门全体工作人员的共同努力下，以中共十八届六中全会精神为指导，紧紧围绕学校的发展目标、2016 年工作要点及重要精神，始终秉承"务实、高效、合作"的宗旨和工作作风，勤奋学习，积极工作，较好地完成了学校交给的各项工作任务。为了更好地开展工作，现将 2016 年工作总结如下，并对新一年工作提出构想及计划。

第一部分　2016 年工作完成情况及取得成绩

一、以研究生为本，结合实际开展研究生思想政治教育工作

（一）开展研究生思想状况调研，奠定工作基础

研究生教育是我国高层次人才培养的主要方面，研究生思想政治教育贯穿于研究培养的全过程和各个环节。在秋季和春季学期初，研究生工作部对在校研究生进行思想动态调研，通过对研究生思想状况的摸底建立信息沟通机制，调动各学院研究生辅导员，建设研究生思想政治教育队伍，充分把握研究生的思想动态状况。

（二）以研究生素质课堂为平台及手段，充分利用讲座阵地

研究生素质课堂自从开设以来，经过不懈地努力，目前已经发展成为一个研究生综合素质教育的有效平台。本年度共开设讲座 17 次，内容丰富，教育引导性强，涉及法律教育、青春健康、科学道德与学术行为、社会热点与时

政、心理健康、科研学习、职业规划及互联网信息技术等内容，得到研究生的好评。

（三）关注研究生培养过程重要环节，开展有针对性的教育引导

研究生思想政治教育贯穿研究生培养全过程，对重点环节的把握可对研究生思政教育起到推进与促进的作用。研究生工作部精心组织安排研究生入学、寒暑假及法定节假日、毕业离校等关键环节，对在校研究生进行针对性教育引导。对 2016 级研究生开展新生入学教育，内容涉及思想信念、校规校纪、学术道德、心理健康及安全等方面；各类假期针对所有在校生进行假期安全教育及敏感时期思想教育，以及组织筹备 2016 届毕业生安全有序离校及毕业典礼工作。

（四）配合学校发展需要，承担 60 年校庆具体工作

2016 年是学校成立 60 周年，为迎接校庆，研究生处围绕学校指示精神，积极配合学校完成校庆工作，进行校庆展板的整理、修改；组织研究生进行研究生优秀校友访谈，并进行研究生校友录的整理宣传，印制《迎北京农学院 90 周年校庆研究生优秀校友访谈录》；创建研究生校友通讯录，并在校庆期间，接待返校校友；协助学校在校庆期间接待嘉宾及校领导；2016 年秋季学期，借校庆之际利用研究生素质课堂创办优秀校友系列讲座，共计 7 次，受到研究生好评及热议。

二、鼓励先进，落实研究生奖助制度，提升研究生创新实践能力

（一）结合学校实际继续开展研究生"三助一辅"工作

研究生工作部始终坚持"以研究生为本"，继续推进研究生培养机制改革工作，科学合理地设置研究生"三助一辅"岗位，通过"三助一辅"工作有效调动研究生参与学校教育、管理、科研工作的积极性，并获得经济补贴，在参与历练的同时给予其经济支持，帮助其顺利地完成研究生学业。2016 年度，共有 101 名研究生从事"三助一辅"工作。

（二）关注困难研究生，开展特困资助

根据教育部、财政部有关文件精神，结合学校实际，2016 年研究生工作部制定了《北京农学院研究生困难补助管理办法》，对有特殊困难的研究生给予困难补助，支持困难研究生顺利完成学业，本年度共计资助研究生困难学生

53 人。此办法的制定进一步完善了学校研究生资助工作，进一步完善了研究生资助体系。

（三）奖助学金评定工作

2016 年，研究生工作部继续根据学校相关规定及实际需求，落实研究生奖助学金、评奖评优等各项规定，公平、公正、公开地完成了与研究生切身利益相关的奖学金评审、表彰等工作，树立了榜样群体。本年度完成了研究生学业奖学金评定，覆盖率 100%；评选出国家奖学金 13 人，学术创新奖 8 人，优秀研究生 25 人，优秀研究生干部 17 人，大北农奖学金 10 人，百伯瑞科研奖学金 15 人，北京市优秀毕业生 12 人，校级优秀毕业生 22 人。

（四）鼓励研究生开展党建和社会实践项目研究

党建与社会实践项目是锻炼研究生实践及科研能力的有效途径。2016 年，研究生工作部继续鼓励研究生将专业知识与社会实践相结合，动员广大研究生积极参与党建和社会实践项目申报，本年度，党建项目立项 5 项，社会实践项目立项 10 项。在正式立项后，5 月下旬专门组织了项目的开题工作，邀请经验丰富的老师组成专家组，为项目的进一步开展把关，确保研究的质量。10 月中旬，组织了项目中期检查，会上所有项目负责人针对各项目的执行进度、经费进度、预期成果及现阶段成果等方面做了汇报，指导组老师详细听取了各项目的汇报，并结合项目执行中的问题提出改进建议。

三、实施多措并举，服务研究生心理及就业指导

（一）多形式、多渠道开展研究生心理健康教育

研究生的心理健康问题直接影响着高校研究生的培养质量，影响着研究生的家庭健全和社会稳定。为加强研究生自我教育和自我心理调节，结合学校当前研究生心理健康状况实际情况，开展研究生春秋季心理问题排查工作，针对不同年级研究生可能出现的问题进行心理排查工作，分析研究生出现心理健康问题的内外在原因，从而提出全面开展研究生心理健康教育、发挥导师和朋辈作用、早发现早解决的信息沟通机制。

针对不同年级的研究生开展不同类别、不同形式的心理教育活动，在招生工作阶段，开展 2016 年招生心理健康状况筛查；2016 级新生入学时再次开展心理健康状况普查；2016 年 5 月下旬，研究生工作部针对在校研究生再次开展了在校生心理健康状况普查，及时把握在校生心理动态，及时发现问题并解

决。发挥各学院积极主动性，继续开展研究生"阅读悦心"计划，通过阅读改善心理环境，继续依托各学院优势举办了研究生心理沙龙，2016 年各学院共计举办研究生心理沙龙 6 期；研究生工作部依托研究生素质课堂开展心理健康教育讲座 3 次。

（二）针对毕业生特点，开展一对一就业指导服务

2016 届研究生毕业生共有 220 人，分布在 7 个学院，21 个专业、领域。通过不懈的努力，截至 2016 年 10 月 31 日，就业率达到了 99.55%，签约率达到 93.18%，达到学校预期目标。

2017 届研究生预计毕业生 267 人，分布在 24 个专业（领域）；毕业生中男生有 68 人，女生 199 人；北京生源 77 人，京外生源 190 人。2016 年是 2017 届研究生毕业启动之年，根据 2017 届毕业生特点开展就业服务及就业指导，组织研究生参加大学生"村官"（选调生）、事业单位招聘等就业相关政策宣讲，定期通过研究生处网站和"尚农研工微信"公众号发布就业信息、就业政策、双选会信息及就业技巧等内容，为毕业生提供毕业信息的服务。

四、严格研究生教学运行，完善研究生实践学习

随着研究生队伍的日益壮大，如何提高研究生的教育质量已经成为普遍关注的问题。课堂教学是研究生培养过程中的一个重要环节，良好的课堂教学方式不仅能帮助研究生掌握本学科系统的理论知识和系统的专业知识，还能帮助研究生了解本学科的最新发展动态及发展趋势。

（一）全日制、在职研究生课程教学管理

1. 全日制研究生课程教学管理 2016 年春季，2015 级研究生第二学期共有 3 门次公共课程、借用教务处教室 4 门次；2016 年秋季，2016 级研究生第一学期共有 8 门次公共课程、借用教务处教室 11 门次；2017 年春季，2016 级研究生第二学期共有 3 门次公共课程、借用教务处教室 5 门次；为了研究生的身体健康，让学生有时间、有序地进行体育锻炼，从 2014—2015 第一学期起，首次增加了新的选修课——体育课，分别为游泳、高尔夫、羽毛球、乒乓球、篮球、足球、健美操等课程。经过 2 年的运行及改善，从 2016 级开始，体育课开设游泳课 2 个班次。

2. 在职研究生课程教学管理 2016 级在职研究生 104 人，共有 5 门公共学位课，为保证教学课程正常运行，借用教 A-102 专用教室。2016 级在职研

究生继续使用微信签到考勤，并把在职研究生所有课程信息导入管理系统，使在职研究生的课程管理纳入正常研究生系统管理。目前，在职研究生能通过研究生教育系统进行选课、任课教师可以在系统中录入成绩，使在职研究生的课程管理逐步规范化。

3. 严格教学程序，规范材料提交、保存、存档　教学材料是记录教学的重要依据，规范各项材料有助于教学管理的改善。2016 年，规范整理材料涉及英语课程免修名单、研究生教学授课计划、考试试卷、成绩单等系列研究生教学、课程材料，并进行存档；为保证研究生教学的正常运行，2016 年严格执行停（调）课手续，及时发布停（调）课通知，杜绝教学事故的发生。

（二）继续结合督导工作，开展教学质量监督

2016 年，研究生处充分结合督导组工作，利用发挥督导作用，对研究生期中教学情况，研究生课程教学改革项目，学院开题、论文答辩，研究生实践基地等工作进行监督及指导。为更好地发挥督导的监督、审查、督促作用，研究生处制订督导管理办法，及时掌握研究生教学督导工作动态及进展，了解督导的工作安排，规范督导工作机制，采取督导例会制度，定期收取督导组听课记录、教学运行检查记录、中期检查记录、开题、中期、答辩巡查记录等，分析教学过程中出现的问题。

（三）依托期中教学检查，改善教学环境

为了提高期中教学检查工作质量，进一步完善了期中教学检查工作内容，按照研究生不同学期的学习、工作进程，2016 年研究生处调整了期中教学检查内容，发布《关于开展 2015—2016 学年第二学期研究生教学和培养工作期中检查的通知》（研处字〔2016〕13 号）、《关于开展 2016—2017—1 研究生教学和培养工作期中检查的通知》（研处字〔2016〕37 号）。及时收缴各学院期中教学检查材料。并对研究生的调查问卷进行分析，相互学习、取长补短，进一步改善教学质量，保证教学运行。

（四）注重实践，建设研究生工作站、实践教学基地

实践教学是研究生培养的重要组成部分，是研究生提升理论运用水平、提高专业技能不可或缺的重要环节。实践基地建设直接关系到研究生的培养质量，对于培养提高研究生的实践能力和创新能力十分重要。

2016 年通过研究生质量提高课题的资助，共建研究生联合培养实践基地 14 个，现已有 7 个研究生校外实践基地进行了挂牌，详见表 1。

表 1　2016 年北京农学院校外研究生联合培养实践基地

序号	项目编号	学院	项目名称	负责人	挂牌时间
1	2016YJS071	生物科学与工程学院	中牧研究院化学药品研究所	张国庆	2016 年 11 月 24 日
2	2016YJS072	植物科学技术学院	北京金六环农业园	范双喜	2016 年 5 月 3 日
3	2016YJS073	植物科学技术学院	北京市林业保护站	张爱环	2016 年 10 月 31 日
4	2016YJS074	植物科学技术学院	北京市房山区农业科学研究所	段碧华	2016 年 12 月 20 日
5	2016YJS075	动物科学技术学院	北京宠福鑫动物医院有限公司	陈　武	2017 年 1 月 12 日
6	2016YJS076	动物科学技术学院	中国农业科学院畜产品质量安全研究室	沈　红	2016 年 6 月 23 日
7	2016YJS077	经济管理学院	北京市农业局科教处	刘　芳	2017 年 1 月 23 日
8	2016YJS078	园林学院	BJF 宝佳丰（北京）国际建筑景观规划设计有限公司	马晓燕	2016 年 12 月 27 日
9	2016YJS079	园林学院	北京世纪麦田园林设计有限责任公司	马晓燕	2016 年 12 月 28 日
10	2016YJS080	园林学院	北京植物园	张克中	2016 年 12 月 30 日
11	2016YJS081	园林学院	北京市黄垡苗圃	胡增辉	2016 年 11 月 25 日
12	2016YJS082	食品科学与工程学院	北京食品安全监控和风险评估中心	丁　轲	2016 年 1 月 9 日
13	2016YJS083	计算机与信息工程学院	北京市农林科学院农业信息与经济研究所	徐　践	2017 年 1 月 6 日
14	2016YJS084	文法学院	北京市昌平区崔村镇	佟占军	2016 年 11 月 28 日

（五）完善研究生教学相关文件及教学制度

2016 年，研究生处对《北京农学院研究生教学督导工作管理办法（试行）》（研字〔2010〕30 号）进行修订，发布《北京农学院研究生教学督导工作管理办法》（研处字〔2016〕15 号），进一步完善了研究生教育督导管理制度；完成《北京农学院研究生联合培养实践基地建设与管理办法》。

为贯彻落实《教育部国家发展改革委财政部关于深化研究生教育改革的意见》（教研〔2013〕1 号）、《国务院学位委员会教育部关于开展学位授权点合格评估工作的通知》（学位〔2014〕16 号）等文件精神，2016 年研究生处对

《硕士研究生培养方案（2010 版）》进行统一修订，编辑印刷了《全日制学术研究生培养方案》《全日制专业学位研究生培养方案》《在职研究生培养方案》及《在职硕士研究生课程教学大纲》。更好地服务于北京市经济社会和都市型现代农业发展需求，分类推进研究生培养模式改革，进一步优化培养环节和课程设置，不断提高研究生培养质量。

加强研究生招生管理，完善招生制度；扩大招生宣传，改善研究生生源结构；积极争取更多的年度招生指标，尽量降低新生不报到率，着力提高研究生招生规模和质量；规范学籍管理，为建设高水平农林大学提供坚实的数据基础。

五、加强研究生招生管理，完善招生制度

招生录取工作是高等学校整个人才培养体系的基础性工作，录取新生的生源质量逐渐成为高校和社会关注的焦点。新形势下，不断提升办学实力，增强办学特色，调整优化学科专业结构，加强内涵建设显得尤为重要。研究生处将招生录取工作作为重大任务，同心协力，层层把关，圆满地完成了 2016 年招生录取工作。

（一）扩大招生宣传，着力提高研究生招生规模和质量

1. 提前做好规划，抓住招生工作先机　4 月下旬，前一轮研究生复试录取工作接近尾声，即召开新一年度研究生招生工作启动会，部署新一轮招生工作；提前规划下一年度招生手册，尽快起草制作 2017 年研究生招生目录电子版、纸质版，抓住了招生工作的先机。

2. 利用微信等新媒体方式，设计手机网站，推出"北农研招办"公众号，向考生和相关人员推送研究生招生信息和政策，创新研究生招生宣传方式，扩大宣传范围。

3. 录制分学科专业导师访谈视频，并尽快通过微信、网络等媒体进行传播，起到了很好的宣传作用。

4. 通过以生招生政策，鼓励在校学生发动生源，卓有成效。为了更多、更广泛地发动生源，出台以生招生政策，对已考入本校的在校研究生成功联系非我校生源且第一志愿报考我校（指该生已参加我校研究生入学考试），给予相应的物质奖励，起到发动生源效果。

5. 加大校外招生宣传力度　组织各学院、各相关人员进行招生宣传，组团到相关院校、到研究生招生咨询会去宣讲北京农学院研究生招生政策，提供

招生咨询。到郑州、广州、济南、青岛、合肥、成都等地参加招生现场咨询会，并自行组团到内蒙古民族大学、河北北方学院、河南科技大学、河北工程大学等高等院校进行招生宣讲。同时，鼓励各学院、学科、导师利用交流机会出去宣传本校研究生招生政策。

6. 开展校内研究生招生咨询，稳固本校生源 组织各学院研究生招生人员与大三、大四高年级学生交流，宣讲本校研究生招生政策，并提供现场咨询。生物科学与工程学院、食品科学与工程学院、计算机与信息工程学院等学院均在2016年4～5月即召开了2017年研究生招生工作动员会，提早发动生源。

（二）多沟通、多交流，积极争取更多的年度招生指标

与上级部门、其他高校多加沟通交流，尽一切方法争取更多的年度招生指标。在积极争取下，2016年学校全日制研究生达300人，比上一年度增加了11.11％；在职研究生招生指标达190人。

（三）复试录取工作做精做细，圆满完成年度招生任务

圆满完成了学校2016年300名硕士研究生指标的复试录取工作。与同类院校相比，学校近几年不仅实现了招生指标的快速增长，而且圆满地完成录取任务。复试录取期间，从政策层面倡导学院、学科、导师接受优质生源，控制好一志愿、调剂生比例，控制好高分考生比例，控制好考生来源院校层次比例。以提高生源质量。

1. 通过各种措施，尽量降低新生不报到率 全日制研究生招生中，通过各种措施，如严格考生资格审查、尽早调取考生档案和按时毕业证明等措施，降低新生不报到的风险；在职专业学位研究生招生中，通过各种措施，如严格考生资格审查、提前交费、分批录取等措施，降低新生不报到的风险。

2. 积极建设、完善研究生招生队伍 2016年研究生复试录取工作之后，招生科及时组织各学院召开进行总结，撰写全日制和在职研究生招生质量分析和招生总结，使大家清楚地认识到生源结构需改进之处和招生过程中的经验、不足。

六、规范学籍管理，加强研究生毕业管理

为了贯彻执行党的教育方针，培养又红又专的社会主义现代化建设人才，必须加强全日制普通高等学校的学生管理工作，保证学校正常的教学秩序和教育质量的提高。在学生学籍管理工作中，研究生处坚持健全管理制度同加强思

想教育相结合的原则，因材施教，鼓励先进，充分调动和发挥学生的积极性，使其在德智体诸方面生动活泼地、主动地得到发展，培养更多的优秀人才

在学籍管理工作中，学校研究生休学、延期、补办学生证、铁路卡充值、开取在校证明、出国备案等各类学籍申请的材料和流程得到了进一步规范，并利用网站等信息手段方便相关师生获取材料；及时对新生学籍注册、在校生生学年注册、毕业生注册等数据信息进行整理和报送；按期整理在校学生数据统计、学生名册等数据，配合财务处、国有资产管理处等部门提供相关学生信息；按照学校发展规划办公室要求，整理提供各项学生数据信息、名册和档案材料；加强研究生毕业管理，规范研究生毕业、结业、延期流程，分门别类发文、管理；规范新生学籍教育、学籍表格填写、学生证及铁路卡办理等环节流程，确保学校研究生学籍工作有序进行。

七、严格管理经费，完成 2016 年经费预算和项目管理

(一) 2015 年项目结题及 2016 年项目评审

此次验收学位与研究生教育改革与发展项目共 108 个，经专家组评审，有 28 项评审结果为"优秀"，有 29 项评审结果为"良好"，有 39 项评审结果为"合格"，有 2 项评审结果为"不合格"，有 10 项未结题。其中，评审结果为"优秀"的项目占总项目数的 25.9%；评审结果为"不合格"的项目占总项目数的 1.9%；未结题项目占总项目数的 9.3%。

完成学科建设与研究生教育质量提高经费的立项、建卡和下拨工作。完成学位与研究生教育改革与发展项目评审、立项、建卡和下拨工作，批准"农业资源利用专业硕士点建设与人才培养模式创新探索研究——环境科学方向为例"等 112 个项目立项，其中自由申报项目 85 项，委托项目 27 项；组织开展 2017 年学位与研究生教育改革与发展项目的申报，已完成材料的收集和整理。

(二) 2016 年经费预算工作

按照财务要求，完成本年度 145 万元的部门基本经费预算。

根据学校 2016 年经费预算要求和计划财务处下达的经费指标，2016 年研究生处校内项目经费预算总计 533.80 万元，其中内涵发展定额项目——学生综合素质提升经费 100 万元。按照研究生处工作任务的总体安排，制订经费分配方案，其中学科建设与研究生教育质量提高经费 235.79 万元，学位与研究生教育改革与发展项目经费 298.01 万元；组织完成 2017 年两个市专项的申报工作，其中"学生资助——研究生学业奖学金"项目申报经费 304 万元，

"2017 年北京农学院学科建设与研究生质量提高项目"申报经费 276.5 万元；完成 2016 年研究生教育改革与发展项目的经费日常管理、支出进度监测等工作。

八、继续推进博士后科研工作站管理

2015 年 9 月，根据人力资源和社会保障部、全国博士后管理委员会相关文件，学校"北京北农企业管理有限公司"申报的博士后科研工作站获批。根据上级文件精神，在广泛调研的基础上，结合学校实际，组织起草、下发了《关于成立北京农学院博士后管理委员会的决定》（北农校发〔2015〕70 号）、《关于印发〈北京农学院博士后管理工作办法（试行）〉的通知》等博士后管理相关文件。

2016 年，成功招收 4 名博士后研究人员，已完成入站审批、户口迁移、档案调取、组织关系接收、住宿、工资关系办理等相关手续办理。11 月 23 日，举行了 2016 年博士后进站仪式。当前，正在组织开展博士后开题工作。

九、争先创优，进一步发展、完善学科建设

学科是高校办学水平和综合实力的主要体现，是办学质量、办学特色、办学优势、学术地位和核心竞争力的重要体现，是实现人才培养、知识创新、团队建设和服务社会的重要载体，也是高校实施"质量立校、人才强校、特色兴校"战略的重要举措，学科建设高校各项工作中处于龙头地位。研究生处紧紧围绕学校的发展定位和目标，坚持"有所为，有所不为"的学科建设与发展策略，深刻把握学科建设的内在规律，按照"全面提升，重点突破，强化优势，突出特色"的思路，实现学科内涵发展，全面提升学科核心竞争力，增强为国家和区域经济社会发展服务的能力。

（一）全力以赴做好第四轮学科评估

根据教育部学位与研究生教育发展中心（以下简称学位中心）2016 年 4 月 22 日下发的《全国第四轮学科评估邀请函》（学位中心〔2016〕42 号），第四轮学科评估工作已经启动。按照学位中心工作要求，2016 年 5 月 5 日，学校召开"全国第四轮学科评估工作会"，会议由姚允聪副校长主持，对评估工作进行启动和布置。

在校党委、行政的领导下，经相关学院、学科共同努力，2016 年 6 月，

按时完成各参评学科《简况表》《学生信息表》等相关材料的报送工作（网上、纸质），并经学位中心审核通过。目前，正在密切关注相关工作进展；按照学位中心通知要求，分两个阶段完成学位中心北京农学院专家信息库的补充、更新工作，更新后共包括165名校内教师信息。

（二）努力做好博士点申报准备工作

2016年是博士点申报筹备年，研究生处密切关注学位点授权审核工作动向，收集、整理、下发了"新增博士单位申请基本条件（征求意见稿）""博士硕士学位授权点申请基本条件（征求意见稿）"等资料。12月，邀请国务院学位委员会办公室欧百钢处长来校座谈，就博士点申报工作进行咨询；在总结"十二五"工作的基础上，制订完成"'十三五'学科建设与研究生教育发展规划"；组织完成11个一级学科的"十三五"学科建设与研究生教育发展规划，梳理了各学科的学科队伍。

十、加强学位管理及导师管理，促进提升研究生培养质量

（一）学士、硕士学位证书和毕业证书设计

根据国务院学位委员会、教育部《关于印发〈学位证书和学位授予信息管理办法〉的通知》（学位〔2015〕18号）文件要求，结合学校学位、学籍管理工作需要，2016年研究生处与校宣传部合作，开展了学士、硕士学位证书和毕业证书设计创意征集评选活动、"你的北农学位证书，你做主！快来票选你中意的学位证书"北京农学院官方微信平台网络投票活动等。在此基础上，经多次修改和优化，最终确定新版学位证书和毕业证书。目前，新版证书已经投入使用，用于2016年夏季本科、研究生相应证书的发放。

（二）硕士学位管理

本年度研究生处组织完成2016年夏季硕士学位申请、论文查重、论文评阅、论文答辩和学位授予工作。2016年夏季共授予硕士学位295人，其中：

1. 学术学位研究生　授予王金龙等85人硕士学位，其中农学硕士58人，工学硕士20人，管理学硕士7人。

2. 全日制专业学位研究生　授予马燕明等130人硕士学位，其中农业推广硕士116人，兽医硕士14人。

3. 在职专业学位研究生　授予石运博等80人硕士学位，其中农业推广硕士65人，兽医硕士15人。

组织完成 2016 年硕士研究生优秀学位论文评选工作。经论文答辩委员会及相关学院推荐，研究生处审核，校学位委员会审批、校内公示无异议，校长办公会研究通过，《根特异性启动子玉米抗逆基因研究》等 27 篇学位论文被评选为"2016 年北京农学院硕士研究生优秀学位论文"。

继续征集校外评审专家，建立专家信息库，进行硕士研究生学位论文网上评阅、联系专家、论文送审、评阅意见汇总及专家劳务发放等工作。根据北京市学位委员会办公室要求，完成学校硕士学位论文抽检相关材料汇总上报工作。完成"第六届全国兽医专业学位优秀学位论文评选"材料报送工作；当前，正在组织进行 2016 年冬季硕士学位授予相关工作。

（三）举办年度教育工作会，加强新增导师培训

研究生指导教师是研究生培养第一责任人和执行者，导师队伍素质是决定研究生培养质量的关键因素，导师队伍建设是推进研究生教育发展乃至学校发展的关键所在。导师培训是研究生教育制度规定的重要工作内容，是研究生教育发展的需要。

2016 年新增刘灿等 23 人为硕士研究生指导教师，其中校内导师 19 人，校外导师 4 人。目前，学校现有硕士导师 380 人，其中校内导师 262 人，校外导师 118 人。2016 年底，研究生处组织召开了 2016 年研究生教育工作会。对 2016 年研究生招生先进集体代表、先进个人、突出贡献导师进行表彰，为 2016 年新增研究生导师办法聘书，编印了《学位与研究生教育管理文件选编（2016 年）》（共收录文件 51 个），邀请国务院学位委员会办公室欧百钢处长做了题为"学位与研究生教育发展改革形势分析"的特邀报告。

（四）校学位办日常管理

2016 年研究生处共组织召开了 4 次校学位委员会会议，分别主要就学士学位授予、硕士学位授予、新增导师资格遴选、"十三五"学科建设规划等进行了审核。目前，正在准备 2016 年冬季学位授予相关审核工作。

十一、发掘优秀，突出教学成果，出版论文集

2015 年 12 月至 2016 年 5 月，研究生处开展了《都市型农林高校研究生培养模式改革与实践（2015）》论文征集工作。目前，该书已经由中国农业出版社出版。全书内容分为学位授权点建设与人才培养模式创新、研究生课程教学和实践基地建设、研究生教育改革管理研究、社会实践报告、工作报告、附

录 6 个部分，主要反映了学校 2015 年开展研究生培养模式改革与实践的教育教学成果，同时收录了学校学位与研究生教育的部分工作总结和国家 2015 年出台的重要工作文件。

为突出研究生教学成果，调动研究生教学主动性，研究生处组织开展了 2016 年研究生教育教学成果奖评选工作。根据《关于开展 2016 年研究生教育教学成果奖评选工作的通知》（研处字〔2016〕22 号），按照《2016 年研究生教育教学成果奖评选方案》，经申报、相关单位推荐、专家组初评、校研究生培养指导委员会复评等程序，评出一等奖 3 项，二等奖 5 项，三等奖 5 项，共计 13 项。目前已完成公示。

十二、上传下达、多方合作、共同达标

2016 年，研究生处始终坚持"务实、高效、合作"的工作理念，努力做好工作枢纽，及时接收学校或上级的文件精神，第一时间传达合作部门及学院，严格执行、分工负责、有条不紊。本年度共接收上级文件 40 件，中转、传达文件 35 件，涉及学位、学科建设，研究生思想政治建设，研究生培养管理，研究生招生、学籍工作等内容。

研究生处积极贯彻学校各项精神，积极落实各项迎检材料建设，涉及教育教学收费自查、安全隐患自查、党风廉政责任制建设及研究生招生工作自查等多项内容，并在日常工作中以身作则，时刻遵守党规党纪，把党风廉政建设放在首位，通过与各部门、各学院共同合作，顺利完成学校及上级交给的任务。

第二部分　工作中存在的不足及问题

一、部分工作规范性、服务性需要加强

在目前的研究生招生、培养、学位管理、学籍管理、思想政治教育等工作中，一些工作环节、工作细节的规范性还需要加强，部分工作管理意识、服务意识有待提高。

二、管理信息化水平需要进一步完善

研究生教育管理信息系统已经应用于培养、学位等工作环节，在研究生教

育管理水平提升方面发挥了重要作用。今后需要进一步完善和细化系统功能，尽快在研究生教育中全面推广；微信公众平台推送内容较为单一，需要丰富推送内容，使其功能性不断提升。

三、就业服务需要提高

就业形势越加严峻，需要采取多种举措，加大培养力度，提高培养质量，提升研究生职业能力，并引入有效营销方式做好就业指导服务，需要多方位、多形式、多渠道提供就业指导及就业规划。

第三部分　2017年重点工作建议及要点

一、研究生招生与学籍管理

（一）招生

完成2017年硕士研究生复试和录取工作；启动2018年硕士研究生招生工作；争取全日制研究生招生计划能达到350人，并圆满完成招生任务。

（二）学籍

做好新生学籍注册、老生学籍注册和毕业生学籍注册工作；做好学生证管理、火车票优惠卡管理、毕业生电子图像采集、在校生学籍变动、数据统计审计等日常管理。

二、研究生教学管理

加强研究生核心课程、安全课程的建设，提高教学质量；加强研究生教务管理系统中研究生培养模块内容管理，进一步完善系统的各项功能；做好研究生联合培养实践基地建设工作及研究生工作站建设工作；进一步发挥研究生教学工作中督导的作用，提高课程教学质量；为进一步提高在职研究生的培养质量，加强在职研究生培养过程管理，完善在职研究生培养环节，需要把在职研究生的课程教学大纲的内容录入到研究生教务管理系统中，尽快实现在职研究生课程授课计划在网上的录入工作。

三、学科建设与学位管理

（一）学科建设

做好第四轮学科评估后续跟进工作；组织开展新增博士授予单位、博士点、硕士点申报准备工作；继续开展学位授权点合格评估工作。

（二）学位管理

做好 2017 年硕士学位授予和优秀学位论文评选工作；组织校学位委员会会议，审核学士学位授予、硕士学位授予、导师资格遴选等相关工作；做好学位授予信息报送工作。

四、导师管理

做好 2017 年新增硕士生导师资格遴选、导师培训工作；完善导师管理相关制度。

五、经费和项目管理

完成 2016 年研究生改革与发展项目的结题和 2017 年研究生改革与发展项目的日常管理；完成 2017 年专项经费的管理工作。

六、博士后管理

完善博士后管理规章建设；做好 2016 级博士后基金申报、中期考核，2017 级博士后招收、进站、开题，博士后活动组织等相关工作。

七、研究生就业和思政工作

开展好 2017 届研究生毕业生就业工作，保持就业率在 96％以上；完成 2017 年研究生奖助学金的评定和发放工作；组织开展"三助一辅"招聘、培训及考核工作；开展研究生心理健康教育、心理状况筛查；组织开展研究生素质课堂；继续开展研究生社会实践活动；鼓励各学院继续开展具有专业特色的学术论坛、讲座等。

八、研究生管理信息化建设

加强完善研究生综合管理信息系统相关模块的调试和运行，实现对研究生培养各个环节的信息化管理；做好学位与研究生教育质量信息平台、专业学位教学案例中心案例库的维护工作，丰富微信公众号内容，功能多样化。

2016 年研究生处（研究生工作部）工作取得成绩的同时也有许多地方需要改善和提升，2017 年研究生处（研究生工作部）将继续在校党委的领导下努力工作，在原有成绩基础上持续创新，开拓进取，研究生处（研究生工作部）全体成员将继续秉承"务实、高效、合作"的理念，以研究生为本，努力增强管理和服务意识，切实提高管理和服务水平，大力推进学校学科建设和研究生教育各项工作。

北京农学院 2016 年学科建设质量报告

北京农学院研究生处

学科是高校办学水平和综合实力的集中体现，是实现人才培养、知识创新、团队建设和服务社会的重要载体。2016 年，是"十三五"建设开局之年，是北京农学院进一步深化改革、内涵发展的开端之年。在校党委、行政的正确领导下，研究生处秉承"务实、高效、合作"工作理念，落实学校 2016 年工作要点和折子工程，进一步推进了学校学科建设的各项工作，较好地完成了学校交给的各项任务。

一、学校学科建设概况

2003 年，学校获得硕士学位授予权。目前，学校共有 7 个一级学科硕士学位授权点，4 类专业学位授权点，5 个北京市重点建设学科，分布在农、工、管 3 个学科门类，实现了 26 个硕士学科、专业、领域的招生（表 1～表 4）。截至目前，学校共有在校硕士研究生 1 175 人，其中全日制硕士研究生 651 人，在职攻读硕士学位研究生 524 人，分布在生物科学与工程学院、植物科学技术学院、动物科学技术学院等 8 个二级学院。

表 1 省部级重点学科一览表

二级学科名称	所在门类	批准时间	批准单位	备注
果树学	农学	2008 年	北京市教育委员会	第二轮建设
临床兽医学				第二轮建设
园林植物与观赏园艺		2010 年		
农产品加工及贮藏工程	工学	2008 年		
农业经济管理	管理学			

表2 一级学科硕士学位授权点

一级学科名称	所在学科门类	批准时间	批准部门
作物学	农学	2011 年 3 月	国务院学位委员会
园艺学			
兽医学			
林学			
食品科学与工程	工学		
风景园林学		2011 年 8 月	
农林经济管理	管理学	2011 年 3 月	

表3 学术学位硕士研究生招生学科、专业

学位类型	招生学科、专业	所在一级学科	所在门类
学术学位	作物遗传育种	作物学	农学
	果树学	园艺学	
	蔬菜学		
	基础兽医学	兽医学	
	临床兽医学		
	森林培育	林学	
	园林植物与观赏园艺		
	食品科学	食品科学与工程	工学
	农产品加工及贮藏工程		
	风景园林学	风景园林学	
	农业经济管理	农林经济管理	管理学
	林业经济管理		

表4 专业学位硕士研究生招生类别及领域

学位类型	专业学位类别	招生领域
专业学位	农业*	作物
		园艺
		农业资源利用
		植物保护
		养殖
		林业
		农村与区域发展
		农业科技组织与服务
		农业信息化
		食品加工与安全
		种业

（续）

学位类型	专业学位类别	招生领域
	兽医	兽医
	风景园林	风景园林
	工程	生物工程

　＊（1）根据 2014 年 12 月 11 日国务院学位委员会下发的《关于将"农业推广（暂用名）硕士"定名为"农业硕士"的通知》（学位〔2014〕46 号），原农业推广硕士定名为农业硕士。（2）根据 2016 年 10 月 16 日全国农业专业学位研究生教育指导委员会下发的《关于农业硕士专业学位领域设置调整的通知》（农业教指委〔2016〕3 号），农业硕士专业学位由现有的 15 个培养领域调整为 8 个领域，从 2018 年开始统一按照调整后的 8 个领域开始招生和培养工作。

二、2016 年开展的主要工作

（一）参加第四轮学科评估

　　根据教育部学位与研究生教育发展中心（以下简称学位中心）2016 年 4 月 22 日下发的《全国第四轮学科评估邀请函》（学位中心〔2016〕42 号），第四轮学科评估工作已经启动。按照学位中心工作要求，2016 年 5 月 5 日，学校召开"全国第四轮学科评估工作会"，会议由姚允聪副校长主持，对评估工作进行启动和布置，要求具备学科评估资格的 7 个一级学科全部参加评估。

　　按照学位中心 5 月 6 日下发的《关于全国第四轮学科评估补充事项的函》，申报材料截止时间由 5 月 30 日延长至 6 月 20 日，评估系统中材料报送功能 6 月 1 日开通。

　　5 月中旬，各参评学科确定此次学科评估负责人、联系人，并开始开展工作；研究生处将学科评估专项经费划拨到位，用于保障学科评估过程中材料准备、专家论证、工作调研等顺利开展。6 月 13 日、6 月 17 日，研究生处分别组织召开会议，对填报中出现的相关情况进行协调、对材料填报情况进行检查和督促。

　　在校党委、行政的领导下，经相关学院、学科共同努力，2016 年 6 月，学校按时完成各参评学科《简况表》《学生信息表》等相关材料的报送工作（网上、纸质），并经学位中心审核通过。按照学位中心通知要求，2016 年 7～8 月，分两个阶段完成学位中心北京农学院专家信息库的补充、更新工作，更新后共包括 165 名校内教师信息。

　　2016 年 11 月 14～23 日，学位中心开展了第四轮学科评估信息公示。根据学位中心《关于第四轮学科评估异议信息反馈与处理的函》（学位中心

〔2017〕3 号）和《关于补充第四轮学科评估在校生和用人单位联系人信息的函》（学位中心〔2017〕4 号），2017 年 1 月，研究生处组织相关学院、学科对相关信息反馈进行了处理，对相关材料进行了补充。目前，正在跟进第四轮学科评估相关进展。

（二）"十三五"规划编制工作

2015 年下半年，学校启动"十三五"规划编制工作。在总结"十二五"工作的基础上，经数易其稿，制订完成"'十三五'学科建设与研究生教育发展规划"；同时，组织完成 11 个一级学科的"十三五"学科建设与研究生教育发展规划，进一步理顺了学校的学科构架和学科队伍。

（三）学位授权点合格评估

2016 年 3 月，收到国务院学位委员会《关于下达 2014 年学位授权点专项评估结果及处理意见的通知》（学位〔2016〕5 号），学校"兽医硕士"评估结果为"合格"。

按照《北京农学院学位授权点自我评估工作方案》（北农校发〔2016〕8 号），2016 年应完成作物学、林学、风景园林学自我评估。目前，相关工作未按期完成，正在进行中。

（四）新增学位点申报准备工作

6 月，按照北京市学位委员会办公室《关于复核学位授予单位及学位授权的通知》，对学校学位授予单位和学位授权点信息进行了复核和上报。10 月，按照北京市学位委员会办公室通知，填报了"本省（自治区、直辖市）规划申请新增博士、硕士学位授予单位情况表"，对"新增博士单位申请基本条件（讨论稿）"进行了意见反馈。11 月，《博士硕士学位授权点申请基本条件（征求意见稿）》发到各相关学院进行学习和讨论。12 月，在邀请国务院学位委员会办公室欧百钢处长来校座谈，就博士点申报工作进行了咨询。

（五）博士后科研工作站管理

2015 年 9 月，根据人力资源和社会保障部、全国博士后管理委员会相关文件，学校申报的"北京北农企业管理有限公司博士后科研工作站"获批。博士后科研工作站的获批，是学校学科建设新的动力点，为学校高层次创新型人才培养、师资队伍建设和科技创新提供了新的支撑平台。

为尽快开展博士后工作站相关工作，在学校领导的支持下，研究生处按照上级相关要求，于 2015 年 11 月分别与中国农业大学、北京林业大学博士后管理部门签订了联合招收（培养）企业博士后研究人员（合作）协议书；于 2015 年 12 月底下发了《关于成立北京农学院博士后管理委员会的决定》（北农校发〔2015〕70 号），成立学校博士后管理相关机构。

根据上级文件精神，研究生处在广泛调研的基础上，结合学校实际，2016 年 3 月制发了《关于印发〈北京农学院博士后管理工作办法（试行）〉的通知》等博士后管理相关文件。

7 月 4 日，学校向社会公布"北京农学院 2016 年博士后招收公告"，正式启动招收工作。经过研究生处、相关学院、合作指导教师的共同努力，2016 年面试 7 名、最终招收 4 名博士后研究人员（其中，全日制博士后 3 名，在职博士后 1 名），分布在植物科学技术学院、动物科学技术学院和经济管理学院。其中，与中国农业大学联合招收 3 人，与北京林业大学联合招收 1 人。4 名博士后的进站，标志着学校的学科建设站在了新的高度，为学校建设都市型现代农林大学注入了新的活力。2016 年 9～10 月，进站审批完成后，户口迁移、档案调取、组织关系接收、住宿、工资关系办理等相关手续已经妥善办理。

10 月中旬，与科技产业集团合作，共同邀请中国博士后科学基金会、中国科学院大学、中国长江三峡集团公司、科技日报、国家知识产权局等相关专家教授召开博士后科研工作站建设与管理工作研讨会。随后，又与科技产业集团共同调研了北京市农林科学院、四川大学和乐山职业技术学院，主要是学习对方单位的博士后管理与考核制度、博士后工作站建设管理工作经验和发展规划。

11 月 23 日，举行了 2016 年博士后进站仪式。目前，在站 4 名博士后已经完成开题工作，所有 4 名博士后均申请了中国博士后科学基金项目，相关科研工作正在有序开展。

2016 年 12 月至 2017 年 2 月，按照《关于开展 2016 年推荐中国博士后科学基金评审专家和更新已有专家信息的通知》，推荐完成 28 名教授为中国博士后科学基金评审专家。

（六）其他工作

2016 年 1～3 月，组织作物学、园艺学、兽医学、农林经济管理、林学、风景园林学、食品科学与工程 7 个一级学科所在学院撰写了《2015 年学科建设质量报告》和《北京农学院学科建设情况表（2015）》，对 2015 年学科建设工作进行总结。研究生处撰写了《北京农学院 2016 年学科建设质量报告》，对 2015 年学科建设工作进行了总结和分析。2016 年 4 月 15 日，在校研究生培养指导委员会会议上，研究生处介绍 2015 年学科建设情况，下发了《2015 年北京农学院学科建设质量报告汇编》。

三、经费投入情况

2016 年，使用学校统筹经费，立项研究生改革与发展项目 112 项，其中学位授权点建设与人才培养模式创新项目 7 项、研究生课程项目 11 项、研究生党建项目 5 项、研究生创新科研项目 38 项、研究生社会实践项目 10 项、校外研究生联合培养实践基地项目 14 项、委托项目 27 项，立项总经费 215.5 万元。立项学科建设与研究生教育质量提高项目 11 项，立项总经费 235.79 万元，主要用于资助学科带头人、科研人员及研究生从事科学研究，进行条件和环境建设，开展研究生教学工作和日常管理等。

四、存在的问题与不足

一年来，经过全校上下的努力，学校的学科建设取得了一些成绩和进步。但是，与北京市经济社会需求和学校的发展要求相比、与其他兄弟院校相比，还存在一些不足，需要在今后努力改进。

（一）学校学位授权点布局尚未完成

学校没有博士学位授权点；植物保护、畜牧学、生物工程、工商管理等还未获得一级学科硕士学位授予权；一些特色优势本科专业所在学科还没有硕士点。

（二）学科竞争优势还不突出

根据 2012 年学科评估结果，学校参加评估的 7 个一级学科中，虽然部分学科绝对排名进入前 20 位，但排名百分位均在前 60% 之后，其中在学校居于优势学科的园艺学、兽医学均在前 70% 之后。学科竞争优势还不突出，学科特色不够明显。

（三）学科建设管理工作有待加强

学科顶层规划和统筹管理工作比较薄弱，尤其在新兴学科和交叉学科建设中，学校规划协调工作有待于进一步加强；学科发展定位需要进一步明晰；学校在学科内涵发展管理机制方面还需进一步解放思想，改革创新。

五、学科建设面临的形式

（一）"双一流"对大学和学科建设提出新的要求

2015 年 10 月 24 日，国务院发布《统筹推进世界一流大学和一流学科建设总体方案》。建设世界一流大学和一流学科，实现我国从高等教育大国到高等教育强国的历史性跨越，成为中共中央、国务院做出的新的重大战略决策。近年来，北京、上海、江苏、广东等省、直辖市纷纷出台政策，设立专项资金，积极支持本区域的大学和学科建设，并取得一定的成效。2017 年 1 月，教育部、财政部、国家发改委联合印发了《统筹推进世界一流大学和一流学科建设实施办法（暂行）》，确立了"双一流"建设的行动路线。当前和今后一段时间，落实"双一流"建设精神、走内涵式发展道路、提高学科建设水平，已成为学科建设最核心、最紧迫的任务。

（二）京津冀协同发展是北京市面临的战略任务

推动京津冀协同发展是中共中央、国务院做出的重大国家战略，其战略核心是有序疏解北京非首都功能，实现内涵集约发展，促进区域协调发展。京津冀协同发展战略的实施，深刻影响了北京地区的经济结构、空间结构和教育结构，需要高校主动适应新的形势、寻找新的发展机遇。

（三）学校自身发展需要学科引领

学科建设是学校师资队伍、科学研究、人才培养、条件平台等各项工作的综合体现，是学校资源配置的指南针，在学校各项工作中处于引领地位。面对国家形势发展和北京市经济社会建设需求，学校需要不断凝练学科方向，夯实学科基础，主动寻求机遇、谋求发展，切实将学科引领作用贯彻到各项具体工作中。

六、2017 年学科建设的主要思路和工作措施

（一）主要思路

在校党委、行政的领导下，以邓小平理论、"三个代表"重要思想、科学发展观为指导，深入学习贯彻习近平总书记系列重要讲话精神和治国理政新理念新思想新战略，以服务京津冀协同发展需求为导向，进一步完善学科和学位

授权点结构布局，突出学科方向特色，优化学科人才队伍，改善学科发展条件，增强学科竞争优势，创新学科管理机制，提高学科建设水平。

（二）工作措施

1. 全力做好新增博士学位授予单位、新增硕士学位授权点的申报工作。

2. 按照"做强农科、做大工科、做好管科"的思路，完善学校学科管理规章制度，推进学科资源整合和结构优化，突出各相关学科在现代种业、生态环境建设、食品安全、都市农林业发展理论等方向的优势和特色，积极申请北京市"双一流"建设。

3. 改进博士后科研工作站管理，做好博士后研究人员招收、在站管理、基金申报等工作。

4. 继续做好教育部学位中心第四轮学科评估后续工作。进一步创新学科组织模式，凝练学科发展方向，做好兽医学、食品科学与工程、农业硕士（原农业推广硕士）的学位授权点自我评估工作。

5. 继续落实"京津冀农林高校协同创新联盟研究生合作协议"，探索三地农林高校学科建设、学术交流、资源共享等互动平台模式。

6. 积极推进学科建设项目负责人制度，进一步明确学科负责人责权利，制定相应的激励政策，定期进行责任考核。

7. 不断改革创新校院两级管理运行机制，提高学科建设综合效益。

北京农学院 2016 年研究生教育质量报告

北京农学院研究生处

研究生教育作为高等教育的最高层次，担负着培养高层次创新型人才创造高水平科研成果的重要使命。在我国研究生教育正在转向以质量提升为核心的内涵发展新阶段，人才培养质量已经成为研究生教育的生命线。为切实提高研究生教育质量，加强质量常态监控，研究生处从 2015 年开始实施研究生培养质量年度报告制度，旨在通过深入分析研究生培养过程中的各环节质量状况，进一步推动研究生教育思想观念、教育体制和运行机制的创新，从而更好地把握学校研究生教育的发展动态。

一、研究生导师队伍

研究生导师的素质是决定研究生培养质量的关键，主要体现在以下三方面：

第一，研究生导师是研究生专业培养目标的设计者。研究生导师既是研究生专业基础知识和专业知识结构的设计者与构建者，也是研究生科研工作的指导者。

第二，研究生导师是研究生培养质量最主要的监控者。

第三，研究生导师也是影响研究生素质形成和发展的最主要因素。导师除了在教学指导工作中不失时机地对研究生加以引导外，更应以身作则，因为导师的治学态度、学风，如何处理导师间和师生间的协作指导关系，如何对待科研工作的成败，如何对待科研成果的归属和名利等，无不对研究生产生潜移默化的影响。

2016 年新增硕士研究生指导教师 23 人（其中校内导师 19 人，校外导师 4人），截至 2016 年 12 月 31 日，学校共有硕士研究生导师 374 人（其中校内导师 256 人，校外导师 118 人，其中有外籍导师 5 人），另兼职博士生导师

18 人。

学校研究生导师（374 人）分布情况：生物科学与工程学院 26 人，占 7％；植物科学技术学院 102 人（校外导师 42 人），占 27.3％；动物科学技术学院 72 人（校外导师 36 人），占 19.3％；经济管理学院 48 人（校外导师 4 人），占 12.8％；园林学院 39 人（校外导师 8 人），占 10.4％；食品科学与工程学院 39 人（校外导师 11 人），占 10.4％；计算机与信息工程学院 29 人（校外导师 11 人），占 7.8％；文法学院 19 人（校外导师 2 人），占 5.1％（图 1）。

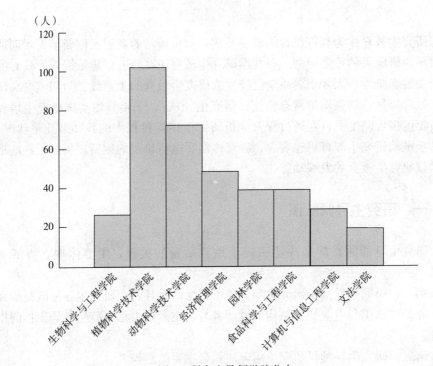

图 1　研究生导师学院分布

研究生导师（374 人）职称结构分析：教授 187 人，占 50％；副教授 146 人，占 39％；讲师 41 人，占 11％（图 2）。

二、学科设置

学校现有园艺学、兽医学、作物学、林学、风景园林学、食品科学与工程、农林经济管理 7 个一级学科硕士学位授予点，覆盖了 21 个二级学科硕士学位授

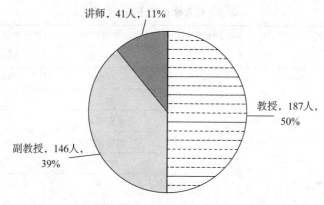

图 2　研究生导师职称分布

予点；有农业硕士、兽医硕士、风景园林硕士、工程硕士 4 个专业学位类别 14 个招生领域（表 1、表 2）；分别有果树学、临床兽医学、农业经济管理、农产品加工及贮藏工程、园林植物与观赏园艺 5 个北京市重点（建设）学科。

表 1　学术学位硕士点一览表

序	学科门类代码及名称	一级学科代码及名称	批准时间（年）	二级学科代码及名称	批准时间（年）	备注
1	农学	作物学	2011	作物遗传育种	2006	
2		园艺学		果树学	2003	
3				蔬菜学	2006	
4		兽医学		基础兽医学	2006	
5				临床兽医学	2003	
6		林学		森林培育	2013	自主设置
7				园林植物与观赏园艺	2006	
8	工学	食品科学与工程		食品科学	2013	自主设置
9				农产品加工及贮藏工程	2006	
10		风景园林学				
11	管理学	农林经济管理		农业经济管理	2006	
12				林业经济管理	2013	自主设置

表 2　专业学位硕士点一览表

序号	专业学位代码及名称	批准时间（年）	专业学位领域代码及名称	批准时间（年）	备注
1	工程		生物工程	2014	
2			作物	2009	
3			园艺	2008	
4			农业资源利用	2011	报备
5			植物保护	2010	
6			养殖	2010	
7	农业推广	2008	林业	2010	
8			农村与区域发展	2010	
9			农业科技组织与服务	2011	报备
10			农业信息化	2010	
11			食品加工与安全	2009	
12			种业	2011	报备
13	兽医	2009			
14	风景园林	2014			

三、2016 年在校生人数

现学校全日制研究生在校人数为 653 人；在职研究生人数为 526 人。

2016 年全日制研究生招生 300 人，其中学术型研究生 93 人，专业学位硕士研究生 207 人（表 3）。

2016 年在职研究生招生 104 人。

表 3　2016 级全日制硕士研究生人数统计表

序号	学院	学位类别	专业	2016 级（人）	小计(人)
001	生物科学与工程学院	专业型	生物工程	15	15
002	植物与科学技术学院	学术型	作物遗传育种	8	95
			果树学	17	
			蔬菜学	9	
		专业型	作物	8	
			园艺	25	
			植物保护	10	
			种业	8	
			农业资源利用	10	

（续）

序号	学院	学位类别	专业	2016级（人）	小计（人）
003	动物科学技术学院	学术型	基础兽医学	7	49
			临床兽医学	11	
		专业型	养殖	13	
			兽医	18	
004	经济管理学院	学术型	农业经济管理	9	41
			林业经济管理	0	
		专业型	农村区域与发展	32	
005	园林学院	学术型	风景园林学	6	41
			园林植物与观赏园艺	6	
			森林培育	4	
		专业型	林业	13	
			风景园林	12	
006	食品科学与工程学院	学术型	农产品加工及贮藏工程	8	35
			食品科学	8	
		专业型	食品加工与安全	19	
007	计算机与信息工程学院	专业型	农业信息化	10	10
008	文法学院	专业型	农业科技组织与服务	14	14

四、研究生课程建设

（一）研究生课程建设

课程是高等学校教学建设的基础，课程建设是学校教学基本建设的重要内容之一。加强课程建设是有效落实教学计划、提高教学水平和人才培养质量的重要保证。

在课程建设过程中，不是一味地增加学校课程的数量，而不考虑学生实际承受的能力，但也不能为了减轻学生过重的学业负担，而一味地减少课程开设的数量。所以，在学校课程建设过程中，必须要关注学校的培养目标，同时也应该关注学生的能力培养。关注较少或不关注学生能力培养的课程，这样的课程要少之又少。因为学生的时间和精力是有限的。课程建设的要素有两个：一是规划设计，二是实施过程。

课程的规划设计，主要是解决设置什么课程、课程如何排序、课程标准是什么等问题，这一系列工作实际就是课程规划模式建设。

课程的实施过程，就是教学过程，主要是解决怎样教才能实现培养目标等问题，这一系列工作实际就是教学模式建设。因此，课程建设的主要内容就是课程模式和教学模式建设。

课程模式建设主要是研究教什么的问题，主要包括三方面内容：一是按照一定的思想和理论开发课程，目前比较先进的课程开发思想和理论就是"基于工作过程"；二是考虑专业特性和学生特点，按照能力培养循序渐进的原则序化课程；三是编制课程目标、课程内容等框架计划，即建立课程标准。

教学模式建设主要是指：在一定的教育目标及教学理论指导下，依据学生的身心发展特点，对教学目标、教学内容、教学结构、教学手段方法、教学评价等因素进行简约概括而形成的相对稳定的指导教学实践的教学行为系统。

2016 年通过研究生质量提高课题的资助 11 门课程建设项目（表 4）。

表 4 2016 年北京农学院研究生课程建设

序号	项目编号	院（部）	项目名称	负责人	备注
1	2016YJS008	生物科学与工程学院	生物反应工程与反应器课程建设	薛飞燕	
2	2016YJS009	植物科学技术学院	园艺关键技术实训课程建设	董清华	
3	2016YJS010	经济管理学院	中级微观经济学课程建设	夏 龙	
4	2016YJS011	经济管理学院	农林产品营销课程建设	桂 琳	
5	2016YJS012	经济管理学院	农村发展理论与实践课程建设	赵海燕	
6	2016YJS013	经济管理学院	农林项目投资与案例分析课程建设	曹 暕	
7	2016YJS014	园林学院	林木花卉新品种新技术课程建设	张睿鹏	
8	2016YJS015	计算机与信息工程学院	农业信息处理与分析课程建设	刘 飒	
9	2016YJS016	计算机与信息工程学院	农业传播技术与应用课程建设	姚 山	
10	2016YJS017	文法学院	农村社会学课程建设	韩 芳	
11	2016YJS018	马克思主义学院	中国特色社会主义理论与实践专题研究课程建设	华玉武	

在学校发展过程中，课程是核心、教学是重点、评价是关键。离开了教学和评价的课程，它只不过是冰冷知识的堆积而已；离开了课程和评价的教学，它就失去了前进方向；离开了课程与教学的评价，"皮之不存，毛将焉附"。

（二）研究生课程体系建设

课程体系是指同一专业不同课程门类按照门类顺序排列，是教学内容和进程的总和，课程门类排列顺序决定了学生通过学习将获得怎样的知识结构。课程体系是育人活动的指导思想，是培养目标的具体化和依托，它规定了培养目标实施的规划方案。课程体系主要由特定的课程观、课程目标、课程内容、课程结构和课程活动方式所组成，其中课程观起着主宰作用。

研究生课程体系是研究生培养模式的重要组成部分。学位课程学习是研究生培养的重要环节，也是研究生教育的重要内容。通过课程学习，使研究生建立合理的知识结构，并具备探求知识和分析解决问题的能力。

学术型研究生的课程体系设置体现基础性、交叉性、前沿性和前瞻性，反映的基本理论知识及最新研究成果；专业学位研究生突出提升创新实践能力和职业能力，体现应用型人才培养的需要。

学术型研究生的课程体系：学位公共课、学位专业课、选修课。

专业学位研究生的课程体系：学位公共课、学位领域主干课、选修课。

在职研究生的课程体系：学位公共课、学位专业课、选修课。

全日制研究生课程设置：全日制研究生现课程设置中共有 204 门课程，其中：

学位公共课为 8 门（开课门次 18）。

学位专业课为 45 门，其中植物科学技术学院 12 门，动物科学技术学院 10 门，经济管理学院 5 门，园林学院 11 门，食品科学与工程学院 7 门。

学位领域主干课 50 门，其中生物科学与工程学院 6 门，植物科学技术学院 13 门，动物科学技术学院 7 门，经济管理学院 5 门，园林学院 6 门，食品科学与工程学院 5 门，计算机与信息工程学院 4 门，文法学院 4 门。

选修课 101 门，其中生物科学与工程学院 6 门，植物科学技术学院 20 门，动物科学技术学院 15 门，经济管理学院 9 门，园林学院 20 门，食品科学与工程学院 15 门，计算机与信息工程学院 4 门，文法学院 5 门，其他选修课程 7 门。

2016 年度（2015—2016—2、2016—2017—1 学期）共开课 187 门次，其中 2015—2016—2 开课 59 门次，2016—2017—1 开课 128 门次。

五、研究生任课教师情况分析

为使研究生任课教师更好地明确在承担教学任务中的职责，促进研究生教学管理工作的规范化，稳定研究生教学秩序，提高教学质量，结合学校研究生院关于《研究生任课教师职责》的有关规定，研究生课程新任课教师必须提交《北京农学院新任研究生课程教师资格审查表》。

学校现有研究生课程任课教师 284 人，其中教授 106 人，占任课教师的 37%；副教授 101 人，占任课教师的 36%；讲师 77 人，占任课教师的 27%（图 3）。

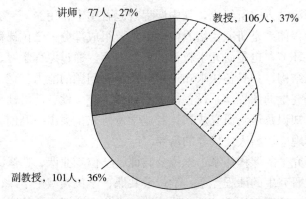

图 3　任课教师职称比例

研究生课程任课教师中，博士 212 人，占任课教师的 75%；硕士 32 人，占任课教师的 11%；学士 40 人，占任课教师的 14%（图 4）。

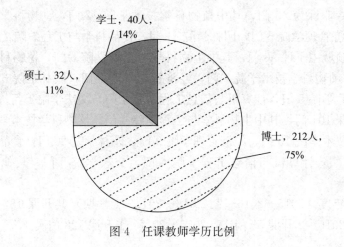

图 4　任课教师学历比例

六、实践教学基地建设

实践教学是研究生培养的重要组成部分，是研究生提升理论运用水平、提高专业技能不可或缺的重要环节。实践基地建设直接关系到研究生的培养质量，对于培养提高研究生的实践能力和创新能力十分重要。

为了适应国家研究生教育改革和发展需要，提高学校研究生教育水平和培养质量，增强研究生实践动手和科研创新能力，搭建学校服务地方经济建设和社会发展平台，创新高层次专业人才培养模式，建设高层次人才培养基地，促进"产学研"联盟的形成，加大联合研究生培养力度。于 2016 年学校发布了《北京农学院研究生联合培养实践基地建设与管理办法》。

为建设和完善以提高创新能力与实践能力为目标的研究生培养模式，全面提高研究生的实践能力，研究生处重视研究生实践教学工作，尤其是专业学位硕士研究生的实践教学工作，研究生处从 2014 年开始筹建研究生校外实践基地，目前已建成研究生校外实践基地 37 个。其中，2014 年建成校外实践基地14 个，2015 年建成校外实践基地 9 个。

2016 年通过研究生质量提高课题的资助，共建研究生联合培养实践基地14 个（表 5）。

表 5　2016 年北京农学院校外研究生联合培养实践基地

序号	项目编号	学院	项目名称	负责人	挂牌时间
1	2016YJS071	生物科学与工程学院	中牧研究院化学药品研究所	张国庆	2016 年 11 月 24 日
2	2016YJS072	植物科学技术学院	北京金六环农业园	范双喜	2016 年 5 月 3 日
3	2016YJS073	植物科学技术学院	北京市林业保护站	张爱环	2016 年 10 月 31 日
4	2016YJS074	植物科学技术学院	北京市房山区农业科学研究所	段碧华	2017 年 1 月 18 日
5	2016YJS075	动物科学技术学院	北京宠福鑫动物医院有限公司	陈　武	2017 年 1 月 12 日
6	2016YJS076	动物科学技术学院	中国农业科学院畜产品质量安全研究室	沈　红	2016 年 6 月 23 日
7	2016YJS077	经济管理学院	北京市农业局科教处	刘　芳	2017 年 1 月 19 日
8	2016YJS078	园林学院	北京 BJF 景观设计有限公司	马晓燕	2016 年 12 月 27 日
9	2016YJS079	园林学院	北京世纪麦田园林设计有限责任公司	马晓燕	2016 年 12 月 28 日
10	2016YJS080	园林学院	北京蒙草节水园林科技有限公司	张克中	2016 年 12 月 30 日
11	2016YJS081	园林学院	北京市黄垡苗圃	胡增辉	2016 年 11 月 25 日
12	2016YJS082	食品科学与工程学院	北京食品安全监控和风险评估中心	丁　轲	2016 年 1 月 9 日
13	2016YJS083	计算机与信息工程学院	北京市农林科学院农业信息与经济研究所	徐　践	2017 年 1 月 6 日
14	2016YJS084	文法学院	北京市昌平区崔村镇	佟占军	2016 年 11 月 28 日

七、研究生教学运行

（一）结合研究生教学督导工作，开展教学质量监督

2016 年研究生处充分结合督导组工作，利用发挥督导作用，对研究生期中教学情况、研究生课程教学改革项目、学院开题、论文答辩、研究生实践基地等工作进行监督及指导。为更好地发挥督导的监督、审查、督促作用，研究生处制订督导管理办法，及时掌握研究生教学督导工作动态及进展，了解督导的工作安排，规范督导工作机制，采取督导例会制度，定期收取督导组听课记录、教学运行检查记录、中期检查记录、开题、中期、答辩巡查记录等，分析教学过程中出现的问题。

（二）依托期中教学检查，改善教学效果

教学检查是学校教学管理工作中一项重要常规工作，为进一步强化过程监控，深入了解教学运行状况，保证教学秩序的良好运行，促进学校教学水平和教学质量不断改进，提高期中教学检查工作质量，研究生处于 2016 年调整了期中教学检查内容，发布了《关于开展 2015—2016 学年第二学期研究生教学和培养工作期中检查的通知》（研处字〔2016〕13 号）、《关于开展 2016—2017—1 研究生教学和培养工作期中检查的通知》（研处字〔2016〕37 号）文件，按照研究生不同学期的学习、实验进程，进一步完善了期中教学检查工作内容。

（三）强化质量意识，开展满意度调查

研究生处培养科及时总结各学院期中教学检查材料，并对研究生的调查问卷进行分析，相互学习、取长补短，以利于进一步改善教学质量，保证教学运行。研究生调查问卷结果分析如下：

1. 满意度统计结果分析　结合期中教学检查，组织在校研究生填写了《研究生在校生满意度调查问卷》，收回有效问卷 553 份。对其调查的 19 项内容的平均满意度统计分析结果如下：

非常满意 245 人，比较满意 182 人，一般 67 人，不太满意 12 人，非常不满意 4 人；分别占调查总数的 44％、33％、12％、2％、1％。其中，研究生对参加科研训练、导师的实践经验、导师的道德修养、导师指导的频率、导师的指导水平、图书馆、奖助政策等评价较高，非常满意人数在 250 人以上。研究生反映较大的主要是食堂、住宿、学生管理及就业指导与服务等方面的问题（图 5）。

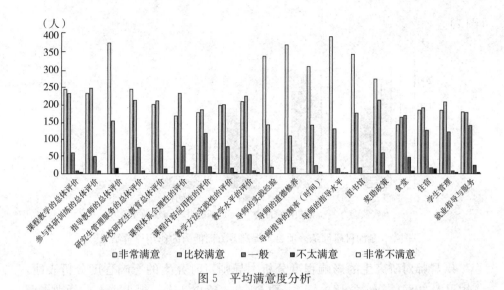

图 5 平均满意度分析

2. 课程的作用评价结果分析 在调查问卷中，对课程作用的评价如下：课程作用很大 159 人，较大 219 人，一般 130 人，较小 26 人，很小 3 人；分别占调查总数的 29%、40%、23%、5%、1%。作用很大、较大共占 69%（图 6），说明研究生对课程的作用是认可的。研究生反映较大的问题是增加学习兴趣和提升实践能力方面，认为作用不大、很小共占 29%。

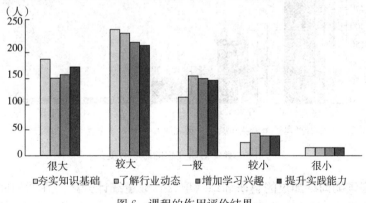

图 6 课程的作用评价结果

3. 参加科研训练（项目）提高各方面能力的作用评价结果分析 研究生对参加科研训练（项目）可以提高其各方面的能力是肯定的，认为参加科研训练（项目）提高各方面能力的作用很大 184 人，较大 203 人，一般 106 人，较小 9 人，很小 6 人；分别占调查总数的 33%、37%、19%、2%、1%。研究生反映较大的问题是创新能力和就业竞争力的问题，占所调查结果的 15%

（图 7）。

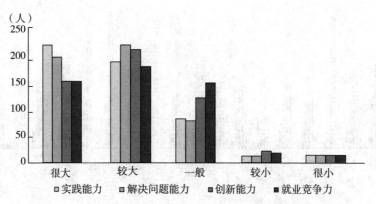

图 7　参加科研训练（项目）提高各方面能力的作用评价结果

4. 导师对研究生的影响程度分析　导师对研究生的影响程度分析表明，作用很大 288 人，较大 181 人，一般 60 人，较小 3 人，很小 1 人；分别占调查总数的 52％、33％、11％、1％、0.18％。通过分析，研究生对导师的作用是肯定的，作用很大和较大合计占 85％（图 8）。

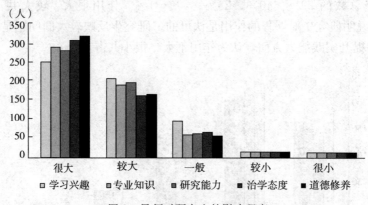

图 8　导师对研究生的影响程度

5. 在读期间参加过的科研训练（项目）数量统计分析　在读期间，参加过的科研训练（项目）4 项及以上 40 人，3 项 44 人，2 项 101 人，1 项 177 人，0 项 165 人。没有参加过的科研训练（项目）的人数数量较多，占所调查人数（527 人）的 31.3％。

6. 对所获科研补贴的评价结果分析　研究生对所获科研补贴的评价非常满意 137 人；比较满意 206 人；一般 135 人；不太满意 19 人；非常不满意 25 人。

7. 对专业实践基地满意的评价分析　研究生对专业实践基地非常满意 77 人；比较满意 77 人；一般 30 人；不太满意 3 人。

从调查的情况来看，绝大部分研究生对培养单位的人才培养质量是满意的，大部分研究生认同培养单位教学条件良好、教学工作优良，对所开设的课程也比较满意。但仍有部分研究生希望导师能给予自己更多的学习指导，希望培养单位更多联系一些企业来校，扩大就业范围。

（四）完善研究生教学相关文件

为进一步保障和提高研究生教学质量，严格课程要求，加强课程规范性建设，加强研究生教学管理，提高研究生培养质量，充分发挥研究生教学督导的作用，2016 年，研究生处对《北京农学院研究生教学督导工作管理办法（试行）》（研处字〔2010〕30 号）进行修订，发布《北京农学院研究生教学督导工作管理办法》（研处字〔2016〕15 号），进一步完善了研究生教育督导管理制度。

（五）修订研究生培养方案

研究生培养方案是研究生培养过程的指导性文件。它既是研究生培养目标和质量要求的具体体现，又是指导研究生科学制订培养计划，进行研究生规范化管理的重要依据。

为贯彻落实《教育部国家发展改革委财政部关于深化研究生教育改革的意见》（教研〔2013〕1 号）、《国务院学位委员会教育部关于开展学位授权点合格评估工作的通知》（学位〔2014〕16 号）等文件精神，为使学校研究生教育主动适应社会对人才要求的不断提高和学科的不断发展，加强对创新人才分类培养模式改革，进一步优化培养环节和课程设置，进一步提高研究生教育质量，培养出更好地服务于北京经济社会和都市型现代农业发展需求的研究生，启动了研究生培养方案改革工作，推进构建符合培养需要的课程体系。从创新人才培养的内在规律和需求出发，坚持以能力培养为核心、以创新能力培养为重点，拓宽知识基础，培育人文素养，加强不同培养阶段课程体系的整合、衔接，重视课程体系的系统设计和整体优化，研究生处于 2016 年对硕士研究生（学术/专硕/在职）培养方案（2010 版）进行全面修订，进一步完善贯通式培养方案，使其更能适应建设创新型国家和人力资源强国的需要。于 2016 年 8 月编辑印刷了《全日制学术研究生培养方案》《全日制专业学位研究生培养方案》《在职研究生培养方案》。

（六）修订在职硕士研究生课程教学大纲

学校自 2009 年在职研究生招生以来，一直没有规范在职研究生课程教学大纲，讲课内容由任课教师自行决定，随意性较大，不利于在职研究生的培养质量的提高。及时总结在职研究生教学规律，不断改进和完善管理工作，提高办学质量。

为确保在职研究生培养质量，进一步规范课程教学工作，于 2016 年修订印制了《在职硕士研究生课程教学大纲》。

八、取得的成绩（截至 2016 年 10 月 25 日）

1. 2016 年度研究生发表论文情况分析　2016 年度研究生发表学术论文128 篇（附录 5），其中 SCI 9 篇、EI 3 篇、CSCD 4 篇。按研究生发表论文所属学院分析：生物科学与工程学院 1 篇，植物科学技术学院 15 篇，动物科学技术学院 44 篇，经济管理学院 35 篇，园林学院 14 篇，食品科学与工程学院9 篇，计算机与信息工程学院 6 篇，文法学院 4 篇。

2. 承担或参与科研项目　2016 年度研究生承担或参与科研项目 100 个（附录 6），其中植物科学技术学院 26 项，动物科学技术学院 8 项，经济管理学院 41 项，园林学院 8 项，食品科学与工程学院 3 项，计算机与信息工程学院 9 项，文法学院 5 项。

3. 参与编写著作　2016 年度研究生参与编写著作 19 部（附录 7），其中植物科学技术学院 3 部，动物科学技术学院 8 部，经济管理学院 5 部，计算机与信息工程学院 3 部。

4. 参与授权专利和软件著作权　2016 年度研究生参与授权专利和软件著作权 19 项（附录 8），其中植物科学技术学院 5 项，园林学院 3 项，计算机与信息工程学院 11 项。

5. 学术交流　2016 年度研究生参加学术交流 90 人次（附录 9），其中植物科学技术学院 36 人次，动物科学技术学院 32 人次，经济管理学院 20 人次，园林学院 2 人次。

6. 参加学术科技竞赛获奖　2016 年度研究生参加学术科技竞赛获奖 17 项（附录 10）。

7. 研究生社会实践　2016 年度研究生参加社会实践 107 人次（附录 11）。

九、下一步工作重点

1. 以培养需求为导向，不断强化导师队伍建设。
2. 加强研究生课程的建设，提高任课教师业务水平。
3. 优化人才培养结构，深化研究生培养机制改革。
4. 加大校外实践基地建设力度，提高专业学位研究生的实践能力。
5. 加强研究生培养过程管理，提高论文质量。

生物科学与工程学院研究生培养质量报告

生物科学与工程学院

2016 年，学院按照生物工程教学指导委员会的相关要求，结合自身实际，认真组织开展了研究生招生、培养等工作，取得了一定成绩。现将具体工作总结如下。

一、研究生教育现状概述

（一）硕士学位授权点情况

生物科学与工程学院成立于 2002 年，肩负着用现代生物技术提升改造传统农科专业的使命，是集教学、科研、学生管理于一体的综合性学院。承担着全校植物类、动物类专业的专业基础课的教学、教材建设、课程建设等任务。设有生物技术、生物工程、应用化学 3 个本科专业，在校生近 500 人。学院采用"厚基础、重技术、强实践"为指导思想的人才培养方案，努力培养具有创新精神和创业能力的应用型复合型人才。

学院设有 3 个教学系：生物技术系、生物工程系和应用化学系，3 个教学科研实验基地：农业部华北都市农业重点实验室、生物学实验教学中心、植物组织培养中心。

现有教职工 52 人，其中教学科研人员 36 人，实验技术人员 13 人。学院目前共有导师 22 人，其中教授 8 人，副教授 11 人，讲师 3 人，有北京市突出贡献专家、北京市高层次人才、北京市优秀留学归国人才各 1 人，北京市科技新星 5 人，北京市中青年骨干教师 7 人。导师队伍中 90％以上具有博士学位，80％以上具有海外留学和工作经历。

学院以细胞培养与代谢工程、功能基因发掘与系统生物工程、生物农药与兽药工程、生物资源与环境工程为研究方向，充分发挥现代生物技术、生物工

程在传统农业中的技术先导功能，集中力量形成自身学科特色和优势。坚持
"以科研推动学科建设，以科研促进人才培养，以科研提升教学质量"的指导
思想，不断提高科研水平。在天然产物提取、生物合成及利用、农产品安全与
农药残留分析方面形成自身优势，近年来，先后主持国家"973""863"、国家
自然科学基金及北京市自然科学基金（重点）等各类省部级项目 43 项，共计
授权国家发明专利 90 项，发表高水平 SCI 研究论文近 80 篇。先后获得国家科
技进步奖二等奖 1 项，省部级科技进步奖一等奖 3 项。

学院加强校外实践基地建设，为学生提供更多的实践机会，增强学生的实
践动手能力和社会竞争力。学科依托农业部华北都市农业重点实验室，拥有先
进的大型仪器公共平台和齐全配套的学科方向研究平台。相继在大北农集团公
司、首农集团所属北京华都诗华生物制品有限公司、先正达生物技术有限公
司、爱德药业（北京）有限公司、北京丹路生物工程公司等 29 家企业建立了
实习实践基地。学院定期派遣学生去基地进行实践训练。学科内部建有设备先
进的生物学实验教学中心和组织培养中心，可为高素质的生物工程专业硕士研
究生培养提供支持。

近年来，学院毕业生一次性签约率均在 97% 以上，毕业生累计出国留学、
考研深造比例为 16%；到教育机构、科研院所从事教学、科研比例为 6%；在
生物医药、食品行业比例为 16%；从事行政管理比例为 15%；到基层做大学
生"村官"、支教、社区助理比例为 12%；在各类企事业单位比例为 21%；另
有 14% 的毕业生通过各种形式自主创业。

21 世纪是生命科学的时代，全院师生将继往开来、不负使命、求实创新，
在科学研究、教书育人、服务社会、文化引领大道路上不断探索，为建设结构
优化、学风质朴、和谐发展的高水平创新学院努力。

（二）培养目标

北京农学院在长期的办学实践中，针对北京市都市型现代农业发展对不同
层次人才的需求，制定了有别于中国农业大学、北京林业大学、北京农业职业
学院的"具有创新精神和创业能力的应用型复合型人才"的培养目标，并围绕
这一目标，在人才培养模式、方式和平台建设等方面进行了深入改革和创新。
在人才培养模式上，积极推进"3+1"人才培养模式，以专业能力培养为起
点、以实践能力提高为重点，优化都市型现代农业课程与教材体系，提高了人
才培养的针对性和适应性。在此基础上，学校分别与中央涉农院校、首都各类
企业、北京市郊区政府以及国外高校开展了"校校合作""校企合作""校政合
作""国际合作" 4 种形式的人才培养联合机制。在科研定位方面，科技创新

"以农为本"，与北京都市型现代农业发展的需求紧密结合，明确了应用基础和应用研究的科研定位和方向。围绕这一定位和方向，学校在学科群建设、科研平台建设、科研能力提升等方面进行创新和完善。在实践教学体系方面，学校努力完善彰显都市农业特色的实践教学模式，即以实验教学中心、省部级重点实验室、大学科技园（农场和林场）、校外实践教学基地4层次实验实践教学基地为依托，以都市现代农业产业链为主线，将结构松散型教学实验室整合为9个实验教学中心，分类建设了校内外82个实践教学基地，搭建了政、产、学、研、推一体化的应用型人才培养平台。

按照"厚基础、重技术、强实践"的基本思路，学位授权点——生物科学与工程学院紧紧扭住北京市都市型现代农业发展以及首都乃至全国农业生物高新技术产业体系不放松，根据学校的办学定位和人才培养模式，重点突出人才培养的实践环节，下大力气加强实践基地建设，着重生物技术和生物工程相关专业人才实践能力与产业适应能力培养。生物技术和生物工程在校生几乎全部参与了指导教师的校企合作项目科研实践训练，历届毕业生分布在北京近100家生物高技术企业就职，其动手能力和产业适应力得到相关企业一致认可。

根据学校办学定位，结合学院办学实际，生物工程专业学位的培养目标是贯彻德、智、体、美、劳全面发展方针，着眼综合素质和应用能力，面向生物工程行业及相关工程部门，培养专业基础扎实、素质全面、工程实践能力强并具有一定创新能力的生物工程应用型、复合型高层次工程技术和工程管理人才。

（三）人才培养水平和特色

1. 符合都市型现代农业需求的办学定位　生物科学与工程学院紧紧抓住北京市都市型现代农业发展不放松，重点突出人才培养的实践环节，为首都农业的现代化发展培养具有实践能力和产业适应能力的生物技术和生物工程应用型人才。

2. 契合产业需求的人才培养定位　在人才培养模式上，积极推进"3＋1"人才培养模式，以专业能力培养为起点、以实践能力提高为重点，优化都市型现代农业课程与教材体系，提高了人才培养的针对性和适应性。在科研定位方面，科技创新"以农为本"，与北京市都市型现代农业发展的需求紧密结合，明确了应用基础和应用研究的科研定位和方向。围绕这一定位和方向，生物科学与工程学院按照"厚基础、重技术、强实践"的指导思想，努力培养具有创新精神和创业能力的应用型、复合型高层次工程技术人才。近3年来，学院生物技术和生物工程专业近30％本科毕业生分布于北京市91家生物高新技术企业，毕业生扎实的基础知识、熟练的生物技术和良好的社会适应综合能力受到企业的高度评价。在实践环节，本科生积极参与指导教师的校企合作项目，通过企业环节锻炼，学院本科生具有很强的实践能力和适应能力，在北京市大学生科创和挑战杯竞赛中获得各类奖励 30 余项，生物科学与工程学院本科生的实践动手能力已经逐渐成为各界认可的"良好口碑"。

3. 贴合专硕人才成才需求的实习实践模式　专业学位研究生教育主要培养社会特定职业的高层次技术与管理人才，在知识结构方面，以技术创新、开发研究为主。实践能力培养是生物工程领域硕士专业学位研究生培养的精髓和核心。北京农学院生物科学与工程学院在长期的办学实践中，与大北农集团公司、首农集团等 18 家企业签订了校外实践基地合作协议，建立了长期稳定的校企合作关系。在未来生物工程领域硕士专业学位授权点建设中，将进一步充实和完善产学研相结合的合作培养模式，建立立足企业的双导师制，构建校企合作教学团队，实习实践环节采用由学校和企业教学团队共同制定研究生实习实践的具体项目，按照项目的具体工作内容、带着具体工作任务进行实习和实践的"项目式"组织方式，构建"分散集中相结合"的实习实践模式。全日制研究生在学期间实习实践时间不少于 6 个月，非全日制研究生采取进校不离岗、不脱产的方式。

4. 满足培养任务需求的软硬件条件　生物科学与工程学院建有学术水平高、实践能力突出的学科带头人队伍、骨干教师队伍、实验实践教学队伍、企业合作教学团队和合作导师队伍，能够胜任教学科研工作需要。

二、生物工程专业硕士研究生培养情况

（一）招生工作

1. 开展形式多样的招生宣传工作　2016 年 5 月，联合学生口召开了 2017 年研究生招生考试报名动员大会，详细解读研究生报名时间、报名注意事项以及学校的招生政策等，编制了《生物科学与工程学院研究生招生政策问答》，并通过学院主页、站内平台、微信公众号等媒介向学院全体师生推送，以便考生能够及时准确地了解招考信息，同时还设立了生物工程专业硕士研究生报名考试咨询办公室，全天候接待考生咨询，并有针对性地指导考生报名。校外，先后赴山东师范大学、河北工程大学、河北北方学院等兄弟院校进行招生宣讲，提高学校知名度。

2. 认真做好研究生招生考试命题工作　按照研究生处《关于做好北京农学院 2016 年硕士生入学考试自命题工作的管理规定》（研处字〔2016〕39 号）

文件精神，结合学院实际情况，组织召开了自命题工作会议，成立了学院自命题工作小组和自命题小组，布置自命题工作，特别强调了自命题工作的保密纪律，并逐人逐项签订了保密协议。自命题工作组负责督促命题教师严格按照规定的时间完成命题、审题，同时对试题进行严格的检查，发现问题立即返给命题教师修改。经过两周紧张工作，严格按照北京农学院 2016 年硕士生考试命题、试题封装流程，完成了试题的整编、印制、核查等工作，确保了植物生理生化、动物生理生化、生物化学、分子生物学 4 门课程自命题工作的圆满完成。

3. 协助研究生处做好考试相关工作　按照研究生处的工作部署，学院积极协调，动员教师牺牲休息时间，全力投入到 2017 年全国硕士研究生招生考试的监考工作之中，有力保障了学校研究生招生考试工作的顺利进行。考试结束后，组织植物生理生化、动物生理生化、生物化学和分子生物学课程组的教师高质量地完成试卷评阅工作，确保研究生初试成绩能够及时公布。

4. 高质量完成研究生复试录取工作　结合学院实际，制订了生物科学与工程学院 2016 年全日制研究生招生复试细则，成立了复试工作领导小组和复试工作组，复试工作组下设面试工作组、笔试工作组以及实验能力考核工作组 3 个工作小组，确保了研究生复试录取工作规范有序开展。在学院 2016 年研究生复试工作过程中，学院纪检委员全程参与，研究生秘书做好记录工作，并全程录像，确保复试工作有章可循，有据可查，从而真正做到复试录取全过程的公开公平公正。学院共录取生物工程硕士专业学位研究生 15 人，全部为第一志愿考生。其中 1 名为北京城市学院考生，2 名为往届生。

（二）培养工作

学院秉持"厚基础，重实践"的办学原则，继续为植物科学技术学院、动物科学技术学院、食品科学与工程学院、园林学院等兄弟学院研究生开设生化大实验、分子生物学、分子生物学实验技术 3 门生命科学基础理论课程。

经过一年的实践，生物工程硕士专业学位研究生培养取得了圆满成功，但在一些具体细节上仍需不断完善。为此，学院通过召开导师工作会议和研究生座谈会等形式，积极听取来自一线的意见和建议，并将这些意见与建议汇总整理提交院领导班子会和党政联席讨论，制定改进措施，切实落实师生诉求。如研究生普遍反映课程规划和上课时间过于分散，不利于进行科学研究，经院领导班子会和党政联席会讨论后，在制订 2016 年课程规划时即将原计划两个学期课程压缩至一个学期完成，受到学生们的欢迎。截至目前，学院 15 位 2016级研究生全部完成了培养计划的制订。

组织开展了研究生期中教学检查，经过严格检查，学院开设的高级生物化学、生物分离工程、现代微生物研究技术、生物资源与环境工程、天然药物化学、生物反应工程与反应器、分子生物学、分子生物学实验技术、高级植物生理生化等 14 门课程教学秩序良好，没有随意调停课现象。

三、生物工程专业硕士研究生培养特色

(一) 招生工作

招生工作方面，成立了招生工作领导小组和招生工作小组，高度重视组织建设和制度建设，搭建了以学科平台为载体的研究生招生工作平台。2016 年，生物工程专业硕士研究生计划招生 10 人，实际招生 15 人，全部为第一志愿考生。其中 1 名为北京城市学院考生，2 名为往届生，分别来自学院（二级学院）和北京农学院。成立了学院自命题工作小组和自命题小组，布置自命题工作，特别强调了自命题工作的保密纪律，并逐人逐项签订了保密协议。在原有自命题科目植物生理生化、动物生理生化、化学、生物化学、分子生物学 5 门课程自命题工作，在时间紧、工作量大的情况下，实现了 2017 年研究生招生考试自命题工作中试卷零差错。

(二) 课程设置

课程设置方面，变"学科式"课程设置为"模块式"，构建校企合作教学团队。生物工程领域工程硕士的课程体系总体上分为必修课和选修课两部分。

(三) 人才培养模式

人才培养模式方面，与企业共同制定生物工程领域工程硕士人才培养模式。具体而言，是在"品德结构""知识结构"和"素质结构"方面达到研究生层次的标准。在生物工程领域专业硕士学位研究生应具有的品德和素质结构中，特别强调实干家精神养成，即培养实干家所具有的高水平的专业技能、高度的职业道德以及忘我的职业奉献精神。在培养模式上，积极推进产学研校企合作、双导师制、项目式实习实践；充分借鉴国外先进的"双元制"（德国）、"三明治"（英国）、"合作教育"（美国）等专业硕士学位培养模式，不断探索建立"螺旋上升式"新培养模式。

(四) 实践能力培养

实践能力培养方面，专业学位研究生教育主要培养社会特定职业的高层次

技术与管理人才，在知识结构方面，以技术创新、开发研究为主。鉴于此，学院建立了立足企业的双导师制，构建了"分散集中相结合"的"项目式"实习实践模式。先后与汕头双骏生物工程有限公司、北京延庆金粟合作社、北京市金果树果业科技中心、北京市农林科学院苹果矮砧现代高效栽培试验示范基地、北京超然博后科技公司、中科瑞泰北京生物科技有限公司、北京诺思兰德生物技术股份有限公司、百济神州生物科技有限公司、北京源生元科技发展有限公司、中国食品发酵工业研究院、北京华都诗华生物制品有限公司、北京华都诗华生物制品有限公司、东莞保得生物工程科技有限公司、北京市农林科学院生物中心、北京市南口林场、中国科学院微生物研究所生物技术转移转化中心、吉林向海油脂工业有限公司、天津中敖科技集团、中国农业科学院北京畜牧兽医研究所、北京金农科种子科技有限公司、中美冠科生物技术有限公司、北京京城环保股份有限公司、中国食品发酵工业研究院等 22 家企业签订联合培养意向书，并聘请了校外导师 22 人。2016 年，学院陆续开展了实践教学基地挂牌仪式，同时向校外导师颁发了聘书。

（五）办学条件

办学条件方面，学院现设有生物技术系和生物工程系，1 个生物学本科实验教学中心；1 个校级本科教学科研平台：植物组织培养中心；1 个省部级科研机构：农业部华北都市农业重点实验室。近年来，学校建有现代化的本科实验教学中心、本科生和研究生分子生物学、基因工程、发酵工程实验平台和组织培养中心；农业部华北都市农业重点实验室设有 3 个研究平台，即果品优质生态安全关键技术、生物源农药与肥料、植物次生代谢产物生物合成与代谢工程。与国内同类院系相比，学院在综合硬件条件方面处于领先地位。

四、生物工程专业硕士研究生培养工作设想

（一）健全研究生培养环节

建立健全研究生培养环节定期、不定期检查制度，充分调动学生、导师以及研究生督导参与研究生教育教学的积极性，及时梳理总结研究生教育教学规律，进一步健全研究生培养环节。

（二）优化研究生课程体系

根据 2015 级和 2016 级研究生课程教学情况，进一步优化课程体系；建立一支基础扎实、经验丰富的教学团队和评估团队，切实保障各教学环节的顺利

开展；广泛开展学术报告活动，拓展学生知识体系和理想水平，引导学生研究兴趣，强化学生学习收获。

（三）加强研究生教学平台建设

除高级生物化学、基因工程等课程可以依托学院已有本科生生物化学、分子生物学教学平台资源之外，现代微生物研究技术、生物分离工程等课程缺乏配套教学硬件资源，仅依托任课教师科研平台开展，而科研平台资源不足以保障教学工作的顺利开展，亟须建立配套教学平台，以保障教学工作的顺利开展；学院实验教学中心面积 500 平方米，每年承担全校 29 门课程、137 个自然班、2 396 学时的实验教学工作，常年处于超负荷运转状态，无法进一步承担学院研究生相关实验课程，且现代微生物研究技术、生物分离工程等课程与学院实验教学中心实验室不配套，目前相关课程也是在各方向任课教师科研实验室进行，亟须给予 3～4 间用于研究生课程实验的教学实验室。

（四）制订非全日制研究生培养方案

积极贯彻"引进来，走出去"的方针，做好非全日制生物工程硕士专业学位研究生培养工作调研，结合学院办学实际，制订《生物科学与工程学院非全日制研究生培养方案》，为学院非全日制研究生培养提供制度依据。

（五）建立健全学位论文质量评价体系

建立健全学位论文质量评价体系针对学院首届研究生即将毕业的现状，建立一套旨在考核评价研究生综合素质的学位论文质量评价体系，确保学院研究生教育各环节的顺利完成。

植物科学技术学院研究生培养质量报告

植物科学技术学院

根据学校 2016 年工作要点和"折子工程"，植物科学技术学院在研究生培养等方面较好地完成了工作任务，总结如下：

一、研究生教育现状概述

植物科学技术学院现有作物学、园艺学 2 个一级学科硕士学位授予点，覆盖了作物遗传育种学、果树学和蔬菜学 3 个二级学科硕士学位授予点。其中，果树学科为北京市重点建设学科，作物遗传育种学科和蔬菜学科为北京农学院重点建设学科。还有作物、园艺、植物保护、种业和农业资源利用 5 个领域专业学位硕士点。

学院现有校内硕士生导师 46 人，其中博士生导师（联合招生）5 人，校外导师 14 人。校内导师中，教授、副教授各 20 人，占全体导师的 87%；讲师 6 人占全体导师的 13%。具有博士学位的导师 38 人，占全体导师的 83%。

2016 年学院录取全日制研究生 95 人，来自全国 30 多所高校，其中"211"院校有中国农业大学、北京林业大学，其他均为普通二本和三本院校，其中有山东 7 所院校、河北 5 所院校、河南 5 所院校。按考生来源人数，排在前几位的院校有北京农学院（33 人）、中国农业大学（4 人）、山东农业大学（4 人）、山西农业大学（4 人）、河北农业大学（3 人）、河南科技大学（3 人）、河南农业大学（3 人）。考生来源院校与 2015 年相近，说明考生来源稳定，同时看出考生生源质量有待提高。最终报到 94 人，1 人因休产假未报到，已办理休学手续。

2016 年在职研究生报考 43 人，录取 14 人，报到 12 人。

截至目前，学院共有在校生 286 人，其中全日制研究生 211 人，在职研究生 75 人。

二、在研究生招生、培养、学位授予、导师管理、条件平台、学术交流、就业发展、思想政治教育等方面开展的工作情况

（一）加强课程体系建设，体现学科（专业）特色和亮点

学院共开设研究生课程 46 门，按课程性质分，全校公共课 1 门，学位专业课 12 门，学位领域主干课 17 门，选修课 16 门。开课时间均在第一学年，第一学期开设 34 门，第二学期开设 12 门。按授课方式分，理论课 38 门，实验实习课 8 门。涉及任课教师 51 人，均为副高以上职称或具有博士学位。

专业学位课均为各学科（专业）主干课程，课程开设以研究生成长为中心，以打好知识基础、加强能力培养、有利长远发展为目标，尊重和激发研究生兴趣，注重培育独立思考能力和批判性思维，全面提升创新能力和发展能力。

（二）为专业学位研究生配备校外导师，完善专业学位研究生双导师制培养

为保证专业学位研究生的培养质量，强化专业学位研究生的职业素养，提高应用性成果产出率，学院组织导师为全日制专业学位研究生（2015 级、2016 级）和在职专业学位研究生（2014 级、2015 级、2016 级）配备校外导师，加强研究生校外实践研究，协同校内导师做好研究生实践实习、论文选题、科研调研等指导工作。

（三）提高研究生培养质量，凝练北农研究生教育特色

创新研究生分类培养模式，将学术型研究生和专业学位研究生培养模式进一步区分，提升学术型研究生的创新能力，提高论文学术水平。严格落实学校要求，学术型研究生申请学位时须以第一作者（北京农学院为署名单位）全文公开发表（即见刊，含网上发表）至少一篇与本人学位论文内容相关的学术论文（不包括综述、摘要），在规定时间达不到此论文发表要求的将不予安排论文答辩。

2016 年应有 99 人参加开题报告，其中 1 人因休学未参加开题。

2016 年 5 月和 11 月分别进行了研究生培养工作和教学运行情况检查。5 月检查了研究生所修课程学分完成情况、实验、论文进展、研究内容与开题是否一致及调整情况、学位论文完成情况、学位申请资格审查情况。11 月检查研究生培养计划及所选课程学习情况、参加实践教学、参加课题情况、开题报

告、科研实训或校外实践进展、学位论文进展及发表论文情况。

学院组织全体研究生填写了《研究生在校生满意度调查问卷》，发放调查问卷 254 份，收回有效问卷 186 份。根据调查结果，个别研究生对导师的道德修养、指导水平不满意，说明个别师生关系存在问题。学生管理方面，对就业指导与服务不太满意。生活条件方面较 2015 年满意度有较大提升。

2016 年夏季应参加学位申请为 127 人，实际获得学位人数为 87 人，另 2 人申请毕业答辩，1 人结业，35 人申请延期毕业（其中全日制研究生 4 人，在职研究生 31 人）。2016 年冬季 4 人申请学位，均通过答辩。

（四）研究生培养工作平稳运行，质量监督和保证体系逐步完善

完成了作物学和园艺学两个一级学科、农业推广硕士作物、种业、园艺、植物保护、农业资源利用 5 个专业学位领域培养方案的修订工作，2016 年起开始执行。新修订的培养方案更注重体现学科的最新进展，体现学校的优势和特色，注重各学科间的相互渗透和交叉。学术学位研究生注重学术创新能力培养，专业学位研究生注重实践能力培养。优化各学科、专业的课程体系，体现因材施教和个性培养的原则，充分发挥研究生课程学习和科学研究的自主性。积极参与学校研究生管理系统的建设，为系统多个模块的建设献计献策，多次参与项目的研讨工作。

（五）加强与国外高校的联络，为学生的国外深造搭建有力平台

2016 年，农学系 1 名毕业生前往澳大利亚墨尔本大学深造；园艺系和农业资源与环境系各 1 名同学前往波兰波兹南生命科学大学深造；园艺系 1 人前往加拿大哈克学院深造；植物保护系 1 人前往澳大利亚塔斯马尼亚大学读研；农业资源与环境系 1 人前往香港城市大学读研。

（六）积极申报学校学位与研究生教育改革与发展项目，提升教师的教学研究能力，提升学生的科研创新和社会实践能力

2016 年学院共承担学位与研究生教育改革与发展项目 24 项。其中，委托项目 1 项，学位授权点建设与人才培养模式创新项目 2 项，研究生创新科研项目 14 项，研究生党建项目 1 项，研究生教育改革管理研究项目 3 项，研究生课程建设 1 项，研究生社会实践项目 2 项。

通过项目的实施，探索了学位授权点建设与研究生教育规律，创新了培养模式，体现了学科特色和学术前沿，突出了个性化培养。创新了课程内容，丰富课程类型。提高了研究生理论联系实际、解决实际问题能力。鼓励研究生在

理论学习的基础上，深入本领域前沿，积极开展自主创新活动，进行探索性研究，形成具有创新性的研究产品、科技含量较高的研究成果。鼓励和引导广大研究生立足专业、面向基层、面向社会，针对社会重点、热点、难点问题，在指导教师指导下自主选题，开展社会实践调研活动，培养实际应用能力，为社会发展提供智力支持。

（七）积极配合学校开展学位授权点自我评估工作，各阶段工作有序进行

根据国务院学位委员会办公室、教育部《关于开展学位授权点合格评估工作的通知》《北京农学院学位授权点自我评估工作方案》的要求，学院制订了《植物科学技术学院学位授权点自我评估考核指标及分工》，2015 年召开学术委员会对考核要素、考核标准、支撑材料等内容进行了研讨。2016 年学院对作物学一级学科硕士点进行自我评估，目前，已按照考核指标进行了相关支撑材料的整理工作。下一步按照学校的要求进行作物学一级学科硕士点自我评估的总结工作。

（八）加强校外实践基地建设，为提高研究生实践能力创造条件

2016 年学院加强校外实践基地建设，对已有基地进行考核，给予了一定经费资助，并组织了新一轮基地申报，目前学院共有校外实践基地 10 个（表1）。

表 1　植物科学技术学院校外实践基地建设情况表

序号	年份	硕士点	基地名称	基地地址	校内联系人	备注
1	2015	蔬菜学	北京金六环农业园	北京市昌平区南邵镇姜屯村东	范双喜刘超杰	校级
2	2015	农业资源利用领域	北京市房山区农业科学研究所	北京市房山区良乡西路24号	段碧华	校级
3	2015	植物保护领域	北京市林业保护站	北京市西城区德外裕民中路9号	张爱环	校级
4	2015	植物保护领域	北京市昌平区植保植检站	北京市昌平区瑞明路1号	尚巧霞	院级
5	2015	植物保护领域	密云太师庄种植专业合作社	北京市密云区太师屯	陈青君	院级
6	2015	园艺领域	江西明佳菌业有限公司	江西省赣州市定南县长桥村营下	陈青君	院级

（续）

序号	年份	硕士点	基地名称	基地地址	校内联系人	备注
7	2015	作物领域	密云区农业技术推广站	北京市密云区新南路42号	谢皓	院级
8	2016	园艺领域	承德兴春和农业股份有限公司	河北省承德市滦平县大屯乡兴洲村	陈青君	院级
9	2016	园艺领域	北京市怀柔区板栗试验站	北京市怀柔区渤海镇渤海所村	秦岭	院级
10	2016	农业资源利用领域	国家环境分析检测中心	北京市朝阳区育慧南路1号	高凡	院级

（九）积极申报研究生教育教学成果奖，深入探索创新研究生分类培养模式

及时总结学院研究生教育教学成果，2016 年学院申报研究生教学成果 2 项，经学校评审，"硕士研究生分类培养模式的探索与实践"被评为学校二等奖，"绿色育人模式助力研究生思政教育工作"被评为学校三等奖。

（十）配合学校做好新增导师遴选工作，加强导师队伍建设

2016 年学院新增导师 6 人，其中校外导师 1 人，12 月学校主办了新增导师培训会，使新增导师对学校研究生管理各方面的规定有了深入的了解，为新增导师日后更好地指导研究生奠定了基础。

三、本年度工作亮点

1. 为全日制专业学位研究生配备校外导师，完善双导师制管理。
2. 完善学院二级管理的制度建设，提高工作规范性。
3. 积极配合学校开展学位授权点评估工作，各阶段工作有序进行。
4. 积极组织各学科申报校外实践基地，为提高研究生实践能力创造条件。

四、研究生教育的主要经验、存在的主要问题以及今后准备采取的改进措施

（一）加强研究生实践培养环节，突出培养特色

加强研究生校外实践活动，确保研究生培养质量，积极拓展与外单位的合

作，使研究生实训教学环节落实到位。尤其是根据学校部署专业硕士研究生要有校外指导教师的要求，逐步落实，加强合作，与相关单位签订合作协议，培养出独具北农特色的专业硕士研究生，更好地为京郊农业发展输送人才。

（二）规范研究生工作管理，加强质量监督

召开研究生教学座谈会，请师生对研究生培养工作提出意见与建议，尽快反馈和解决或协调。重视研究生培养的每一个环节，严格把关，确保培养质量。为促进学院科研发展，鼓励在校研究生积极发表科研论文。鼓励研究生继续深造，攻读博士学位，要求导师随时注意研究生的动态，给有考博意向的研究生积极创造条件，鼓励他们到相关科研院所开展相关研究，为将来考博奠定基础。

（三）组织导师遴选，加强导师队伍建设

2017年下半年，组织符合申报导师条件的老师进行遴选，及时对新导师进行培训，加强导师队伍建设。强化研究生培养过程中的导师责任制，加强导师的考核管理。

（四）进一步做园艺一级学科博士点申报工作，做到胜券在握

进一步做好申报表的填写和相关支撑材料的收集整理工作，依据分工，责任到人，积极配合学校的各项安排，为成功申报努力。

（五）尽早制订招生宣传计划，加强推免生的选拔

总结2016年招生工作中的不足，尽早制订2017年招生宣传计划，计划2017年3月起有目的地开展京外院校的研究生招生宣传活动，特别是加强推免生的选拔，更好地改善生源质量，增加一志愿报考考生数量，争取更多的招生指标，进一步完善招生指标分配制度。

（六）进一步加快学位授权点评估工作进程，起到模范表率作用

2017年主要进行农业推广硕士（5个领域）学位授权点的自我评估工作，尽快完成支撑材料的整理工作，完成自我评估材料的修改提升，组织专家进行论证，2017年底完成自我评估工作，报学校备案。

五、提出学校研究生教育的政策建议

研究生培养工作是个系统工程，通过近几年的改革，培养质量有了显著提

高，同时也带来了工作量的急剧增加。所以，建议学校充分利用学校的信息化资源，把一些繁琐的、日常的工作尽量通过信息系统完成，如调查问卷、学生发表论文情况、参加课题情况、实践情况等，非常详细的统计工作，尽快实现信息化，让学生在网上填报，实现查询、检索和汇总功能。这样能大大减少二级学院教学秘书的工作量，极大地提高工作效率，同时确保数据翔实可靠，也便于存档，便于日后其他工作数据共享。

学校的研究生教务系统已使用两年多，希望研究生处各科室进行协调，实现数据的信息化共享，进一步加大系统各模块的开发力度，使系统功能更完善，更好地为师生服务。

动物科学技术学院研究生培养质量报告

动物科学技术学院

一、研究生教育现状概述

北京农学院动物科学技术学院现有兽医学一级学科授权点1个，下设2个二级学科硕士点（临床兽医学和基础兽医学），还有2个专业学位硕士点（养殖领域和兽医硕士）。目前共有全日制研究生107人，在职研究生121人。

动物科学技术学院研究生教育师资力量雄厚，现有相关领域的专任教授12人，副教授及相当专业技术职务15人，讲师及相当专业技术职务7人，其中拥有博士学位14人，骨干队伍全员具有硕士以上学历（学位），7位教师具有海外留学经历，学科队伍结构和学缘关系合理，具有较高的教学和科研水平，在中兽医药、宠物医疗、药理毒理和公共卫生等领域的教学科研与服务社会工作成绩突出，受到国内外同行的好评，提高了本校兽医学科的学术地位和影响力。目前，学校为亚洲传统兽医学发起单位和秘书长单位、北京畜牧兽医学秘书长单位、北京宠物诊疗行业协会副理事长单位。现有3名教授担任国家兽药审评委员会专家，2人任国家兽医药典委员会委员，在全国的兽医学分会中2人任副理事长，多人任常务理事及理事，2人分别担任北京市畜牧兽医学会副理事长及秘书长，1人任北京宠物诊疗行业协会副理事长。

二、在研究生招生、培养、学位授予、导师管理、条件平台、学术交流、就业发展、思想政治教育等方面开展的工作情况

（一）加强招生宣传工作

依据学院制订的2016年研究生招生宣传计划，主要进行了以下工作：
全日制研究生：随时接待本校考生的咨询，精心组织校内考研宣传工作。

分别对毕业生和大一新生进行了考研意向摸底统计，先后针对大四、大三及大一新生举办多场考研讲座，积极动员本校生源。及时关注有考研意向学生的动态，利用站内邮箱、飞信、QQ 等多种通信手段，及时提醒考生报考过程中各个环节的时间段及注意事项，使学生感觉到学院的关怀，及时消除疑虑，专心地投入复习。做好考研答疑。整理统计历年录取考生的信息，针对生源质量高、人数多的高校寄送学校招生简章等材料，每年都保持联系。

在职研究生：为吸引生源，学院开设了在职研究生预科班，设立专用招生咨询电话、邮箱和 QQ 群，随时接受有意向考生报名，及时发放课程表，做到随时报名随时上课。对外地郊区县农口单位、人事单位，将招生简章等材料一一邮寄。

配合学校制订下一年的招生简章，组织对各学科简介、导师个人信息等信息进行更新并上传网站。完成学校组织的招生宣传。

（二）提升研究生培养质量

努力创新研究生分类培养模式，将学术型研究生和专业学位研究生培养模式进一步区分，努力提升学术型研究生的创新能力，提高论文学术水平。严格落实学校要求，自 2012 级硕士研究生起，学术型研究生申请学位时须以第一作者（北京农学院为署名单位）全文公开发表（即见刊，含网上发表）至少一篇与本人学位论文内容相关的学术论文（不包括综述、摘要），在规定时间达不到此论文发表要求的将不予安排论文答辩。

2016 年 5 月和 11 月分别进行研究生培养工作和教学运行情况检查。5 月检查了研究生所修课程学分完成情况、实验、论文进展、研究内容与开题是否一致及调整情况、学位论文完成情况、学位申请资格审查情况。11 月检查研究生培养计划及所选课程学习情况、参加实践教学、参加课题情况、开题报告、科研实训或校外实践进展、学位论文进展及发表论文情况。

学院组织全体研究生填写了《研究生在校生满意度调查问卷》，结果显示，对教师总体满意人数为 100％，满意人数达 85％的有 15 项。对食堂、课程体系满意的相对较低为 66％和 74％。其中，对课程体系主要是认为课程数和学分过多。80％以上的学生认为课程学习在夯实知识基础、了解行业动态、增加学习兴趣和提升实践能力方面的作用非常大或很大。80％以上的学生认为，科研训练对提高实际解决问题能力和就业竞争力有较大的帮助；84％以上的学生认为导师在学习兴趣、专业知识、研究能力、治学态度、道德修养等方面对自己有很大或较大的影响。部分研究生对校外导师和校外基地不太满意。

(三) 加强学术交流、提升教学科研能力

为进一步提高研究生培养质量，学院非常注重举行学术讲座，2016 下半年共邀请国内外专家 7 人次对研究生进行讲座。

(四) 完成了动医专业一级学科评估工作

根据国务院学位委员会办公室、教育部《关于开展学位授权点合格评估工作的通知》的要求，学院制订了《动物科学技术学院学位授权点自我评估考核指标及分工》，召开学术委员会对考核要素、考核标准、支撑材料等内容进行了研讨。顺利完成了动医专业一级学科授权点的评估工作。

(五) 加强校外实践基地建设

2016 年 12 月底，学院结合学校申报校外联合培养基地的要求，积极组织各学科进行申报，目前，新增了 3 个校级联合培养基地。

三、本年度研究生教育的工作亮点或取得的标志性成果

1. 完成并通过了兽医专业学位的评估工作。
2. 完善学院二级管理的制度建设，提高工作规范性。
3. 积极组织各学科申报校外实践基地，为提高研究生实践能力搭建平台。

四、研究生教育的主要经验、存在的主要问题以及今后准备采取的改进措施

(一) 加强研究生校外实践活动，加快基地建设

加强研究生校外实践活动，确保研究生培养质量。同时，与相关部门通力合作，将研究生派到相关基地进行实践活动，使校外实践基地真正的名副其实。

(二) 加强导师管理

实行严格的导师遴选和管理制度。明确规定了兽医硕士导师的任职条件并进行考核。导师必须参加培训活动，学习掌握培养兽医硕士研究生的规章制度。每年招生前导师再次接受招生资格的审查，对科研项目、年龄和培养质量、就业情况等进行审核，合格者方可参加当年的招生，并规定招生人数上

限。对不能正常履职的导师取消资格。

（三）实行导师分类，强化应用学科

根据导师所在学科、研究课题的性质及特长，单独进行兽医硕士生导师和养殖硕士导师的遴选。

（四）加强研究生管理，严把论文质量关

与学院各部门通力合作，加强研究生培养的各个环节进行管理，特别是针对研究生论文，做好检查工作。

（五）制订招生宣传计划，加强推免生的选拔

总结 2016 年招生工作中的不足，尽早制订 2017 年招生宣传计划，计划 2017 年 3 月起有目的地开展京外院校的研究生招生宣传活动，特别是加强推免生的选拔，更好地改善生源质量，增加一志愿报考考生数量，争取更多的招生指标，进一步完善招生指标分配制度。

经济管理学院研究生培养质量报告

经济管理学院

一、2016 年经济管理学院研究生概况

（一）基本情况

本学院现有农林经济管理一级学科硕士点 1 个，包括农业经济管理硕士点和农村与区域发展专业硕士学位点，在校研究生规模达到 239 人。其中，全日制学术型研究生 19 人，专业学位研究生 64 人，在职研究生 156 人（表 1）。

表 1　2016 年经济管理学院在校研究生人数统计表

年级	农林经济管理	农村与区域发展	农村与区域发展（在职）	小计（人）
2012 级	0	0	9	9
2013 级	0	0	12	12
2014 级	5	0	71	76
2015 级	5	32	30	67
2016 级	9	32	34	75
合计（人）	19	64	156	239

（二）导师队伍建设

经济管理学院现有研究生导师 43 人，其中教授 17 人、副教授 24 人、讲师 2 人；导师中 2 人已获博士后学位，29 人获得博士学位，拥有硕士及硕士以上学位的占导师总数的 91%，博士及博士生以上比例达到 72%，导师队伍正在不断发展壮大。2016 年，新增硕士生导师 3 人（表 2）。

表2 研究生导师情况统计

项目	职称结构				学位结构				年龄结构			
	教授	副教授	讲师	其他	博士后	博士	硕士	学士	35岁以下	36～45岁	46～55岁	56岁以上
人数（人）	17	24	2	0	2	29	8	4	8	21	13	1
比例（%）	40	56	4	0	5	67	19	9	19	49	30	2

（三）教学情况

2016年，经济管理学院研究生共开设课程20门，其中必修课程11门、选修课程9门（表3）。

表3 课程开设情况统计表

学期	课程门数	课程门次	课表学时	选修课门数	选修课门次	必修课门数	必修课门次
2016—2017—1	9	102	342	2	74	8	51
2016—2017—2	11	156	333	7	108	4	48
合计	20	258	675	9	182	12	99

2016年，经济管理学院研究生共计开课675学时。其中，春季学期调课135学时，调课率为1.2%；秋季学期调课学时162学时，调课率为3.2%（表3）。

（四）实践及科研成果

1. 实践教学情况 2016年，经济管理学院共有38名全日制研究生分别在校内外参加社会实践活动。不仅培养研究生思想觉悟，增强服务社会的意识，而且有助于提高研究生的组织协调能力和创新意识（表4）。

表4 2016年经济管理学院研究生参加社会实践情况汇总表

序号	姓名	专业	实践名称	起止时间	地点	具体内容
1	李玉磊	农林经济管理	古北水镇美丽乡村发展模式研究	2016年7～9月	密云区	调查古北水镇美丽乡村发展模式
2	潘晓佳	农林经济管理	古北水镇美丽乡村发展模式研究	2016年7～9月	密云区	调查古北水镇美丽乡村发展模式

（续）

序号	姓名	专业	实践名称	起止时间	地点	具体内容
3	康海琪	农林经济管理	古北水镇美丽乡村发展模式研究	2016 年 7～9 月	密云区	调查古北水镇美丽乡村发展模式
4	汤滢	农林经济管理	古北水镇美丽乡村发展模式研究	2016 年 7～9 月	密云区	调查古北水镇美丽乡村发展模式
5	张仲凯	农林经济管理	古北水镇美丽乡村发展模式研究	2016 年 7～9 月	密云区	调查古北水镇美丽乡村发展模式
6	潘晓佳	农业经济管理	鲟鱼、鲑鳟鱼调研	2014 年 9 月至今	全国各地	鲟鱼鲑鳟鱼产业链研究
7	潘晓佳	农业经济管理	怀柔区都市农业调研	2015 年 6～9 月	怀柔区	都市农业调研
8	汤滢	农业经济管理	北京市西瓜流通调研	2016 年 7 月	北京市	调查北京市西瓜批发商、零售商的流通情况和消费情况
9	陈吉铭	农业经济管理	北京市古村落文化开发与保护	2016 年 7～8 月	门头沟区	调查北京古村落保护现状及存在问题
10	郭世娟	农业经济管理	北京市古村落文化开发与保护	2016 年 7～9 月	门头沟区	调查北京古村落保护现状及存在问题
11	何向育	农业经济管理	北京市古村落文化开发与保护	2016 年 7～10 月	门头沟区	调查北京古村落保护现状及存在问题
12	栗卫清	农业经济管理	北京市古村落文化开发与保护	2016 年 7～11 月	门头沟区	调查北京古村落保护现状及存在问题
13	高运安	农业经济管理	北京市古村落文化开发与保护	2016 年 7～12 月	门头沟区	调查北京古村落保护现状及存在问题
14	罗玲	农业经济管理	16 年北农"菜篮子"新型生产经营主体提升项目——北京市天安农业发展有限公司对接项目	2016 年 10 月	昌平区分水岭	调查北京市天安农业的经营发展现状及问题
15	夏岚	农业经济管理	16 年北农"菜篮子"新型生产经营主体提升项目——北京市天安农业发展有限公司对接项目	2016 年 10 月	昌平区分水岭	调查昌平区分水岭地区农产品发展现状及问题

（续）

序号	姓名	专业	实践名称	起止时间	地点	具体内容
16	夏 岚	农业经济管理	小微企业信贷现状	2016 年 10 月	海淀区	调查商业银行对小微企业信贷供给现状及信贷要求
17	王 娜	农业经济管理	京津冀奶业冷链物流调研	2016 年 8～9 月	天津市、河北省	调查消费者以及乳品企业对冷链物流相关情况的认知
18	郭瑞玮	农业经济管理	北京市扶贫调研	2016 年 9 月 16 日	密云区	调查北京密云区低收入村发展与贫困情况
19	郭瑞玮	农业经济管理	北京市西瓜流通	2016 年 7 月	昌平区、通州区、朝阳区	北京市西瓜消费者、批发商、零售商
20	郭瑞玮	农业经济管理	北京市消费者猪肉消费行为调查	2016 年 1 月	农业展览馆	北京市消费者关于猪肉消费偏好、行为的调查
21	赵雪阳	农业经济管理	北京市西瓜流通	2016 年 7 月	昌平区、通州区、朝阳区	北京市西瓜消费者、批发商、零售商
22	赵雪阳	农业经济管理	重庆第六届管理科学与工程高水平研究能力提升班	2016 年 8 月	重庆市	参与管理学方面知识的培训
23	杨培珍	农业经济管理	扶贫调研	2016 年 9～10 月	密云区	调查密云区塔沟村贫困居民的主要收入来源以及生活状态
24	于 琦	农业经济管理	猪肉可追溯调研	2016 年 11 月 25～27 日	秦皇岛市	调查秦皇岛市猪肉质量可追溯的发展情况
25	张 龙	农业经济管理	京津冀乳制品消费调查	2016 年 7～9 月	北京市、天津市、河北省	研究京津冀地区居民乳制品消费情况

（续）

序号	姓名	专业	实践名称	起止时间	地点	具体内容
26	张 龙	农业经济管理	北京乡村旅游产业融合调查	2016年7～9月	昌平区、怀柔区、延庆区	研究北京市乡村旅游产业融合情况
27	张 龙	农业经济管理	北京市环境监测调查	2016年7～9月	昌平区、怀柔区、延庆区	研究北京市环境监测情况
28	孔阿飞	农村与区域发展	奶业冷链物流调研	2016年8月	天津市、石家庄市	奶业冷链物流调研
29	孔阿飞	农村与区域发展	奶业冷链物流调研	2016年11月	大兴区	奶业冷链物流调研
30	田 明	农村与区域发展	奶业冷链物流调研	2016年8月	天津市、石家庄市	奶业冷链物流调研
31	田 明	农村与区域发展	奶业冷链物流调研	2016年11月	大兴区	奶业冷链物流调研
32	王 嬴	农村与区域发展	北京都市型现代农业示范镇（特色产业村）培训	2016年9月	昌平区	组织会务
33	王 嬴	农村与区域发展	河南农业调研	2016年1月	河南省	考察新蔡、新乡
34	王 嬴	农村与区域发展	示范镇评价	2016年12月	北京市	参与示范镇评价会议
35	王 嬴	农村与区域发展	南阳都市农业（北京）培训	2016年12月	北京市	组织会务
36	王 嬴	农村与区域发展	黎平农业调研	2017年1月	贵州省	黎平农业发展现状考察
37	15专硕5人	农村与区域发展	现代服务业综合实训	2016年9月5～14日	经管楼309	现代服务业实训
38	15学硕32人	农业经济管理	现代服务业综合实训	2016年9月5～14日	经管楼309	现代服务业实训

2. 毕业论文情况 2016年，经济管理学院加强研究生论文关键节点管理，研究生论文质量不断提高。随着教育部学位委员会办公室对学位点评估工作的

推进，研究生论文抽评质量关系到现有学位点的生存。学院进一步加强研究生学位论文过程管理。加强研究生论文的开题、中期检查和答辩环节管理，较好地提高了论文的开题质量和论文的撰写水平。2016年抽检1篇论文评价良好。

2016年，经济管理学院授予硕士学位52人。其中，农业经济管理7人，全日制农村与区域发展29人，在职专硕16人（图1）。

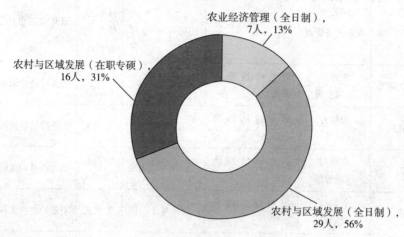

图1　2016年学院授予硕士学位人数统计

此外，2016年，有4名硕士毕业生的学位论文被评为"校级研究生优秀学位论文"（表5）。

表5　2016年研究生优秀学位论文统计表

序号	研究生姓名	导师	论文题目
1	罗　丽	何忠伟	重大动物疫情公共危机中养殖户行为决策模式研究
2	胡雨苏	黄映晖	北京市居民蔬菜消费行为及影响因素分析
3	王　泽	刘　芳	北京奶业可持续发展评价研究
4	罗小红	刘　芳	北京奶牛养殖业水资源利用绩效研究

2016年，经济管理学院毕业生以第一、第二作者发表学术论文30多篇（附表1）；参与各级各类科研项目46人次（附表2）。2016年度北京地区硕士学位论文抽检中，学院被抽到的1名研究生毕业生硕士学位论文总体情况良好。

3. 获奖情况　2015—2016年，经济管理学院研究生在学术科技竞赛中取得了优异的成果，共有7个项目分别获奖（表6）。

表6 2015—2016年研究生参加学术科技竞赛的获奖情况

序号	项目名称	获奖级别	授奖单位	获奖年份	获奖人员	指导教师
1	"大北农杯"第一届全国农林院校研究生学术科技作品竞赛	一等奖	中国学位与研究生教育学会农林学科工作委员会	2016	康海琪	何忠伟
2	北京市研究生英语演讲比赛	优秀奖	北京市高等教育学会	2016	何兴安	王芬
3	2016年"创青春"首都大学生创业大赛	银奖	中国共产主义青年团、北京市教育委员会、北京市科学技术委员会、北京市科学技术协会、中关村科技园区管理委员会、北京市青年联合会、北京市学生联合会	2016	吴静、张芝理、田振、张启森、高彬斌	桂琳骆金娜赵金芳
4	"移动互联网下的京津冀农产品安全生产与流通"演讲比赛	三等奖	北京市农村专业技术协会	2016	孙龙飞	曹暕
5	北京市研究生英语演讲比赛	校级二等奖	北京农学院	2015	王自文	赵连静
6	2016年北京农学院"农林杯"大学生创业大赛	一等奖	北京农学院	2016	吴静、张芝理、田振、张启森、高彬斌	桂琳骆金娜赵金芳
7	2015年北京农学院"农林杯"大学生创业大赛农林杯	包装禽肉消费调查研究	北京农学院	2015	李杰	胡向东

（五）教学质量分析

1. 招生情况 2016年，经济管理学院加强招生管理，建立了完善的工作机制和招生机制。组织教师到京外招生宣传5场、校内宣讲2场，参加老师达到20人次，并加强电话和网络招生宣传，通过减免报名费和学术生录取奖励等政策，较好地保证了考生报考学院的积极性。

2016 年，经济管理学院圆满完成了 2016 年全日制和在职 75 名研究生的录取工作。全日制研究生 41 人，包括农业经济管理专业 9 人，农村与区域发展专业 32 人；在职研究生 34 人。与此同时，完成了 2017 级全日制和在职研究生的招生宣传工作。

2016 年，经济管理学院农村与区域发展专业研究生第一志愿录取率为 100％，农业经济管理专业第一志愿录取率为 0％。

2. 各专业四六级通过率情况　截至目前，经济管理学院所有专业研究生四级通过率为 90％，六级通过率达 41％（表 7）。

表 7　2016 年经济管理研究生各专业四六级通过率统计表

专业	人数（人）	四级合格人数（人）	四级合格率（％）	六级合格人数（人）	六级合格率（％）
农林经济管理	19	19	100	15	78.95
农村与区域发展	62	54	87	19	30.65
合计	81	73	90	34	41

3. 研究生毕业生质量和就业情况　2016 年，全日制研究生毕业生共有 36 人，包括农业经济管理专业 7 人，农村与区域发展专业 29 人。2016 年，学院研究生毕业签约率为 97％，就业率达到 100％。2016 年，学院研究生考取博士研究生 1 人，大学生"村官"6 人，公务员 1 人，事业单位 15 人。京内就业人数 33 人，占毕业生人数的 91.67％（表 8）。

表 8　2016 年研究生毕业生情况统计表

专业	毕业人数（人）	获毕业证		获学位证		考取博士生		就业率（％）	一次签约率（％）
		人数（人）	比例（％）	人数（人）	比例（％）	人数（人）	比例（％）		
农林经济管理	7	7	100	7	100	1	14.29	100	86
农村与区域发展	29	29	100	29	100	0	0	100	93.10
合计	36	36	100	36	100	1	2.78	100	91.67

二、采取的改革措施及取得的主要成绩

（一）加强招生宣传，生源数量和质量逐年提升

2016 年，经济管理学院加强招生管理，建立了完善的工作机制和招生机

制，圆满完成了硕士研究生招生复试录取工作。2016年本学院共招生75人，其中全日制研究生41人，包括农业经济管理专业9人，农村与区域发展专业32人。在职研究生34人。

（二）规范研究生培养，研究生培养质量不断提升

修订培养方案，进一步强化科研实训平台。完成了农业经济管理、林业经济管理、农村与区域发展3个全日制硕士研究生培养方案的修订和课程录入工作。在完善课程教学平台的同时，继续加强实践和调研能力培养，进一步完善科研实训平台：一是搭建研究生工作站3个、研究生校外实习基地4个；二是强化校内助教实习平台，以助教方式在本科生"现代服务业综合实训"课程中顶岗实习的校内实训模式；三是组建了研究生"创新农经行动计划"调研团队，并出版论文集2部；四是组织申报校级研究生创新项目10多项，较好地推动了学院研究生的科研创新能力。

（三）加强教务管理，规范研究生课程体系建设

完成了本学期全日制研究生20门课程；在职研究生11门课程的组织和教学。并通过组织研究生期中教学检查、座谈会及问卷调查，很好地规范了研究生的教务管理。

（四）加强研究生论文关键节点管理，研究生论文质量不断提高

随着教育部学位委员会办公室对学位点评估工作的推进，研究生论文抽评质量关系到现有学位点的生存。学院进一步加强研究生学位论文过程管理。加强研究生论文的开题、中期检查和答辩环节管理，较好地提高了论文的开题质量和论文的撰写水平。2016年抽检1篇论文评价良好。

（五）加强导师队伍建设，提升研究生导师带动平台

加强导师遴选与培养，2016年新增硕士生导师4人，硕士生导师规模达到43人。2016年有学生的研究生导师人均科研到账经费达到35万元。

（六）举办经管论坛，提升研究生追踪学术前沿的能力

2016年，举办经管论坛4期，参加论坛师生近200人次，通过农经领域学术前沿专题的报告，较好地开拓了经过师生的学术视野。

三、下一步工作计划

（一）学科建设工程

以"十三五"学科规划为契机，积极加快农林经济管理博士点申报筹备，加快工商管理和应用经济学一级学科硕士授权点建设步伐，全面推进经济管理学院"一主两翼"的学科建设布局。同时，继续做好会计、国际商务等专业硕士点的申报准备工作。同时，加强现有硕士点内涵建设，完成现有硕士点的年度自评估工作。

（二）研究生质量工程

进一步发挥导师在研究生招生中的主导作用，扩大生源数量，提高生源质量；同时，加强研究生过程培养监控，全面提升研究生培养质量。与此同时，努力完善学院的师资、研究生课程及授课内容，计划开展研究生双语教学课程，提高研究生的外语学习能力和思维。

（三）社会服务工程

以新农村研究基地为平台，依托学院 5 个创新团队、5 个北京市产业经济岗位专家平台、3 个研究生工作站和 6 个校外实习基地，带动学院师生提高与基层对接能力，提升社会服务水平。

园林学院研究生培养质量报告

园林学院

一、研究生教育现状概述

园林学院现有 2 个一级学科硕士学位授予点：林学、风景园林学。2 个二级学科硕士学位授予点：园林植物与观赏园艺、森林培育（城市林业）。1 个北京市重点建设学科：园林植物与观赏园艺。2 个专业学位硕士点：风景园林专业学位、林业领域农业推广专业学位。2 个省部级科研机构：北京市乡村景观规划设计工程技术研究中心、城乡生态环境北京实验室。

基地设施和仪器设备、实践基地有：万亩林场 1 个，9 000 平方米园林楼 1 个，校内 20 亩现代化设施花卉实践基地 1 个，校内 20 亩园林苗圃基地 1 个，校内 20 亩林业苗圃基地 1 个，园林学院科研仪器设备总价值 3 000 万元。校外实践基地 8 个：北京市植物园、北京百花山森林公园、北京市园林科学研究院、北京市园林绿化局大东流苗圃、北京世纪立成园林绿化工程有限公司等。

（一）风景园林学

北京农学院风景园林一级学科经过园林专科、园林本科的发展，到 2011 年获批风景园林一级学科硕士点，历经了近 30 年发展历史。学科现有教授 46 人、副教授 13 人，讲师 7 人，教师中具有博士学位 14 人。

该学科已形成了 4 个具有鲜明特色的研究方向：

1. 风景园林规划设计方向 借鉴中国传统风景园林造景理论，进行城市风景园林造景理论、方法的创新，创造出国内较有影响力的城市园林景观；汲取世界风景园林规划设计理念，进行分析、整合、再创新，应用于城市风景园林景观设计，提升我国城市风景园林景观品位。

2. 乡村景观规划设计方向　以保护和发掘传统乡村风俗风貌为前提，尊重乡村水系、地貌、乡土植物的特色，进行乡村景观保护性规划设计、沟域经济规划、乡村旅游规划设计，提高乡村地区的景观品质和生态环境质量，实现乡村地区的可持续发展。

3. 景观生态工程方向　针对城乡生态与景观发展需求，应用景观与生态学的基本原理，开展生态恢复与重建技术、固体废弃物的安全利用技术以及城乡园林绿化技术等方面的研究。

4. 园林植物方向　注重园林植物新优品种引进、栽培繁育、生态适应性以及造景应用等方面研究。

风景园林学一级学科 2013 年新获批"北京市乡村景观规划设计工程技术研究中心"省部级科研平台 1 个。工程中心顺应国家和北京市发展战略的需要，响应北京市城乡一体化发展和建设美丽乡村的需要，为北京乡村景观生态规划建设提供理论、方法、技术与实践示范。

风景园林一级学科设有风景园林景观设计室、计算机辅助设计实验室、园林制图实验室、景观模型实验室、陶艺及丝网印刷实验室、园林景观虚拟实验室、园林植物生态实验室、园林植物栽培生理实验室等研究室及本科教学实验室。实验室总面积达到 4 000 平方米，仪器设备值合计 3 150 万元。同时，建有校内外实践教学基地多处，为教学科研提供了有力支撑。

（二）园林植物与观赏园艺

园林植物与观赏园艺学科是北京市级重点建设学科。该学科共有教师 21人，其中教授 4 人，副教授 12 人，具有博士（后）学位 14 人。

该学科现已形成"园林植物资源与育种""园林植物栽培生理与生态""园林植物应用" 3 个明确的研究方向。其中，园林植物资源与育种研究方向已开展了百合、丁香、花楸、金露梅、胡枝子、宿根花卉、芳香植物等种质资源收集与分析研究、常规育种、基因克隆与分子育种、观赏或抗逆性状形成的分子机制研究研究。园林植物栽培生理与生态方向，注重抗逆生理生态修复、城乡绿地景观空间演化、城乡固体废弃物无害化处理及生态再利用、花香成分检测及花香释放机理等方面的研究、种苗产业化开发关键技术、组培快繁及脱毒种苗生产技术等方面的研究。

该学科现有园林植物栽培生理实验室、园林植物细胞生物学实验室、园林植物生理生化实验室、园林植物分子生物实验室、园林植物生态实验室等科学研究实验室；同时，还有植物学实验室、林学实验室、树木花卉实验室、组织培养实验室。实验室总面积达到 2 400 平方米，仪器设备值合计 2 680 万元。

校内建有现代设施花卉实践基地 20 亩，其中含温室 6 000 平方米；校内还具有园林苗圃实践基地 20 亩、林业苗圃基地 20 亩，校外有万亩实习林场。这些为研究生实践技能训练提供了良好的场所。

（三）森林培育（城市林业）

北京农学院林学一级学科于 2010 年获批，森林培育（城市林业方向）为北京农学院林学一级学科下新设的一个二级学科，具有教授 4 人，副教授 12 人。

森林培育（城市林业）已初步形成 3 个具有特色的研究方向。其中，"城市林业种苗产业化"方向，注重林木新优品种引种，注重林木种苗繁育新技术（如组培快繁育苗、容器育苗、嫁接育苗等工厂化育苗技术研究与应用）研究，以满足城市造林对种苗产业化的需求。"城市造林与生态"方向，适应北京城市造林与提升生态环境品质的需要，着手困难立地条件和生态脆弱地的造林与生态修复技术研究，着手城乡植物群落构建的理论及技术研究，注重林木花卉挥发性物质释放规律与生态应用研究。"经济林与林下经济"方向，注重林下经济作物新品种引进及高效栽培模式研究。

（四）林业

北京农学院林学学科是学校重点支持和发展的学科之一。所支撑的专业有园林专业（北京市特色专业）、林学专业。林业领域推广硕士的培养，以构建林学、园林花卉学科为主体的知识框架，侧重于交叉学科综合知识的运用和能力培养，为北京市培养高层次、复合型、应用型专门人才。

本学科领域主要包含以下几个研究方向：林木花卉遗传育种、林木花卉栽培生理、林业生态工程、林木花卉景观应用等。学科现有教授 5 人，副教授 12 人，具有博士学位 14 人。导师队伍中有北京市教学名师 1 人，北京市科技新星 1 人，北京市青年骨干教师 6 人，北京市优秀教学团队 1 个。

研究涉及的林木花卉有丁香、花楸、金露梅、百合、报春花、朱顶红、火鹤、菊花、景天、宿根花卉、芳香植物等。

本领域研究生培养主要依托城乡生态环境北京实验室、北京市乡村景观规划设计工程技术研究中心、园林学院园林植物与观赏园艺重点建设学科实验室。实验室仪器设备齐备，并建立了配套的研究技术体系。校内具有 20 亩现代设施花卉实践基地 1 个、20 亩园林苗圃基地 1、20 亩林业苗圃基地 1 个，校外有万亩实习林场 1 个，能满足研究生实验实训技能的培养。

（五）风景园林

风景园林专业学位是以风景园林职业任职资格为背景，综合运用科学、技术和艺术的手段，以协调人与自然之间的关系为宗旨，为培养具有较强的专业能力和职业素养，具有创新性思维，能从事风景园林保护、规划、设计、建设和管理等实际工作的应用性、复合型、高层次专门人才而设置的一种学位类型。

本专业学位授权点有 25 名具备实践经验和理论基础的专职教师。专任教师中，教授 4 人，副教授 10 人，具有硕士以上学位的教师达到 88%。其中，北京市园林绿化评标专家 7 人，北京市绿化美化积极分子 3 人，北京市青年骨干教师 3 人，北京市优秀人才 3 人，全国与北京市级学会理事以上人员 3 人次。本专业学位授权点校内与校外行（企）业共建导师团队。现有校外导师 8 人，多数为企业工程师、企业高管、CEO，具有丰富的生产研发实战经验或管理经验。

本专业学位授权点实验室硬件条件完善。具有 9 000 平方米的园林楼 1 个、专用艺术或美术实验室 4 个、平面设计与立体构成实验室 1 个、园林工程实验室 1 个、计算机辅助设计实验室 3 个、风景园林制图室 3 个、建筑模型建造实验室 1 个、雕塑模型制作室 1 个。还有树木花卉实验室、种苗繁育实验室、生态实验室等景观生态植物实验室。校内苗圃基地 1 个（占地 25 亩）、现代花卉设施基地 1 个（占地 20 亩），校外实习林场 1 个（占地 1 万亩）。北京市乡村景观规划设计工程研究中心技术坐落在园林楼，为风景园林研究生培养提供重要支撑。园林学院与中城国合（北京）规划设计研究院、北京世纪立成园林绿化工程有限公司等单位建立了研究生联合培养基地，为专业学位研究生在规划设计及园林工程施工管理等方面提供良好的专业实训场所。

近 3 年来，本专业学位点导师承担了大量的居住区绿地、道路绿地、校园景观、厂区景观等绿化景观规划设计项目；承担了大量的新农村景观规划、乡村旅游规划、农业观光园规划、沟域经济规划、风景区规划等项目。

二、研究生日常工作情况概述

（一）在研究生招生方面的工作情况

1. 注重本校生源的动员　通过日常的教学，了解班上学生的性格、科研天赋和刻苦程度，动员导师在本校本科生中发现好苗子，平时有意识地引导和培养学生提早进入课题中。2016 年春季，由学院的学生辅导员召开了 2 次考研动员会，动员学生踊跃报考研究生。秋季由学院研究生管理部门进行动员，由导师和新入学研究生给学生讲一些备考技巧，给学生讲报考本校与外校各自的利与弊。

2. 动员以师招生、以生招生　2016 年秋季，专门给研一、研二的学生开会，开展以生招生，让研一、研二的学生动员自己的本科同学报考北京农学院的研究生。据统计，共有 5 名学生动员了自己的 7 名同学报名。

3. 调剂优质生源　2016 年招生调剂时，第一志愿录取人数达到 78％以上，学院领导实时根据网上生源的动态变化，随时掌握调剂报名情况，先把优秀生源调剂过来，在复试时再和导师进行筛选。加强名校复试淘汰后生源的储备，积极与北京林业大学和北京市农林科学院加强联系，将它们的优秀生源调剂到园林学院。

（二）研究生培养方面工作情况

1. 加强入学教育　在新生入学当天，学院研究生管理部门召开导师和研究生的见面会，让新生了解论文工作模式，将论文工作模式的 PPT 发给新生，强调了论文工作的重要性。导师与研究生一起，学习培养工作的几个环节，对评奖学金条件、毕业及获得学位的条件加以强调。

2. 重视课程建设　鼓励积极申请经费，进行研究生课程建设，2016 年园林学院有 1 名研究生导师获得了研究生课程建设项目。

在研究生课程建设项目中，孙睿鹂老师通过教学内容的更新，增加了 10 种常见的林木和花卉近 2～3 年出现的新品种，撰写了 2～3 个有代表性的案例。

3. 重视论文开题　2015 年起，经过学院学位分委员会讨论，要求毕业论文的开题时间达到 15 分钟，实行末位淘汰的办法。从 2016 级起，专业学位研究生开题时间提前到第一学期期末，学术型研究生提前到第二学期期末。

4. 重视论文评阅　经过学院学位分委员会讨论，从 2016 年起，园林学院硕士论文全部送校外专家进行盲审。首轮校外盲审，有 2 名未通过。上述措施有效地督促了导师及研究生注重论文工作质量。

5. 注重研究生综合素质提高　持续开展"月读一本好书"活动，提高学生综合素质及适应社会的能力。读书种类丰富多样，涉及心灵提升、潜能开发、经营、管理、理财分析、心理学、人际关系处理、语言口才能力提升等多个方面。此活动从 2010 年春开始，已持续开展 23 期。

（三）研究生条件平台工作情况

1. 在林学一级学科设立了专门的研究生科研实验员　要求研究生科研实验员掌握日常仪器的使用与维护，负责指导研究生使用日常仪器设备，负责从公司或其他学校聘请精通某仪器设备使用或某实验平台开发的人员给研究生进行培训。例如，请公司人员培训荧光定量 PCR 仪器的使用，请中国农业大学一位实验员培训载体的构建技术。

2. 学院为实验员从科技口申请了开发实验平台的项目　例如，开发基因功能验证的技术平台。

3. 注重校外实践基地的建设及创新创业教育　注重校外实践基地的建设，2016 年建设了 BJF 宝佳丰（北京）国际建筑景观规划设计有限公司、北京麦田景观设计事务所、北京植物园、黄垡苗圃等校外实践基地。同时，也注意研究生的科研创新及创业教育，有 8 名研究生申请并获批了创业项目。

（四）研究生就业方面工作情况

园林学院对研究生就业工作高度重视，广泛拓宽就业信息传达渠道，学院领导及时掌握学生就业动态、加强思想引导，平常开展的读书活动提升了学生适应社会的能力。

2016 年园林学院毕业研究生签约率达到 100％，就业率达到 100％，就业单位质量较高。2016 年共毕业 25 人，其中：升博 1 人，机关 3 人，事业单位 2 人，教学单位 1 人，大学生"村官" 3 人，国企 2 人，其他企业 13 人。

三、研究生招生培养存在问题和改进措施

（一）招生工作仍须改进

2016 年林学学科第一志愿报考率及上线率不足，影响专业招生声誉。

其主要原因为：在本校学生中做的动员工作不够深入。2016 年本校林学学科研究生报考率较高，但多数报考校外名校，实际只有少数学生能考上校外名校；多数考生分数中等，往回调剂时较为困难。

措施：今后拟继续鼓励本院学生报考研究生，但应进行细致分类引导。成绩特别优异的，可鼓励冲击名校；成绩中等偏上的，鼓励报考本校研究生，并给予适当奖励。

（二）研究生过程培养管理仍须加强

只有论文工作的过程培养管理加强了，才能保证最终的论文质量。过程培养管理松懈，势必影响最终论文质量。学院拟制定措施，从 2017 年起，加强各导师或研究小组的 Seminar 执行情况检查，加强实验或调研工作的原始记录检查，加强研究生实践技能考核。

食品科学与工程学院研究生培养质量报告

食品科学与工程学院

一年来，在学校的正确领导、职能部门的大力支持配合和全学院教职工的共同努力下，按照学校的总体部署和工作要求，以京津冀协同发展为契机，食品科学与工程学院振奋精神、抢抓机遇、不断开拓进取，确保研究生培养的各项工作任务得到顺利完成。

一、2016 年学院研究生培养工作

（一）研究生教学工作

全学院现有研究生 116 人，其中全日制 77 人，在职 39 人。全年完成研究生教学工作见表 1，整体教学运行良好，未发生任何的教学事故。

表 1　食品科学与工程学院 2016 年度完成研究生教学情况统计（含在职）

序号	内容	完成情况
1	全年开设课程门数	全日制 15 门＋在职 12 门
2	课程教学工作量	631.9 学时
	指导研究生工作量	1 780 学时
	论文评审	86 学时
	合计	2 497.9 学时

（二）研究生招生工作

2016 年实现全日制研究生招生 35 人，其中学术型研究生 16 人（含推免生 1 人），专业型研究生 19 人（含大学生士兵计划 1 人）。2016 年在职研究生

招生 9 人。

2016 年研究生一志愿报考学院人数达到 65 人，学院一次性圆满完成了 2016 年的研究生复试工作。在学校及研究生处的支持下，学院积极进行 2017 年招生宣传。学院老师韩涛、綦菁华、徐艺青先后到安徽医科大学、西南民族大学等省外高校进行招生工作宣传，党登峰老师为全院 2013 级本科毕业生做考研动员工作。

2016 年学院被评为"2016 年研究生招生先进集体"，张红星被评为"2016 年研究生招生工作突出贡献导师"，段慧霞被评为"2016 年研究生招生工作先进个人"。

（三）研究生培养工作

1. 重新修订研究生培养方案　根据研究生处下发的要求，学院学位评定委员会、一级学科（食品科学与工程）研究生培养指导委员会和专业学位（食品加工与安全领域）研究生培养指导委员会，对全日制学术型研究生、全日制专业研究生以及在职研究生的培养大纲进行了修订，进一步完善了学院学位与研究生的培养。

2. 继续重视研究生培养环节　以学科（领域）为单位，研究生培养指导委员会对 2015 级研究生（全日制学术型、专业型及在职）进行学位论文开题工作，全部通过开题。邀请校外专家对 2012 级学术型、2013 级全日制专业型研究生和部分 2012 级在职研究生进行学位论文答辩工作，参加答辩的 43 名学生全部通过答辩并毕业。对 2016 届毕业年级（2014 级学术型硕士和 2015 级专业硕士）及在职研究生进行学位论文中期检查报告，及时了解和发现毕业学生在学位论文撰写过程存在的问题。通过重视研究生培养环节，强化了研究生培养过程的监控，提高了研究生综合素养，践行了学术道德和行为规范，进一步完善了研究生培养质量监督机制。

3. 积极参与学位与研究生教育改革与发展项目申报工作　2016 年学院研究生积极申报学位与研究生教育改革与发展项目，获得资助 8 项（总金额达 6.5 万元）。

4. 进一步加强硕导队伍建设　根据学校相关研究生导师遴选办法，新增王芳、刘慧君、孙运金为硕士生导师，进一步扩大导师队伍建设，组织新增导师参加学校的 2016 年研究生教育工作会议，对新导师进行培训工作。目前，学院研究生导师已达 42 人。同时，继续加大导师对研究生培养工作的指导力度，以团队为基础，强化"导师是研究生第一责任人"的观念和团队意识，让研究生积极融入团队、融入项目，以项目和团队带动研究生培养。

二、学科评估

在学校研究生处的组织下，完成教育部学科评估工作。2016 年上半年，在校党委、行政的领导下，经相关学院、学科共同努力，组织完成食品科学与工程一级学科评估材料的报送工作。

三、研究生学位管理工作

学院顺利完成 2016 年研究生硕士学位的授予和优秀硕士学位论文评选工作，其中 42 人获得硕士学位，4 人获得优秀学位论文。根据《北京农学院学位评定委员会章程》，在研究生处的组织下，成立学院学位评定分委员会，负责指导、审查本学院与学士、硕士学位相关的各类事宜以及学科建设、学位点评估、导师遴选、新学位点的增列等工作。

四、研究生培养平台建设

学院现有研究生培养平台 5 个：农产品有害微生物及农残安全检测与控制北京市重点实验室、食品质量与安全北京实验室、蛋品安全生产与加工北京市工程研究中心、北京市食品安全免疫快速检测工程技术研究中心、微生态制剂关键技术开发北京市工程实验室，培养平台的建设有力推动了学院在研究生培养工作方面的提升。

五、2016 年研究生培养工作亮点

1. 2016 年学院招生 1 名推免生，成为全校唯一一个招收到推免生的单位，实现了学校招生推免生零的突破，研究生招生入口进一步提升研究生培养质量。

2. 组建研究生培养组织，构建了研究生培养构架，进一步规范了研究生培养体系，为研究生培养质量提升提供了保障。

六、存在的不足和问题

1. 研究生教育已进入新的发展时期，提高学科建设水平、提高研究生培

养质量已成为学科建设与研究生教育的重要任务。学院研究生教育基础比较薄弱，学科建设水平整体不高，核心竞争力不强。

2. 全日制学生上课中，课程讨论环节学生准备不充分，反映学生信息量不够，部分任课教师不按大纲内容进行授课，造成课堂随意性强；学院开题、学生答辩，导师关注度不高，有的不到现场；全日制任课老师调停课次数排在全校首位，调停课频率高。

七、2017 年研究生培养工作重点

（一）学科建设

按照学校总体部署，落实"十三五"学科建设与研究生教育发展规划各项任务，推进学科资源整合和结构优化。

（二）启动 2017 年研究生招生工作

2017 年扩大研究生招生宣传，积极争取更多的年度招生指标，进一步提高研究生招生规模和质量，进一步提高社会的认可度。

（三）进一步理顺学院研究生管理机制，强化培养环节管理

进一步理顺学科和研究生教育的管理机制，发挥学科带头人在学科建设和研究生教育中的带头作用，发挥研究生培养指导委员会在研究生培养环节中的积极作用，把研究生培养工作做细做扎实。

（四）做好研究生学位论文答辩工作

根据学院发文《食品科学与工程学院关于全日制研究生毕业发表论文要求》，严把研究生毕业关，从学位论文上着实提高研究生培养质量。

（五）加快改革研究生培养模式

对全日制学术型和全日制专业型研究生进行分类培养，促进课程学习和科研训练的有机结合，鼓励行业、企业全方位参与研究生培养。以培养研究生实践能力和创新精神为宗旨，加强研究生实践教学基地建设，以校外研究生联合培养实践基地和研究生工作站为抓手，深化研究生实践教学体系及教学方法、手段的改革，不断提高研究生实践教学水平。

计算机与信息工程学院研究生培养质量报告

计算机与信息工程学院

2016 年计算机与信息工程学院农业信息化硕士点的研究生招生培养工作已经步入了第七个年头，学院招收全日制研究生 6 届、在职研究生 6 届、全日制研究生毕业生 4 届、在职研究生毕业生 3 届。2016 年学院在前面几年工作的基础上，逐步探索联合培养、实践基地建设等加强学生社会实践能力和适应能力的培养模式，同时在招生、培养、科研、就业等方面加强与各学院及外单位合作，提高了办学水平。学院 2016 年研究生培养的具体工作如下：

一、研究生教育现状概述

计算机与信息工程学院现有农业硕士农业信息化专业学位硕士点 1 个。共有硕士生导师 16 人，其中校内导师 13 人（包括图书馆 2 人），外聘校外导师 3 人。2016 年 11 月，王玉洁教授正式退休；在 2016 年硕士生导师遴选中，牛艿洁副教授被正式受聘为硕士生导师。校内导师中现有教授 2 人，副教授 9 人，研究馆员 1 人，副研究馆员 1 人；校外导师有研究员 3 人。

农业信息化领域农业硕士培养工作分为全日制研究生及在职研究生的培养。现有全日制研究生 17 人，全部是专业学位研究生，学制 2 年。其中 2014 级学生 1 人，2015 年 12 月至 2016 年 12 月由于怀孕休学一年，现已复学加入导师项目组，完成科研工作和毕业论文等培养计划内容，并将于 2017 年春季学期和 2015 级学生一起参加毕业答辩；2015 级全日制学生 7 人，已经于 2016 年 9 月 30 日完成学位论文开题报告，其中 1 人为校外导师，现由导师安排在北京市农林科学院进行科研项目研究并完成毕业论文，其余 6 人在学校参加教学实践和科研项目工作，并完成毕业论文；2016 级全日制学生 9 人，2016 年秋季学期已修完大部分课程，并已逐步跟随导师进入项目组进行实践科研活动。2015 级 6 名学生和 2016 级 9 名学生在 2016 年的 7 月去大连东软信息学院进行了为期一个月的校外实训实践活动。

在职研究生共有 45 人。其中 2016 级学生 3 人已经完成专业公共课的学习，将于下学期开始专业必修课和专业选修课的教学和学习；2015 级学生 16 人已完成全部课程的学习，于 2017 年 1 月 17 日进行论文开题答辩；2014 级学生 14 人已完成课程学习，已于 2015 年 12 月完成毕业论文的开题报告，现在已进入论文课题研究和论文撰写阶段，将于下学期进行学位申请和论文答辩；另外，还有 2012 级学生 7 人、2013 级学生 5 人都已经超过 3 年未毕业，现在争取这部分学生顺利完成论文。

学院秉承信息和互联网技术服务农业的宗旨，强化办学特色，最大的特点是学生实践活动多，进入实践环节早。2016 级学生录取工作结束后，学院即积极联系学生安排暑期实践活动，使每一个学生在正式报名入学之前就已经在大连东软信息学院进行了为期 1 个月的专业实训，实训不仅加强了学生的基础专业技术水平，也促进学生更快了解学院管理制度、融入集体生活，发挥学生的主观能动性。正式入学后，各位研究生导师在学院领导的领导和支持下，秉着对学生负责和勇于承担的教书育人精神为每一位学生安排了内容丰富的实践项目，尤其是在农业信息化领域技术应用第一线的基层实践。

二、研究生招生、培养、平台、就业情况

2016 年农业信息化硕士点录取全日制研究生 10 人，1 人因为个人原因申请放弃入学资格，实际招收 9 人。其中 6 人是北京农学院应届毕业本科生，5 人来自计算机学院，1 人来自食品科学与工程学院；另有 3 人为外校报考外单位申请调剂到北京农学院的学生。2016 年招收在职研究生 3 人，在职研究生招生主要问题在于报名学生参加统一入学考试通过率低。2016 年学院在招生方面的工作焦点在于本校（尤其是本学院）生源发动以及最后的接收调剂生两个方面。在职研究生和全日制研究生实行统一考试统一招生后，在职研究生的招生工作将面临更大挑战，继续加强成绩公布后对需要调剂的学生的信息收集和接收服务工作是接下来学院研究生招生工作的重点。

在课程培养方面，2016 年秋季学期学院为全日制研究生开设全校性公共必修课农业传播技术与应用一门两个班次，任课教师的两位教师均具有教授职称；开设专业必修课和专业选修课共 7 门，分别为农业信息化导论、农业信息化进展、农业信息化案例、农业应用系统开发、农业信息分析与处理、3S 技术原理与应用、网络与信息安全，任课的 6 名教师为 1 名正教授、5 名副教

授，所有课程均已经结课。

在在职研究生的培养方面，2016 年学院使用优学院慕课平台为 2015 级在职研究生提供了共计 11 门的专业课课程学习，学生通过平台学习相关的课程视频和其他 PPT 等相关课程资源，同时，统计记录学习整体情况。并且，使用好视通远程培训软件为 2014 级学生提供了这 11 门专业课的面授和答疑，及时沟通解决学习中的疑问。目前，2015 级学生已经结束了专业课学习，作业基本提交结束，接下来将进入论文开题和撰写阶段。另外，学院为 2016 级在职研究生开设了全校公共课 1 门：农业传播技术与应用，任课教师具有教授职称。2016 级 3 名在职研究生在 2016 年完成了 5 门专业公共课的学习，学院正在准备 2016 级在职研究生专业必修课和专业选修课的课程资源以及上课安排。

在就业方面，2016 年毕业全日制研究生 5 人，实现了全部就业的目标。在就业工作方面除了常规的就业信息发布，学院 2016 年还组织了多场就业和职场技能方面的讲座，包括面试、着装、领域相关需求、发展方向、市场动态以及职场适应能力等内容。另外，与合作单位在学生就业方面逐步展开了深入合作，2016 年挂牌的北京市农林科学院农业信息与经济研究所校外研究生实践基地招收学院毕业研究生张辉在研究所工作，现已成为技术骨干，合作方表示希望以后能为研究所输送更多优秀人才，在人才培养的过程中即可实现有针对性的联合培养。

三、本年度研究生教育的工作亮点或取得的标志性成果

（一）专业实训和顶岗实习

2016 年学院安排 2015 级和 2016 级全日制研究生在大连进行了 1 个月的专业实训和顶岗实习，实现了除 1 名学生因为校外导师另有安排外所有学生全部参与的目标。并且，2015 级学生全部实现企业顶岗实习：顶岗实习在两个企业分两个方向开展，3 名学生在大连东软科技发展有限公司进行了移动互联网应用开发（java 方向）的顶岗实习；另有 3 名学生在大连云观信息技术有限公司进行了动画美术设计方向的顶岗实习；顶岗实习过程中，学生完全参与到企业项目中，按照企业员工管理模式进行管理。2016 级学生分 PHP 方向、ERP 方向、产品经理 3 个方向在大连东软信息学院进行了专业实训。

（二）校外实践基地签约挂牌

北京市农林科学院农业信息化研究所研究生校外实践基地实现签约挂牌，每年都固定派 1～2 名研究生在研究所做科研、参与项目。并经过双方沟通交

流、计划以后在研究生的就业、联合培养方面更加深入合作。现北京市农林科学院共有 3 名老师在学院任校外导师，都具有研究员职称。

另外，学院 2016 年毕业研究生 5 人实现全部就业。

其他科研方面的成果见附录 14～附录 17。

四、研究生教育的主要经验、存在的主要问题以及今后准备采取的改进措施

（一）在职研究生的招生和培养工作仍然是研究生培养工作的薄弱环节

在招生方面，2017 年实行统一报名、统一考试后，在职研究生的招生将面临更大挑战；另外，在职研究生学习目的和目标的多样性也是招生和培养工作的潜在问题，应该成为日后招生培养的参考因素之一。积极为学生考虑，找到学生需求和学院培养目标的契合点是实现在职研究生培养质量突破的关键点。另外，在应届毕业的本科生中发掘在职研究生招生生源也是以后的招生工作重点。在这个过程中，由于学生需要面对找工作和考研双方面的压力，就需要学院提供更多地帮助和服务。

（二）继续建立成熟稳定的农业信息化领域

研究生实践基地是提高研究生培养质量的一个需要长期探索、不断创新的工作，在国家提倡不断创新大学培养模式的鼓励下，在研究生改革和发展项目的实际支持下，学院将继续对研究生联合培养、实践基地建设、促进师资力量的良性进化等方向做进一步实际的改革和建设。现在，这一工作已经在调研阶段，并且与学院本科生实训实践基地建设共同规划和建设，互相促进。

（三）在就业方面需要给研究生更加系统的指导

学院计划以建立研究生实践基地为基础，吸收社会培训机构、优秀企业的经验和办法，以企业人力资源管理的专业知识为指导，帮助学生积极认识自己的优势和劣势，积极参与对自身能力和潜力的发现过程中，发挥主观能动性、抱着对自己负责的态度规划自己的职业生涯，争取使每一个学生都能在毕业时有一个成熟的、职业的态度进入下一步的人生。

五、研究生教育的政策建议

在体制和管理方面，希望研究生处关于研究生的各项工作的制度更加健全

和细节化，对任课教师和导师的要求更明确，简化教学管理过程的人治程度，以制度代替人治，也把各学院行政管理人员从琐碎的协调工作中解脱出来，做创新培养模式等方面的研究探索。

希望项目经费的使用更加灵活，使学院、导师两方面都能更灵活地使用项目经费进行课程建设、实践活动以及实现研究生的其他教育培养目标。

文法学院研究生培养质量报告

文法学院

一、农业科技组织与服务专业学位硕士点概述

农业科技组织与服务专业学位点依托文法学院的法学和社会工作学科建立发展，研究生培养上也分为农业科技组织与服务法律保障和城乡社会工作方向。

硕士点 2012 年开始招收在职研究生，2013 年开始招收全日制研究生，目前共有在职与全日制研究生在校生 74 人。在职研究生共 48 人，其中包括 2013 级延期毕业 6 人；在校全日制研究生 26 人。总体来说，在职研究生多，全日制研究生少。

硕士点目前有校内导师 18 人，教授 4 人，校外导师 2 人，合计共有导师 20 人。

农业科技组织与服务专业不同于园艺等农业生产和食品加工储藏等技术类专业，有突出的应用性的特点。农业科技组织与服务专业是文科专业，和农村与区域发展有共性的一面，但又没有农村与区域发展的应对性强。现实中，这种文科类的专业很容易被边缘化。这是农业科技组织与服务专业发展的难处。但同时它也有自己的优势，就是专业领域宽泛，涉及农业科技组织、农业技术传播、农业科技管理与经营、农业教育培训等领域之外的涉及组织、服务、协调等方面的内容，都可以囊括之中。这样，这个领域的招生就业范围就比较广泛，这对于专业的发展又是有利的方面。所以，农业科技组织与服务专业领域既面临发展的难处，也有有所作为的机遇。

二、2016 年所做的工作

（一）招生工作

1. 充分重视招生工作，把招生工作常态化　招生是发展的基础，对于招

生时间短、招生规模小的农业科技组织与服务专业来说，招生工作更具战略地位。

学院把招生纳入常态化工作，全员发动教职工开展招生工作，以研究生秘书为联络站，将两个专业的系主任、本科生辅导员、班主任和导师联系起来，有重点、有针对性地"埋种子"，培养研究生生源，保证研究生招生的持续发展。

2. 以生招生　让在校研究生现身说法，使考生了解到本专业硕士点的优势，增强对本硕士点的认可度和信任度。

3. 打导师招牌，吸引考生　在对在读及毕业的研究生的问卷调查中显示，绝大多数研究生认为导师水平高，高水平的导师是报考的重要条件。

4. 到外地进行研究生招生宣传　2016 年研究生导师赴贵州进行招生宣传，扩大了招生影响力。

2016 年招收在职研究生 10 人，招收全日制研究生 14 人，达到历史新高。2017 年有 37 人报考，招生工作有望持续稳定。

（二）就业工作

1. 落实导师责任制，招生之时谈就业　学院要求导师在招生之初要和研究生谈就业，端正研究生的就业态度。有些本科生找不到工作时把考研当出路，这就可能把就业难度延迟到研究生阶段。所以，在招生之初就引导研究生明确读研目的，理性定位读研预期，避免不切实际的就业心态，为研究生通畅就业打好基础。

2. 为研究生创造条件锻炼实践能力　文科专业应用范围宽泛，专业的独占性地位弱，所以，锻炼研究生广泛的适应能力是研究生培养的重要内容。从低处着手，为研究生创造参与学生管理工作、文案处理等办公事务的机会，熟悉常务办公内容，加强能力培养。2016 级的 12 名研究生中有 6 人在学校各部门从事"三助"工作，同时，加强研究生实践基地教学，创造条件加强研究生能力培养。

（三）培养管理

1. 明确培养目标，适时修订培养方案　学习借鉴其他单位硕士培养经验，组织导师研讨，修订培养方案，厘清研究生专业和本科专业的关联和区别，明确研究生论文立题等要符合农业科技组织与服务专业领域培养目标。鼓励支持教师开展研究生教育方面的研究，3 年来有 11 人次教师立项学校各类研究生改革与发展项目，9 人次研究生主持社会实践类研究项目。

2. 积极配合学校研究生处工作，规范研究生培养管理 每学期初，召开研究生导师和任课教师工作会，总结和布置研究生方面的工作，明确研究生工作要求，有序开展工作。认真开展期中教学检查工作，要求每一名研究生（包括全日制和在职研究生）和导师都接受检查。组织研究生座谈，了解研究生教学存在的问题，收集研究生的意见和建议，并及时给予反馈。召开期中教学检查总结会，总结研讨解决研究生教学及培养方面的问题，规范研究生培养管理。这方面感谢研究生督导老师的亲历指导。

3. 调动导师积极性，充分发挥导师作用 每年研究生入学迎新之际组织研究生与导师见面会，包括在职研究生和全日制研究生都开见面会，渗透专业教育的内容，为入学后的培养奠定基础。发挥小规模硕士点优势，对研究生进行精细化培养。文法学院只有这一个硕士点，所以 20 位导师的向心力可以集中在这一个学位点上，这就使得硕士点资源集中，生均资源优势突出。2016年，研一的 14 名学生中有 11 名研究生都申报了研究生改革与发展项目。研究生参与导师科研项目，得到个性化的指导和锻炼。

4. 开拓国际交流项目，提升研究生素质 与日本岛根大学和札幌学院大学合作，2014 级 3 名研究生到日本交流学习，学习了解日本现代农业科技推广方面先进的经验和做法，开阔了研究生的视野，提升了能力，并且为研究生的下一步发展奠定了基础，有 1 名研究生考取了岛根大学博士研究生。

（四）论文工作

针对论文教学，发挥导师培养小组的作用。最初是培养计划要求填写，后来受到导师和研究生的欢迎就执行使用这个机制。目前，在研一学年填写培养计划之时就确立导师培养小组，为以后的论文开题及写作进行铺垫。在毕业论文送审前，由导师组导师先行查审论文，提出意见，然后外审。严格论文工作程序，2015 级 12 名全日制研究生全部通过，8 名 2015 级在职研究生有 2 名研究生未通过第一次开题，通过组织第二次开题报告会，全部研究生通过开题。2015 届全日制研究生全部通过论文答辩，2013 级有 6 名研究生因论文不达标准延期毕业。2016 年，把毕业学年研究生的论文初步审查时间提前至毕业学年的第一学期末，这样保证毕业论文的及时提交和评审。

三、本年度研究生教育工作中的亮点

（一）招生就业良好

自 2013 级招生开始，3 年来全日制研究生签约率 100％。2016 年招收在职研究生 10 人，全日制研究生 14 人，保持了研究生规模的稳定发展。

（二）国际交流合作项目稳定发展

与日本岛根大学和札幌学院大学两所高校建立国际交流项目后，与美国班尼迪克大学签订了合作交流协议，为研究生开阔国际视野，提高实践能力创造了条件。2016 级已有 5 名研究生通过了日方学校的交流审核，2017 年 3 月和 8 月分两批赴日学习交流。

（三）研究生党团活动展示生机

党团支部联合继续开展"红色论坛"和"读书交流会"，强化了研究生党员的身份意识，促进了研究生的学习与实践能力的提升。

四、研究生教育的主要经验、存在的问题

（一）主要经验

1. 招生就业有机统一，相互促进，实现良好的工作预期　招生规模和研究生教育发展趋势相匹配，就业工作落实到位，研究生教育发展的关键点有了保证。

2. 培养管理逐步规范　无论是教学培养，还是论文工作，研究生培养规范有序，保证了培养质量。

3. 导师队伍展示活力　规范的管理和热情的服务，为导师工作的积极开展奠定了基础。导师对研究生的培养指导精心细致，树立了良好的导师队伍形象，受到研究生肯定。

4. 小规模的"精雕细养"　有利于研究生的个性化培养，研究生在综合素质提升方面大获裨益。

（二）存在的问题

1. 招生生源单一，生源规模小　2013 级、2014 级两个年级 9 名研究生全部是本校生源，2015 级 12 名研究生中有 4 名外校生源，本校生源占招生数的81％。2016 年 16 名研究生全部为本校生源，需要扩大宣传范围，加大宣传力度，扩大硕士点的社会影响力。

2. 实践教学有待加强　专业学位重在实践性能力目标，而高校导师大多具有重理论、轻实践的学习传统，很容易把专业学位学术化。同时，由于缺少对导师的实践培训，包括国外访问考察、到先进地区、先进的企事业单位考察

学习的机会，导师的社会实践能力也有局限。这方面需要导师主动应对，同时也需要为导师培训创造条件。

目前，研究生实践教学更多的是"师傅带徒弟"的形式，一位导师带1～2名研究生，通过参与导师科研项目、校内实习等灵活的实践形式让研究生进行实践锻炼。随着招生规模的扩大，应积极探索适应本专业领域的实践基地及实践教学规范建设。

3. 研究生管理人员严重不足 文法学院没有设置主管科研和研究生工作的副院长岗位，院长助理兼任科研秘书、研究生秘书和研究生辅导员。这在一定程度上影响了农业科技组织与服务领域专业学位点的建设。

（三）今后主要工作

1. 根据社会需求凝练学科特色，适时调整培养方案 自招生以来，农业科技组织与服务在确立了培养方案后，进行过一次全面的研讨修改，但随着社会人才需求形势的变化，适时调整培养方案是客观需求。

2. 加强招生宣传，提高研究生招生数量和质量 研究生招生取得了较好的成绩，但长远来看，研究生招生工作机制的改革完善应当是加强研究生招生工作的重点内容。

3. 加强研究生就业工作，稳定就业率 加强研究生实践能力培养，提高人才培养质量是根本。但加强就业指导，落实导师责任制，仍然是就业工作的重要内容。

4. 加强研究生课程建设，保障教学质量 组织课程建设研讨，建设有专业领域特色的专业课程，继续发挥小班研讨式教学，保障课程教学质量。

5. 加强实践教学，提高研究生实践能力 依托实践基地建设，发挥"双导师制"优势，强化研究生实践能力培养，是贯穿研究生培养始终的主线。

6. 加强导师队伍建设，为研究生培养提供保障 建立导师激励机制，发挥现有导师团队优势，加强对导师的服务和管理，落实导师责任制，保障研究生培养质量。

7. 加强研究生管理制度建设，实现培养过程规范化 规范研究生培养，是保障研究生培养质量的必然要求。学校的研究生管理制度日趋完善，针对二级学院操作执行层面的制度需要结合实际工作，逐步规范。

8. 加强研究生管理队伍建设，适时增加管理人员 人员到位是开展工作的基础，力争增设1名研究生管理人员。

五、对学校研究生教育的政策建议

学校研究生教育管理日趋科学规范，展示了良好的发展趋势，为二级学院研究生工作的开展搭建了良好的平台，希望学校在导师和管理人员的海外实践培训方面能够提供更多的学习机会。

农业科技组织与服务专业自 2012 年开始招生以来，在学校领导、研究生处的指导和各兄弟学院的帮助下，进入了稳步发展的阶段。但要把本专业领域办出特色、办出水平，尚有诸多的问题需要克服和解决。相信在全员教职员工的努力下，文法学院农业科技组织与服务专业领域学位点必将取得更好的发展，为北京农学院的研究生教育贡献力量。

北京农学院 2016 年研究生招生质量分析报告

北京农学院研究生处

一、招生情况

（一）全日制研究生

1. 学院、学科分布 2016 年度，学校研究生招生学科专业共 26 个（其中学术型 12 个，专业型 14 个），实际招生人数 300 人，比 2015 年增加 30 个招生指标，增长 11.11％。其中，学术型硕士和专业型硕士分别占招生总人数的 31.00％和 69.00％。

近 3 年，学校整体招生情况良好，各学院录取人数稳步提升（图 1、表 1），呈现了一个良好的发展态势。

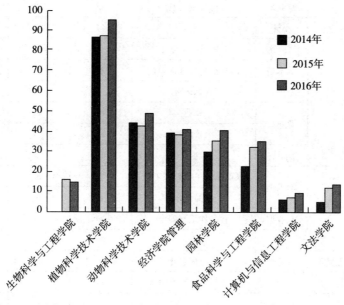

图 1 2014—2016 年全日制研究生录取学院分布图

表 1　近 3 年全日制硕士研究生录取统计表

学院	学位类别	专业	2016 年	2015 年	2014 年
生物科学与工程学院	专业型	生物工程	15	16	0
植物科学技术学院	学术型	作物遗传育种	8	7	8
		果树学	17	20	19
		蔬菜学	9	8	7
	专业型	作物	8	7	7
		园艺	25	23	30
		植物保护	10	8	8
		种业	8	6	2
		农业资源利用	10	8	5
	小计		95	87	86
动物科学技术学院	学术型	基础兽医学	7	8	8
		临床兽医学	11	10	13
	专业型	养殖	13	12	7
		兽医	18	13	16
	小计		49	43	44
经济管理学院	学术型	农业经济管理	9	6	5
		林业经济管理	0	0	1
	专业型	农村区域与发展	32	32	33
	小计		41	38	39
园林学院	学术型	风景园林学	6	6	10
		园林植物与观赏园艺	6	6	7
		森林培育	4	3	3
	专业型	林业	13	10	10
		风景园林	12	10	0
	小计		41	35	30
食品科学与工程学院	学术型	农产品加工及贮藏工程	8	8	6
		食品科学	8	9	4
	专业型	食品加工与安全	19	15	13
	小计		35	32	23
计算机与信息工程学院	专业型	农业信息化	10	7	6
文法学院	专业型	农业科技组织与服务	14	12	5
合计			300	270	233

2. 考生来源成分分析 2016年在考生来源方面，应届本科毕业生共257人，占总人数的85.67%；成人应届本科毕业生1人，占总人数的0.33%；在职及其他人员共42人，占总人数的14.00%（表2）。在录取的学生中，296人通过普通全日制学习完成本科学历，占总人数的98.67%；通过成人教育、自学考试取得最后学历的学生共有4人，占总人数的1.33%（表3）。

表2 近3年全日制硕士研究生录取统计表（考生生源成分）

单位：人

类 型	2016年	2015年	2014年
应届本科毕业生	257	202	181
成人应届本科毕业生	1	0	0
科学研究人员	0	1	2
中等教育教师	0	0	1
在职人员及其他	42	67	49
合计	300	270	233

表3 近3年全日制硕士研究生录取统计表（取得最后学历的学习形式）

单位：人

类 型	2016年	2015年	2014年
普通全日制	296	267	229
成人教育	1	1	1
获境外学历或学位证书者	0	0	1
网络教育	0	1	1
自学考试	3	1	1
合计	300	270	233

2016年录取的全日制硕士研究生中一志愿生源为203人，占总录取人数的67.67%；其中，学术型研究生一志愿生源27人，占学术型招生总数的29.03%；专业型研究生一志愿生源176人，占专业型招生总数的85.02%。一志愿录取率较2015年呈上升趋势（表4）。

表4 近3年全日制硕士研究生一志愿生录取率

年 份	录取率（%）
2016	67.67
2015	52.59
2014	66.95

3. 考生来源地区分布 从考生来源地区来看，2016年学校录取的300名考生中，来自21个省、自治区、直辖市，来源最多的是北京考生，共195人，占

65.00％；其他考生来源比较多的地区是河北、山东、河南、山西等省份（图2）。

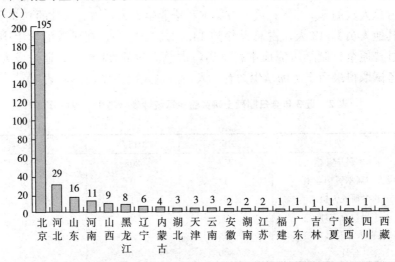

图2　2016年全日制研究生录取来源地区分布图

4. 考生来源院校分布　2016年录取的考生从来源院校分布来看，本科毕业于北京农学院的学生共185人，占总人数的61.67％，呈现上升趋势；外校生源人数为115人，占总人数的38.33％。其中，来自"985""211"院校的学生共8人，占总人数的2.67％，与2015年相比下降幅度较大；来自省市级大学的学生共72人，占总人数的24.00％，与2015年基本持平；来自省市级学院的学生共35人，占总人数的11.67％，呈现下降的趋势（表5）。学校在以后的研究生招生宣传过程中，需继续加强招生宣传力度，吸引优质生源，提高生源质量。

表5　近3年全日制研究生院校分布

院校分布	2016 年		2015 年		2014 年	
	人数（人）	比例（%）	人数（人）	比例（%）	人数（人）	比例（%）
北京农学院	185	61.67	122	45.19	128	54.94
"985""211"院校	8	2.67	26	9.63	7	3.00
省市级大学级院校	72	24.00	71	26.30	63	27.04
省市级学院级院校	35	11.67	51	18.89	34	14.59
国外院校	0	0.00	0	0.00	1	0.43

5. 考生性别比例　2016年录取的全日制研究生中，男生90人，占30.00％；女生210人，占70.00％。近3年学校所录取的考生中，男女所占比例失调且基本保持不变（图3）。

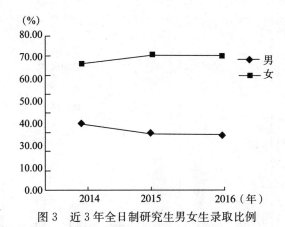

图 3　近 3 年全日制研究生男女生录取比例

（二）在职研究生

1. 学院、专业分布　2016 年在职研究生招生指标为 190 人，其中农业硕士 90 人，兽医硕士 100 人。实际录取人数共 114 人，其中农业硕士 88 人，兽医硕士 26 人。招生指标下达过少且不均衡（兽医硕士一个专业指标 100 人，多于农业硕士 11 个专业领域的总数），考生不能跨领域调剂，造成部分领域人数过少甚至无人，导致生源不均衡（图 4、表 6）。作物、园艺、农业资源利用、植物保护、养殖、林业、农业信息化 7 个领域都未招够 10 人，增加了培养的成本，不利于研究生教学正常运行。按照相关文件规定，连续 3 年招生人数达不到 10 人的领域将被停招，相关领域所在二级学院感到压力非常之大。

表 6　近 3 年在职研究生录取统计表

学位类别	学院	专业领域	2016 年	2015 年	2014 年
农业硕士	植物科学技术学院	作物	1	1	2
		园艺	8	8	14
		植物保护	4	1	6
		农业资源利用	1	3	3
	动物科学技术学院	养殖	6	0	0
	经济管理学院	农村区域与发展	34	30	81
	园林学院	林业	9	10	9
	食品科学与工程学院	食品加工与安全	12	13	10
	计算机与信息工程学院	农业信息化	3	16	15
	文法学院	农业科技组织与服务	10	8	26
兽医硕士	动物科学技术学院	兽医	26	27	29
合计			114	117	195

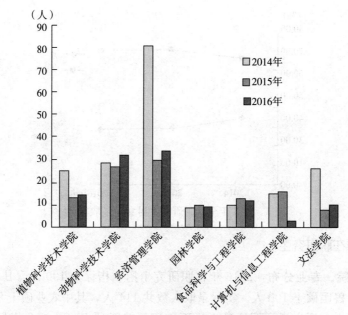

图4　近3年在职研究生录取各学院分布图

2. 考生来源成分分析　本年度学校录取的在职专业学位学生共114人，生源成分包括24种，与全日制研究生相比，生源来源更加广泛一些。其中，其他人员所占比重最大，为28人；其次为应届本科毕业生、农业推广与农村发展人员（图5）。在以后的招生中，可以继续发掘应届毕业生和其他就业人员（主要是涉农企业公司人员）生源潜力；在各种涉农技术部门中招的学生比例不大，可以增大招生宣传力度，将这一部分生源发掘出来。

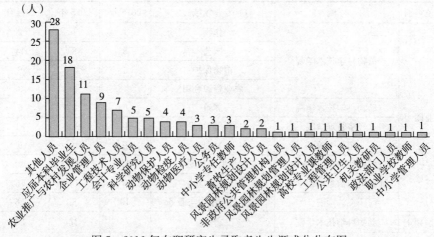

图5　2016年在职研究生录取考生生源成分分布图

3. 考生来源地区分布 本年度在职研究生所录取的 114 名新生中，北京生源占绝大多数，共 112 人。外地生源还有很大的发掘空间。

4. 考生毕业院校分布 本年度在职研究生所录取学生中，毕业院校为北京农学院的生源 81 人，所占比例为 71.05%；毕业于其他院校的生源 33 人，所占比例为 28.95%，如中国农业大学、首都师范大学、河北农业大学等。近 3 年在所录取的在职研究生中，本校生源呈现一个上升的趋势，外校生源逐年减少，在日后的在职研究生招生宣传过程中，应不断提高学校的知名度，吸引更多的外校生源报考学校。

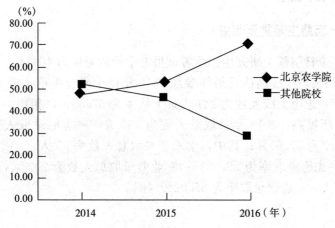

图 6　近 3 年在职研究生录取考生毕业院校所占比例图

5. 考生性别比例 相比于全日制研究生，近 3 年在职研究生录取男女比例基本持平（表 7），有利于各学科专业和学校整体发展。

表 7　近 3 年在职研究生录取考生性别比例

单位:%

性别	2016 年	2015 年	2014 年
男	45.61	47.01	51.28
女	54.39	52.99	48.72

（三）推免生实现零的突破

2016 年在积极的宣传攻势和国家利好的政策形势下，学校录取了 2 名推荐免试生，比 2015 年增加了 1 人。有效的研究生招生宣传工作是吸引优秀生源的重要前提。在以后的研究生招生宣传过程中，要不断地拓宽招生宣传方式，宣传学校在培养、就业以及奖助学金等方面的优势，从多渠道吸引优质生源。

（四）以生招生政策初显成效

2016 年学校首次实行了"以生招生"政策，利用在校研究生宣传学校的研究生招生相关政策，发动在校学生推荐师弟、师妹、同学等报考学校研究生，从而吸引考生报考学校。2016 年共有 24 名考生报考了学校研究生，23 名考生参加了考试并取得了有效成绩，最终共有 12 名考生被学校录取。

二、存在问题

（一）一志愿生源需要改善

2016 年全日制硕士研究生招生考试报考学校的考生为 469 人，比 2015 年增长了 22.14%，现场确认后最终参加 2016 年硕士研究生招生考试的有 420 人；2016 年一志愿上线人数为 241 人，上线率为 57.38%，相比 2015 年一志愿上线率有所提高；2016 年录取总人数为 300 人，一志愿录取人数 203 人，一志愿录取率为 67.67%；其中，学术型录取总人数为 93 人，一志愿录取人数 27 人，一志愿录取率为 29.03%；专业型录取总人数为 207 人，一志愿录取人数 176 人，一志愿录取率为 85.02%（图 7）。

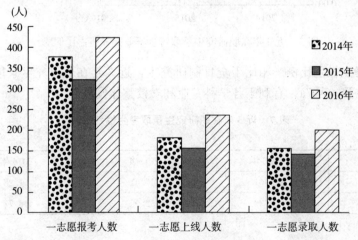

图 7　近 3 年全日制硕士研究生一志愿报考、上线、录取情况比较图

2016 年学校一志愿报考人数、上线人数和录取人数显著增加，这与国家整体的趋势是一致的。据教育部公布的数据，在经历连续两年报名人数的下跌后，2016 年度研究生报名人数出现明显反弹，打破了 2014 年及 2015 年报考人数两连降的势头（表 8）。而专硕报考势头强劲、经济下行导致就业困难等

原因，或成为考研人数实现逆增长的主要推动力。

表 8   近 3 年全国考研人数统计表

年份	报名人数（万人）	增长率（%）	录取人数（万人）	报录比
2016 年	177	7.34	51.7	3.4∶1
2015 年	164.9	−3.80	57.4	2.9∶1
2014 年	172	−2.27	56	3.1∶1

（二）性别比例不均衡

学校所录取的全日制研究生考生有一个明显的特点就是女生偏多、男生偏少（总录取人数 300 人，男生 90 人，女生 210 人），这也是全国高校的一个普遍特点。在以后的研究生招生宣传和就业过程中，应采取积极的措施，避免产生就业难等问题。

（三）生源质量有待提高

2016 年学校录取的全日制硕士研究生虽然数量有所上升，但来自"985""211"高校的学生仅占到 2.67%，比 2015 年下降了 69.23%；本校生源占到了 61.67%，比 2015 年增长了 51.64%，这说明本校学生对学校的认可度较高。在以后的研究生招生宣传中，需进一步发掘"985"高校、"211"高校以及研究生院高校等综合类院校的高质量生源，加大对推免生相关工作的宣传力度，提高学校的研究生生源质量。

（四）工作质量需要进一步提高

研究生初试命题、评卷等环节需要工作细致程度和工作质量非常高，各个流程应留足够的时间，按照流程反复仔细核查。一旦违反流程或者赶工就容易出问题。本年度初试命题中，有的学院出现试题分值给错，有的学院出现试卷信封内忘记装入封条；评卷过程中，个别老师出现计分不按研究生处规定的格式，导致试题总分加错等问题。这些问题虽经及时发现未造成不良影响，但还是需要在以后的工作过程中加强注意，提高工作质量、严格按照工作时间和流程要求认真仔细开展相关工作。

（五）复试录取工作有待完善

2016 年全日制硕士研究生复试期间，出现以下问题：

1. 各学院上交的材料，包括复试细则、复试名单、复试安排等格式混乱，个别学院未按学校规定的时间内进行提交，造成后续工作比较被动，且容易产生漏洞。

2. 2016 年复试方案中建议包括笔试、实践（实验）能力考核和面试三部分。各学院学科专业可根据具体情况自定。

3. 同等学力加试需提前在学院的复试细则中加以体现，个别学院出现在公示过程中修改复试细则以及后期在上报过程中才组织加试的现象。

4. 2016 年北京教育考试院强调研究生复试应使用学校最好的条件，并讲究仪式感，给考生一种庄重的感觉。复试期间，部分学院在现场的复试相关宣传工作中有所欠缺，复试地点的安排比较随意。

5. 上级部门要求复试期间全程录音录像，并由专人负责看管，且学校也多次强调，要像对待初试一样对待复试，但在复试过程中，还是出现各种问题。个别学院使用手机进行录音录像，且为省电进行的是阶段性录音录像；个别学院对同等学力加试的考生不够重视，安排在办公室进行笔试加试，且未进行全程录音录像；个别学院在复试环节中出现未录音录像的情况，在巡查人员的督促下才临时使用手机进行相关工作。

6. 个别学院未按照相关规定程序进行复试工作，在考生心理测评成绩未出来即组织了面试，造成后续录取工作的许多麻烦，也给日后的培养造成一定的隐患。

复试录取工作涉及考生的切身利益，政策性强、程序多，一定要按照政策规定执行；相关工作做得越细致越好，调剂、录取、收集和审查材料等都需要向考生做好解释工作，既要反映工作人员的政策水平，又要体现对考生的人文关怀；为减少录取考生流失要求，应及早调取考生档案，并做好相关统计工作；在复试录取期间，尽量为考生分配好导师，这样既能抓住工作主动，又能避免后期矛盾。

（六）在职研究生生源数量还待进一步提高

学校实际招生数与招生限额之间还有一定距离。尤其是兽医硕士方面，近几年完成指标数都未达到总指标数的 30%，还有很大的发掘空间。2016 年全国农业专业学位教育指导委员会组织优化"农业硕士"领域设置，这将对学校日后在职研究生的招生工作影响较大，且 2017 年的在职研究生招生政策目前仍不清楚，这就需要学校做好各种应对方案。

三、工作建议

1. 统一认识，发挥学院、学科招生过程中的自主性、主动性。让学院、学科主动地参与到研究生招生的过程中来。

2. 继续推广"以生招生"活动，发动在校学生推荐师弟、师妹、同学等报考学校研究生。

3. 创新招生形式。发挥新媒体如微信、微博、手机网站等的作用，通过老师、学生等微信圈、朋友圈，让考生能够更好地了解学校的研究生招生政策。

4. 加强对外交流，鼓励各学院、学科与兄弟院校加强联系，及时获得调剂生信息，组织生源尽早进行复试。在京津冀协同发展的大形势下，农林高校之间可以在推免生生源互推、调剂生源互荐等方面加强合作，构建一个资源共享的招生大平台，促进优质生源的良性流动。

5. 加强推荐免试生的招生宣传，及早开展相关的招生及宣传工作。在实力强、有需求的学院、硕士点开展针对推免生等生源的夏令营活动，并发动优秀导师开展一些专业讲座，让学生能够面对面地与导师们进行交流，并组织学生参观学校的科研平台以及研究生实践基地，使学生切身地了解学校的人文环境、学术氛围、科研气氛等。

2016 年度学校研究生招生工作已经落幕，通过总结经验，完善制度，使招生工作思路更加清晰。我们将再接再厉，齐心协力，认真做好生源工程，为学校研究生质量把好第一关，为学校建设高水平都市型农林大学贡献力量！

北京农学院 2016 年研究生就业质量分析报告

北京农学院研究生工作部

在学校党委、行政的高度重视下，研究生工作部、二级学院、研究生导师共同努力，克服了各种困难，顺利完成学校 2016 届研究生毕业生就业工作，达到了学校预期目标。

一、研究生就业基本情况

（一）毕业生基本情况

2016 届研究生毕业生共有 220 人，分布在 21 个专业（领域），其中学术型硕士 89 人，专业学位硕士 131 人；男生 74 人，女生 146 人；北京生源 80人，京外生源 140 人（表 1）。本届毕业生来自全国 23 个省、7 个民族，其中汉族 203 人，占总数 92.3%；回族 4 人，满族 7 人，蒙古族 2 人，瑶族 1 人，彝族 2 人，壮族 1 人。

表 1　2016 年研究生毕业生基本情况一览表

院系名称	专业名称	人数（人）	生源地（人）		女生数（人）
			北京生源	京外生源	
植物科学技术学院	植物保护	7	5	2	5
	园艺领域	28	10	18	16
	作物	6	3	3	5
	作物遗传育种	6	0	6	4
	果树学	16	0	16	11
	蔬菜学	10	2	8	7

（续）

院系名称	专业名称	人数（人）	生源地（人）		女生数（人）
			北京生源	京外生源	
植物科学技术学院	种业	3	1	2	3
	农业资源与利用	5	2	3	3
小计		81	23	58	54
动物科学技术学院	基础兽医学	9	1	8	5
	临床兽医学	12	3	9	8
	兽医硕士	14	8	6	8
	养殖领域	6	4	2	3
小计		41	16	25	24
经济管理学院	农业经济管理	7	0	7	5
	农村与区域发展领域	29	15	14	17
小计		36	15	21	22
园林学院	园林植物与观赏园艺	8	1	7	6
	风景园林学	7	2	5	5
	林业领域	10	4	6	8
小计		25	7	18	19
食品科学与工程学院	农产品加工及贮藏工程	14	3	11	14
	食品加工与安全领域	13	10	3	11
小计		27	13	14	25
计算机与信息工程学院	农业信息化领域	5	2	3	0
小计		5	2	3	0
文法学院	农业科技组织与服务	5	4	1	2
小计		5	4	1	2
学术型硕士合计		89	12	77	65
专业型硕士合计		131	68	63	81
总计		220	80	140	146

（二）毕业生就业率和签约率

由于学校研究生毕业生的专业都是农口专业，就业形势相对严峻，但是经过不懈地努力，截至 2016 年 10 月 30 日，学校研究生毕业生全员就业率达到 99.55%，签约率达到 93.18%（表2），1人未就业。

表2　2016年研究生毕业生就业情况

学院	专业	签约率（%）	就业率（%）
植物科学技术学院	植物保护	100.00	100.00
	园艺领域	92.86	100.00
	作物	100.00	100.00
	作物遗传育种	100.00	100.00
	果树学	87.50	100.00
	蔬菜学	100.00	100.00
	种业	100.00	100.00
	农业资源与利用	100.00	100.00
	小计	95.06	100.00
动物科学技术学院	基础兽医学	100.00	100.00
	临床兽医学	83.33	100.00
	兽医硕士	92.86	100.00
	养殖领域	66.67	100.00
	小计	87.80	100.00
经济管理学院	农业经济管理	85.71	100.00
	农村与区域发展领域	89.66	96.55
	小计	88.89	97.22
园林学院	园林植物与观赏园艺	100.00	100.00
	风景园林学	100.00	100.00
	林业领域	100.00	100.00
	小计	100.00	100.00
食品科学与工程学院	农产品加工及贮藏工程	92.86	100.00
	食品加工与安全领域	100.00	100.00
	小计	96.30	100.00
计算机与信息工程学院	农业信息化领域	100.00	100.00
	小计	100.00	100.00
文法学院	农业科技组织与服务	80.00	100.00
	小计	80.00	100.00
学术型硕士合计		93.26	100.00
专业型硕士合计		93.13	99.24
合计		93.18	99.55

注：签约率＝（签订协议＋签订劳动合同＋升学）/总数；就业率＝（签订协议＋签订劳动合同＋升学＋工作证明＋创业）/总数。

（三）毕业生就业流向

1. 按就业单位性质划分 由表 3 和图 1 可见，考取博士、出国留学及到高等教育和研究院所就业研究生 16 人，占毕业生总数的 7.7％。其中，考取博士生（包括出国深造）的 10 人，占毕业生总数的 4.5％。

到涉农企事业单位就业 165 人，占毕业生总数的 75.0％。

到其他企事业单位就业 38 人，占毕业生总数的 17.3％。

毕业生就业岗位与专业的匹配率达到 95％以上。

表 3　2016 年研究生就业单位性质流向

单位性质	考取博士、出国留学	高等教育和研究院所	涉农企事业单位	其他企事业单位
人数（人）	10	6	165	38
比例（％）	4.5	2.2	75.0	18.3

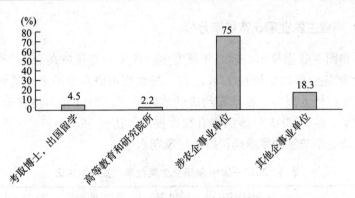

图 1　2016 届研究生就业单位性质流向

2. 按就业形式划分 由表 4 和图 2 可见，按就业形式来看，115 人签订了就业协议，占毕业生总数 52.4％；14 人出具用人单位证明，占毕业生总数 6.5％；10 人继续深造，占毕业生总数 4.6％；80 人签订劳动合同，占毕业生总数 36.5％。

表 4　2016 年研究生就业形式流向

就业形式	升学	签就业协议	签劳动合同	单位用人证明
人数（人）	10	115	80	14
比例（％）	4.6	52.4	36.5	6.5

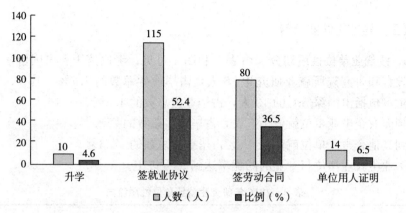

图 2　2016 年研究生就业形式流向

二、研究生近 5 年就业情况分析

（一）毕业生就业率、签约率分析

表 5 和图 3 数据显示，近 5 年研究生就业率一直保持在 96％以上；2012 年、2013 年签约率均保持在 70％左右，与北京市研究生的平均签约率持平，符合研究生京外生源多、在京签约难的实际情况。2014 年，将签劳动合同统计为签约率，使得 2015 年签约率有很大提升，达到 96.59％；2016 年就业人数增加，就业率与签约率继续保持学校预期水平。

表 5　2012—2016 年研究生就业率、签约率对比

项目	2012 年	2013 年	2014 年	2015 年	2016 年
毕业生人数（人）	186	185	209	205	220
就业率（％）	98.9	98.4	99.52	100	99.55
签约率（％）	67.5	67.5	90.43	96.59	93.18

上述成果的取得，归因于以下几个方面的工作：

1. 领导高度重视　学校、二级学院对研究生就业工作的重视，学校党委书记、校长为就业第一负责人，主管领导亲力亲为，多次参与到就业工作中，听取毕业生和在校研究生的意见，并给予实际指导，学校划拨专门经费确保研究生就业工作顺利开展。各二级学院把研究生就业工作作为一项重要工作做早、做细、做实，定期安排研究生就业进展通报会；配专职的研究生辅导员做好研究生就业服务与指导；从 4 月份开始进行就业情况周报制度，及时准确地

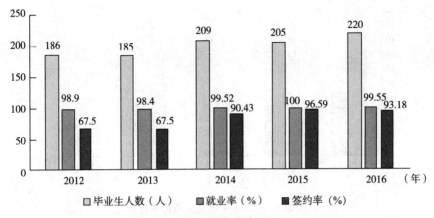

图 3　2012—2016 年研究生就业率、签约率对比

掌握毕业生就业动向。

2. 制度不断健全　随着学校研究生教育工作的逐渐完善，教育管理机制全程化，研究生培养质量有了长足的提升。学校为研究生在"素质课堂"中专门安排了就业政策及形势解读、就业技能与技巧等相关教育与培训。

3. 导师主动参与　坚持充分发挥导师在研究生培养中第一责任人的作用，引导研究生顺利、高质量的就业。研究生毕业生中，大部分工作单位是通过导师直接或间接的推荐而落实的，效果明显。

（二）毕业生考博情况分析

由表6、图4可见，2016 年有 10 名研究生考取了博士，在专业领域内继续深造。

表 6　2012—2016 年研究生考博情况对比

项目	2012 年	2013 年	2014 年	2015 年	2016 年
人数（人）	16	13	8	10	10
比例（%）	8.6	7	3.8	4.9	4.5

（三）毕业生就业单位性质分析

根据学校服务社会的定位和人才培养的目标，从 3 个方面来考察研究生毕业生的就业质量：一是继续深造（考博）的人数；二是到高校、科研院所工作的人数；三是到涉农企事业单位工作的人数。

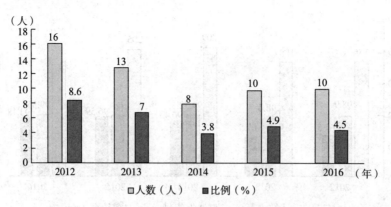

图 4 2012—2016 年研究生考博情况对比

表 7 2012—2016 年研究生就业流向对比

项目	考取博士、出国留学（%）	高等教育和研究院所（%）	涉农企事业单位（%）	其他企事业单位（%）
2012 年	8.6	8.1	61.8	21.5
2013 年	7.0	5.4	65.4	22.2
2014 年	3.8	8.1	66	22.1
2015 年	5.4	3.9	74.6	16.1
2016 年	4.5	2.2	75.0	18.3

表 7 显示，2016 年在这 3 个领域内就业毕业生的比例为 81.7%，在毕业生人数增长的前提下，与 2015 年的比例持平；毕业生到涉农企事业单位就业的比例高于前四年。

（四）毕业生服务基层情况分析

2012—2016 届研究生共计 111 人任职大学生"村官"，2016 年任职大学生"村官"占毕业生人数的 10.0%，已经成为研究生服务基层的一个重要途径（表 8、图 5）。

表 8 2012—2016 年研究生任职大学生"村官"情况对比

项目		2012 年	2013 年	2014 年	2015 年	2016 年
大学生"村官"	人数（人）	27	18	21	23	22
	比例（%）	14.6	9.7	10.0	11.2	10.0

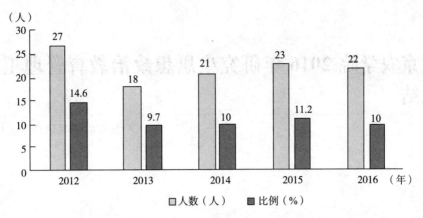

图 5　2012—2016 年研究生"村官"情况对比

三、研究生就业工作存在的问题

通过分析 2016 年研究生就业情况，目前在研究生的就业工作中存在以下两个方面的问题，是需要着力改进和加强的：一是研究生毕业生的考博比例偏低，二是研究生应聘大学生"村官"比例偏低。

四、加强研究生就业工作的措施

1. 进一步加强研究生培养，提高研究生创业与就业能力。

2. 树立全程就业服务理念，构建就业指导长效机制。

3. 进一步加强对毕业生就业技能和择业心态的教育和培训。

4. 进一步加强对毕业生就业观念正确引导。组织专场就业指导会，让毕业生认识到目前就业形势的严峻及社会对农业人才的需求。

5. 进一步加强就业政策宣传，为毕业生择业定位打好基础，放弃观望态度，以免错失良机。

6. 进一步争取导师对研究生就业工作的广泛参与和指导，拓展研究生在专业相关领域内就业的渠道。

北京农学院 2016 年研究生思想政治教育管理工作总结

北京农学院研究生工作部

2016 年是"十三五"规划开局之年，是学校进一步深化改革、内涵发展的开端之年。研究生工作部在校党委的正确领导下、在校领导的正确指导下、在各部门的大力支持下、在部门全体工作人员的共同努力下，以中共十八届六中全会精神为指导，紧紧围绕学校的发展目标、2016 年工作要点及重要精神，积极探索研究生管理和思想政治教育的新模式、新途径。为了更好地开展工作，现将 2016 年工作总结如下，并对新一年工作要点提出构想。

一、以研究生为本，结合实际开展研究生思想政治教育工作

（一）开展研究生思想状况调研，奠定工作基础

研究生教育是我国高层次人才培养的主要方面，研究生思想政治教育贯穿于研究培养的全过程和各个环节。在秋季和春季学期初，研究生工作部对在校研究生进行思想动态调研，通过对研究生思想状况的摸底建立信息沟通机制，调动各学院研究生辅导员，建设研究生思想政治教育队伍，充分把握研究生的思想动态状况。

（二）以研究生素质课堂为平台及手段，充分利用讲座阵地

研究生素质课堂自从开设以来，经过不懈地努力，目前已经发展成为一个研究生综合素质教育的有效平台。本年度共开设讲座 17 次，内容丰富，教育引导性强，涉及法律教育、青春健康、科学道德与学术行为、社会热点与时政、心理健康、科研学习、职业规划及互联网信息技术等内容，得到研究生的好评。

（三）关注研究生培养过程重要环节，开展有针对性的教育引导

研究生思想政治教育贯穿研究生培养全过程，对重点环节的把握可对研究生思政教育起到推进与促进的作用。研究生工作部精心组织安排研究生入学、寒暑假及法定节假日、毕业离校等关键环节，对在校研究生进行针对性教育引导。对 2016 级研究生开展新生入学教育，内容涉及思想信念、校规校纪、学术道德、心理健康及安全等方面；各类假期针对所有在校生进行假期安全教育及敏感时期思想教育，以及组织 2016 届毕业生安全有序离校及毕业典礼工作。

（四）配合学校发展需要，承担 60 年校庆具体工作

2016 年是学校成立 60 周年，为迎接校庆，研究生处围绕学校指示精神，积极配合学校完成校庆工作，进行校庆展板的整理、修改；组织研究生进行研究生优秀校友访谈，并进行研究生校友录的整理宣传，印制《迎北京农学院 90 周年校庆研究生优秀校友访谈录》；创建研究生校友通讯录，并在校庆期间，接待返校校友；协助学校校庆期间接待嘉宾及校领导；2016 年秋季学期，借校庆之际利用研究生素质课堂创办优秀校友系列讲座，共计 7 次，受到研究生好评及热议。

二、鼓励先进，落实研究生奖助制度，提升研究生创新实践能力

（一）结合学校实际继续开展研究生"三助一辅"工作

研究生工作部始终坚持"以研究生为本"，继续推进研究生培养机制改革工作，科学合理地设置研究生"三助一辅"岗位，通过"三助一辅"工作有效调动研究生参与学校教育、管理、科研工作的积极性，并获得经济补贴。在参与历练的同时，给予其经济支持，帮助其顺利地完成研究生学业。2016 年度共有 101 名研究生从事"三助一辅"工作。

（二）关注困难研究生，开展特困资助

根据教育部、财政部有关文件精神，结合学校实际，2016 年研究生工作部制订了《北京农学院研究生困难补助管理办法》，对有特殊困难的研究生给予困难补助，支持困难研究生顺利完成学业，本年度共计资助研究生困难学生 53 人。此办法的制订进一步完善了学校研究生资助工作，进一步完善了研究生资助体系。

（三）奖助学金评定工作

2016 年研究生工作部继续根据学校的相关规定及实际需求，落实研究生奖助学金、评奖评优等各项规定，公平、公正、公开地完成了与研究生切身利益相关的奖学金评审、表彰等工作，树立了榜样群体。本年度完成了研究生学业奖学金评定，覆盖率 100％；评选出国家奖学金 13 人，学术创新奖 8 人，优秀研究生 25 人，优秀研究生干部 17 人，大北农奖学金 10 人，百伯瑞科研奖学金 15 人，北京市优秀毕业生 12 人，校级优秀毕业生 22 人。

（四）鼓励研究生开展党建和社会实践项目研究

党建与社会实践项目是锻炼研究生实践及科研能力的有效途径。2016 年研究生工作部继续鼓励研究生将专业知识与社会实践相结合，动员广大研究生积极参与党建和社会实践项目申报。本年度，党建项目立项 5 项，社会实践项目立项 10 项。在正式立项后，5 月下旬专门组织了项目的开题工作，邀请经验丰富的老师组成专家组，为项目的进一步开展把关，确保研究的质量。10月中旬，组织了项目中期检查，会上所有项目负责人针对各项目的执行进度、经费进度、预期成果及现阶段成果等方面做了汇报，指导组老师详细听取了各项目的汇报，并结合项目执行中的问题提出改进建议。

三、实施多措并举，服务研究生心理及就业指导

（一）多形式、多渠道开展研究生心理健康教育

研究生的心理健康问题直接影响着高校研究生的培养质量，影响着研究生的家庭健全和社会稳定。为加强研究生自我教育和自我心理调节，结合学校当前研究生心理健康状况实际情况，开展研究生春秋季心理问题排查工作，针对不同年级研究生可能出现的问题进行心理排查工作，分析研究生出现心理健康问题的内外在原因，从而提出全面开展研究生心理健康教育、发挥导师和朋辈作用、早发现早解决的信息沟通机制。

针对不同年级的研究生开展不同类别、不同形式的心理教育活动。在招生工作阶段，开展 2016 年招生心理健康状况筛查；2016 级新生入学时，再次开展心理健康状况普查；2016 年 5 月下旬，研究生工作部针对在校研究生再次开展了在校生心理健康状况普查，及时把握在校生心理动态，及时发现问题并解决。发挥各学院积极主动性，继续开展研究生"阅读悦心"计划，通过阅读改善心理环境，继续依托各学院优势举办了研究生心理沙龙，2016 年各学院

共计举办研究生心理沙龙 6 期；研究生工作部依托研究生素质课堂开展心理健康教育讲座 3 次。

（二）针对毕业生特点，开展一对一就业指导服务

2016 届研究生毕业生共有 220 人，分布在 7 个学院，21 个专业、领域。通过不懈的努力，截至 2016 年 10 月 31 日，就业率达到了 99.55%，签约率达到 93.18%，达到学校预期目标。

2017 届研究生预计毕业生 267 人，分布在 24 个专业（领域）；毕业生中男生有 68 人，女生 199 人；北京生源 77 人，京外生源 190 人。2016 年是 2017 届研究生毕业启动之年，根据 2017 届毕业生特点开展就业服务及就业指导，组织研究生参加大学生"村官"（选调生）、事业单位招聘等就业相关政策宣讲，定期通过研究生处网站和"尚农研工微信"公众号发布就业信息、就业政策、双选会信息及就业技巧等内容，为毕业生提供毕业信息的服务。

四、2017 年工作要点

在总结成绩的同时中，更清醒地认识到工作中的不足，同时也是今后工作中要努力改进的方向，主要有以下几点：

1. 继续紧密围绕校党委、行政工作要点，确保工作有序开展及具体落实。
2. 继续深入学习党和国家的方针政策，确保工作努力的正确方向。
3. 进一步加强对研究生思想状况的调查，促使教育更具针对性。
4. 继续规范完善研究生教育管理运行各项制度建设。
5. 继续加强和规范对研究生实践以及党建发展改革项目过程管理与指导。
6. 继续加强和改进研究生就业指导与服务工作。
7. 严格掌控各项工作的进度和时间节点，有序推进工作进展。

附　　录

附录1　校外研究生工作站情况表

序号	合作单位	对接学院	硕士点
1	宠福鑫动物医院有限公司中西结合国际动物诊疗中心	动物科学技术学院	临床兽医学 兽医硕士
2	北京市农林科学院林业果树研究所苹果矮砧现代高效栽培试验示范基地	生物科学与工程学院	生物工程 园艺
3	北京市植物保护站	植物科学技术学院	植物保护
4	北京市畜牧兽医总站	经济管理学院	农林经济管理 农村与区域发展
5	延庆四海研究生工作站	园林学院	林业
6	北京金农科种子科技有限公司	生物科学与工程学院	生物工程 植物遗传育种
7	北京京北五彩园艺联合社	生物科学与工程学院	生物工程
8	北京大京九农业有限公司	植物科学技术学院	作物遗传育种
9	北京恒诚通泰农业科技有限公司	植物科学技术学院	果树学
10	北京市华都峪口禽业有限责任公司	动物科学技术学院	临床兽医学
11	天津市宁河原种猪场	动物科学技术学院	基础兽医学
12	北京华都肉鸡公司	经济管理学院	农林经济管理 农村与区域发展
13	深圳市连锁经营协会	经济管理学院	农林经济管理 农村与区域发展
14	北京世纪立成园林绿化工程有限公司	园林学院	风景园林学 林学
15	北京伟嘉人生物技术有限公司	食品科学与工程学院	食品科学与工程
16	北京市裕农优质农产品种植公司怀柔蔬菜加工厂	食品科学与工程学院	食品科学与工程
17	北京智农天地网络技术有限公司	计算机与信息工程学院	农业信息化
18	北京大地聚龙蚯蚓养殖专业合作社	城乡学院	林学

附录2 校外研究生联合培养实践基地情况表

序号	合作单位	对接学院	硕士点
1	现代苹果矮化栽培试验示范基地	植物科学技术学院	园艺
2	宠福鑫动物医院有限公司中西结合国际动物诊疗中心	动物科学技术学院	临床兽医学 兽医硕士
3	日本麻布大学动物医学中心	动物科学技术学院	临床兽医学 兽医硕士
4	闽龙陶瓷集团公司	经济管理学院	农村与区域发展
5	北京雄特牧业有限责任公司	经济管理学院	农村与区域发展
6	北京世纪立成园林绿化工程有限公司	园林学院	风景园林学
7	北京市农林科学院林业果树研究所	食品科学与工程学院	食品加工与安全
8	北京绿润食品有限公司	食品科学与工程学院	食品加工与安全
9	北京中地畜牧科技有限公司	动物科学技术学院	养殖
10	北京军都山红苹果专业合作社	生物科学与工程学院	食品科学与工程 食品加工与安全
11	北京江山多娇规划院	园林学院	风景园林
12	江苏衡谱分析检测技术有限公司	食品科学与工程学院	食品加工与安全
13	天津检通生物技术有限公司	食品科学与工程学院	食品加工与安全
14	金果树果业科技中心	生物科学与工程学院	生物工程 园艺
15	中法肉牛研究与发展中心	动物科学技术学院	养殖
16	北京华都峪口禽业有限公司	动物科学技术学院	兽医硕士
17	北京金农合现代农业有限公司	经济管理学院	农村与区域发展
18	北京市昌平区种子管理站	经济管理学院	农村与区域发展
19	北京点石科创生物技术有限公司	食品科学与工程学院	农产品加工及贮藏工程 食品加工与安全
20	农业生物信息数据高性能计算与分析研究基地	计算机与信息工程学院	农业信息化

（续）

序号	合作单位	对接学院	硕士点
21	小毛驴市民农园国仁城乡（北京）科技发展中心	文法学院	农业科技组织与服务
22	日本札幌学院大学研究生院和岛根大学研究生院实践教学基地	文法学院	农业科技组织与服务
23	北京天润园农业发展有限公司	经济管理学院	农村与区域发展

附录3　水漳土地信托试点成效调查问卷

尊敬的水漳村农民朋友：

您好！

本项目组目前正在开展中国法学会 2014 年度部级法学研究课题项目"我国农地信托流转融资法律障碍及其破解"的研究。

本次调查的目的是希望能够向您了解水漳村土地信托试点的进展、成效等情况，以便客观开展项目评估，并总结项目经验推动北京农村土地信托改革。希望能够得到您的支持和协助。您的填答资料将作为水漳村土地信托试点中农民群众的代表性意见被郑重对待，因此请您务必根据自己的真实情况如实填答。在填答问卷时，直接填写答案，答案无对错之分。请您在符合您的选项处划"√"，无须署名。所有资料将按国家《统计法》严格保密，因此不会对您造成任何不利影响。

真诚感谢您的支持和配合！

问卷采集人：_____

调查地点：北京市密云区穆家峪镇水漳村

调查时间：2015 年　　　月　　　日

被调查人性别：男（　　　）　　　女（　　　）

您的年龄：18～30 岁（　　　）　　30～40 岁（　　　）　　40～50 岁（　　　）50～60 岁（　　　）　　60 岁及以上（　　　）

文化程度：小学及以下（　　　）　　中学（　　　）　　高中（　　　）大专（　　　）　　本科及以上（　　　）

第一部分　农户基本情况

1. 您家家庭成员共_____人，其中有劳动能力（18～60 周岁且身体健康）的_____人，在樱桃专业合作社就业的_____人

2. 您家承包土地数量_____亩

第二部分　农地信托流转情况

3. 您是否了解您家土地流转的去向_____

A. 是 B. 否

4. 您认为 2014 年以前水漳村农业经营面临的问题是_____（可多选，按照重要程度排序）

A. 资金 B. 销售 C. 管理 D. 技术

E. 信息 F. 没有

5. 您认为目前圣水樱桃专业合作社农业经营面临的问题是_____（可多选，按照重要程度排序）

A. 没有 B. 资金 C. 销售 D. 管理

E. 技术 F. 信息 G. 其他_____

6. 您认为信托公司在水漳土地信托流转中发挥的作用_____

A. 很大 B. 一般 C. 没作用 D. 不知道

7. 与 2013 年相比，2014 年您的家庭收入增加了_____

A. 0～500 元 B. 501～1 000 元

C. 1 001～2 000 元 D. 2 001～3 000 元

E. 3 001 元以上

8. 2014 年您家收入增加的主要来源是_____（可多选，按照重要程度排序）

A. 外出务工 B. 樱桃合作社打工

C. 土地流转费 D. 合作社分红

E. 政府补贴 F. 工商业经营

G. 其他收入_____

9. 您是否了解圣水樱桃合作社和北京信托之间存在借款关系_____

A. 是 B. 否

10. 您对圣水樱桃合作社经营是否有信心_____

A. 是 B. 否

11. 您对土地信托流转的满意度是_____（最高 10 分）

A. 0～2 分 B. 3～5 分 C. 6～7 分 D. 8～9 分

E. 10 分

12. 13 年流转期满后，您是否愿意继续选择土地信托流转方式_____

A. 是 B. 否

衷心感谢您的大力支持与配合！

附录4　河北农地流转融资现状调查问卷

尊敬的农民朋友：

您好！

本次调查的目的是向您了解有关农村居民农地流转融资现况，为京津冀农业产业协同发展、提高农民生活水平提供参考。希望能够得到您的支持和协助。您的填答资料将作为农村土地流转融资中农民群众的代表性意见被郑重对待，因此请您根据自己的真实情况如实填答。在填答问卷时，直接填写答案，答案无对错之分。请您在符合您的选项处划"√"，无须署名。所有资料将按国家《统计法》严格保密，因此不会对您造成任何不利影响。

真诚感谢您的支持和配合！

问卷采集人：＿＿＿＿＿＿＿＿

调查地区：河北省＿＿＿＿＿＿市＿＿＿＿＿＿镇＿＿＿＿＿＿村

调查时间：＿＿＿＿＿年＿＿＿＿＿月＿＿＿＿＿日

被调查人性别：男（　　）　　　女（　　）

您的年龄：18～30岁（　　）　　30～40岁（　　）　40～50岁（　　）
50～60岁（　　）　60岁及以上（　　）

文化程度：小学及以下（　　）　　中学（　　）　　高中（　　）　　大专
（　　）　本科及以上（　　）

您的职业：农业劳动者（　　）　　个体工商户（　　）　　私营企业主
（　　）　外出务工人员（　　）

在当地打工人员（　　）　　其他＿＿＿＿＿＿＿

第一部分　农户基本情况

1. 您家家庭成员数量＿＿＿＿＿＿＿人，其中劳动力（18～60周岁身体健康）
数量＿＿＿＿＿人

2. 您家承包土地数量＿＿＿＿＿＿＿亩

3. 您的家庭年收入为＿＿＿＿＿＿＿

　　A.1万元以下　　B.1万～3万元　　C.3万～5万元

D. 5 万～10 万元　E. 10 万～20 万元　　F. 20 万元以上

4. 您家庭收入的主要来源为_____（可多选，请按重要程度由大到小排序）

A. 土地耕作　　　　　　　　B. 自己经营小本生意

C. 企事业单位　　　　　　　D. 在本地打工

E. 外出务工　　　　　　　　F. 自己创办企业

G. 土地、房屋租金　　　　　H. 补贴、救济

I. 养殖　　　　　　　　　　J. 其他_____

5. 家庭的主要支出有哪些方面_____（可多选，请按重要程度由大到小排序）

A. 子女上学　　B. 修建房屋　　C. 医疗支出　　D. 子女婚嫁

E. 人情往来　　F. 购买生产资料　G. 生活支出　　H. 其他_____

6. 您对国家土地相关法律政策了解吗_____

A. 非常清楚　　B. 了解

C. 略知一二　　D. 从未听说（如选 D 项，请直接回答第二部分）

7. 以下关于农业的法律政策您了解的有_____（可多选，请按重要程度由大到小排序）

A.《中华人民共和国农业法》　　B.《中华人民共和国土地管理法》

C.《中华人民共和国农村土地承包法》D.《土地承包经营权流转管理办法》

E.《土地登记办法》　　　　　F.《中华人民共和国农业保险条例》

G. 农业补贴政策　　　　　　H. 退耕还林政策

I. 其他_____

8. 您所了解的北京出台的农村土地流转融资地方法规政策有_____（可多选）

A. 没有　　　　　　　　　　B. 不知道

C. 农地抵押政策　　　　　　D. 农地入股政策

E. 农地存贷政策　　　　　　F. 农地信托政策

G. 其他_____

9. 您对国家农村土地流转融资法律政策满意程度_____

A. 非常满意　　B. 比较满意　　C. 不太满意

D. 非常不满　　E. 不知道

10. 对农村土地流转融资法律政策希望做以哪些下改进_____

A. 立法允许土地承包经营权抵押

B. 切实保障农民在土地承包经营权流转中的权益

C. 有效约束村委会的权力

D. 其他_____

第二部分 土地流转基本信息

11. 您家是否进行过土地流转_____

 A. 是   B. 没有（如选择 B 则跳到第三部分回答）

12. 您家农地流转后的主要用途是_____（可多选）

 A. 工程建设 B. 种植农作物 C. 果园苗圃   D. 畜禽等养殖

 E. 场地（砖厂、堆料场、停车场间、歇性集市等）

 F. 其他_____

13. 您家土地流转的方向_____

 A. 转出   B. 转入（选 B 项请跳到第 20 题继续回答）

14. 您家转出土地的原因是_____

 A. 无力耕种   B. 不愿耕种，收入太低

 C. 急需一笔收入   D. 村委会引导

 E. 村委会强制   F. 流转对象上门洽谈

 G. 其他_____

15. 您家转出土地采取的流转形式_____

 A. 转包   B. 转让   C. 出租   D. 互换

 E. 反租倒包 F. 入股   G. 无偿借用给他人

 H. 其他_____

16. 您家转出土地的对象是_____（可多选）

 A. 其他农户   B. 企业

 C. 村集体   D. 合作社等合作组织

 E. 其他_____

17. 您家转出土地的期限为 _____（如多次转出土地，请取平均值）

 A. 1 年   B. 1～5 年   C. 5～10 年   D. 10 年以上

18. 您家转出土地的数量 _____亩/年

19. 您家通过耕地流转每年获得的收益是_____元/亩；您转出土地希望得到的合理收益是 _____元/亩（如多次转出土地，请取平均值）

 A. 0～200 元   B. 200～600 元

 C. 600～800 元   D. 800～1 000 元

 E. 1 000～1 500 元   F. 1 500 元以上

20. 您家转入土地的期限为 _____（如多次转入土地，请取平均值）（如在 13 题选 B 项的请回答第 20 题和第 21 题）

　　　A. 1 年　　　　　　　B. 1～5 年　　　　　C. 5～10 年　　　　　D. 10 年以上

21. 您家转入土地的原因_____

　　　A. 劳动力过剩　　　　　　　　　B. 经营农地效益高

　　　C. 受亲朋好友的托付　　　　　　D. 其他_____

第三部分　农村融资基本信息

22. 您家近 5 年是否有借贷资金的需求_____

　　　A. 是（选 A 项请继续回答问题）

　　　B. 否（选 B 项请跳到第四部分回答问题）

23. 您家近 5 年是否有借贷资金行为_____

　　　A. 是（选 A 项继续回答本部分问题第 24 第 32 题及第四部分问题）

　　　B. 否（选 B 项请跳到第 33 题及第四部分问题）

24. 您家借贷资金的主要用途_____

　　　A. 子女教育　　　B. 就医治病　　　C. 建房　　　　D. 生产

　　　E. 婚丧嫁娶　　　F. 买房买车　　　G. 其他_____

25. 您家获得借贷资金的方式_____（可多选，请按便捷程度由易到难排序）

　　　A. 从亲戚朋友处借款

　　　B. 从商业银行、信用社等金融机构借款

　　　C. 民间放贷者

　　　D. 资金互助社、村镇银行、贷款公司

　　　E. 政府项目

　　　F. 非政府组织

26. 您家借贷资金担保的方式_____

　　　A. 第三人保证　　　B. 抵押、质押　　　C. 无担保　　　　D. 其他_____

27. 您家借贷资金的期限_____

　　　A. 6 个月以下　　　B. 6 个月至 1 年　　C. 1～5 年　　　　D. 5 年以上

28. 目前您家借贷资金的金额_____；近 5 年累计借款金额_____

　　　A. 1 万元以下　　　　　　　　　B. 1 万～3 万元

　　　C. 3 万～5 万元　　　　　　　　D. 5 万～10 万元

　　　E. 10 万～30 万元　　　　　　　F. 30 万～50 万元

　　　G. 50 万元以上

29. 您家借贷资金的利息是_____ %/年（1 厘＝0.1%）

30. 您家获得借贷资金的难易程度为_____

    A. 非常容易   B. 容易   C. 一般

    D. 困难   E. 非常困难

31. 您认为在借款过程中遇到的主要困难是_____（可多选，请按困难程度由大到小排序）

    A. 银行贷款额度不足   B. 抵押不足

    C. 找不到担保人   D. 银行和担保机构服务意识差

    E. 贷款利率和费用高，无法承受   F. 手续繁琐

    G. 其他_____

32. 您家是否采用土地融资_____（可多选）

    A. 否   B. 土地承包经营权入股

    C. 土地承包经营权抵押   D. 土地承包经营权信托

    E. 其他_____

33. 造成您有需求但没有对外借贷的原因是_____（如在 24 题选 B 项的请回答此问题）

    A. 不知道去哪里借款   B. 借款对象不同意借

    C. 利息难以负担   D. 其他_____

第四部分　政府在土地流转融资中的作用

34. 您认为在土地流转融资中，政府发挥了何种作用_____（可多选，请按重要程度由大到小排序）

    A. 土地流转融资政策宣传   B. 提供土地流转融资信息

    C. 建立土地流转市场

    D. 推进土地流转融资机构平台建立（如土地合作社、土地银行）

    E. 规范土地流转合同   F. 监督与管理

    G. 完善农村社会保障体系   H. 健全农业保险

    I. 其他_____

35. 您认为政府目前就土地流转融资提供的服务完善吗_____

    A. 很完善   B. 比较完善   C. 一般

    D. 不完善   E. 很不完善

36. 您认为在土地流转融资中，政府在哪些方面应该改进_____（可多选，请按重要程度由大到小排序）

    A. 出台土地流转融资法律政策   B. 相关法律政策宣传

    C. 土地流转融资信息提供   D. 土地流转融资市场建立

　　E. 推进土地流转融资机构平台建立（如土地合作社、土地银行）

　　F. 强化监管　　　　　　　　　　G. 完善社会保障体系

　　H. 就业安置　　　　　　　　　　I. 健全农业保险

　　J. 其他_____

37. 目前，您都享有哪些保障_____（可多选）

　　A. 新农村合作医疗　　　　　　　B. 养老保险

　　C. 商业医疗保险（从保险公司购买）

　　D. 最低生活保障、五保供养、特困户救助、扶贫救助等农村社会救助

　　E. 其他_____

38. 您认为在改善农地流转融资环境方面，哪些主体起决定性作用
_____（可多选，请按作用大小排序）

　　A. 农户　　　　　　B. 中央政府　　　　C. 地方政府

　　D. 银行等金融机构　　　　　　　E. 农业企业和农业经营大户

　　F. 村委会　　　　　　　　　　G. 农民专业合作社

　　H. 专门的农地流转融资平台机构（如土地合作社、土地银行）

39. 关于农村土地流转融资方面，您最希望政府部门做的一件事
是_____

第五部分　参与农地信托意愿

40. 您愿意把土地流转给信托公司吗_____

　　A. 愿意　　　　　　　　　　　B. 不愿意

41. 如果把土地流转给信托公司，您更愿意由谁完成土地的集中整理_____

　　A. 村委会　　　B. 土地股份合作社

　　C. 其他_____

42. 您把土地流转给信托公司的理想收益_____

　　A. 600～800 元/亩　　　　　　B. 800～1 000 元/亩

　　C. 1 000～1 200 元/亩　　　　D. 1 200～1 500 元/亩

43. 您把土地流转给信托公司会担忧什么_____

　　A. 流转收益得不到　　　　　　B. 土地被破坏

　　C. 变相征地　　　　　　　　　D. 村委会的干预

　　E. 其他_____

衷心感谢您的大力支持和配合！

附录 5 北京农学院 2016 年研究生发表学术论文统计表

序号	学院	专业	论文名称	作者	指导教师	发表刊物	发表时间	刊物级别
1	生物科学与工程学院	生物工程	一株野生桑黄的分离鉴定与生物学特性	王寿南	张国庆	《应用与环境生物学报》	2016年8月25日	核心期刊
2	植物科学技术学院	蔬菜学	不同品种叶用莴苣感官品质评价	刘雪莹	韩莹琰	《中国蔬菜》	2016年3月	核心期刊
3	植物科学技术学院	蔬菜学	不同品种叶用莴苣营养品质分析	刘雪莹	韩莹琰	《中国农学通报》	2016年8月	核心期刊
4	植物科学技术学院	园艺	双孢蘑菇菇渣对坪床土壤及草坪生长的影响	邵慧双 尹玉婷	陈青君	《应用环境生物学报》	2016年	核心期刊
5	植物科学技术学院	园艺	生物菌剂处理蘑菇覆土对产量性状和菌群多样性的影响	张子鹤	陈青君	《中国农学通报》	2015年11月	核心期刊
6	植物科学技术学院	果树学	Boron Toxicity Causes Multiple Effects on Malus domestica Pollen Tube Growth	张伟伟	房克凤	Frontiers in Plant Science	2016年2月26日	SCI
7	植物科学技术学院	果树学	板栗花粉液体培养方法的建立	张伟伟	房克凤	《北京农学院学报》	2016年6月12日	核心期刊

（续）

序号	学院	专业	论文名称	作者	指导教师	发表刊物	发表时间	刊物级别
8	植物科学技术学院	果树学	Dihydrochalcone Compounds Isolated from Crabapple leaves Showed Anticancer Effects on Human Cancer Cell Lines	邢云峰	姚允聪	*Molecules*	2015年9月27日	SCI
9	植物科学技术学院	果树学	FaABI4 is involved in strawberry fruit ripening	柴璐	沈元月	*Scientia Horticulturae*	2016年7月15日	SCI
10	植物科学技术学院	果树学	Genome-Wide Analysis of the Expression of WRKY Family Genes in Different Developmental Stages of Wild Strawberry (Fragariavesca) Fruit	李宇轩	邢宇	*PLOS. ONE*	2016年3月3日	SCI
11	植物科学技术学院	果树学	海棠'比利时垂枝'*McRGLla*基因的克隆与分析	卜芊芬	姚允聪	《北京农学院学报》	2016年3月18日	核心期刊
12	植物科学技术学院	果树学	五种苹果属植物GA/基因的克隆及生物信息学分析	卜芊芬	姚允聪	《北京农学院学报》	2016年9月	核心期刊
13	植物科学技术学院	果树学	Evaluation of the soil ecological measure for overcoming replant disorder of strawberry	游子敏	刘志民	*Europ. J. Hort.*	2015年3月	SCI
14	植物科学技术学院	蔬菜学	番茄AFLP遗传连锁图谱的构建及耐冷性状的QTL定位	王帅	张喜春	《北京农学院学报》	2016年5月	核心期刊

（续）

序号	学院	专业	论文名称	作者	指导教师	发表刊物	发表时间	刊物级别
15	植物科学技术学院	蔬菜学	Screening for Cold-Resistant Tomato under Radiation Mutagenesis and Observation of the Submicroscopic Structure	王 帅	张喜春	Acta Physiologiae Plantarum	2016年9月	SCI
16	植物科学技术学院	蔬菜学	高温处理对叶用莴苣春化的影响	张利利	范双喜	《应用生态学报》	2016年8月24日	一级期刊核心
17	植物科学技术学院	蔬菜学	An analysis of physiological index of differences in drought tolerance of tomato rootstock seedlings	姚学辉	王绍辉	Journal of Plant Biology	2016年8月	SCI
18	动物科学技术学院	基础兽医	Punicalagin protects bovine endometrial epithelial cell against lipopolysaccharide-induced inflammatory injury	吕 安	刘凤华	Journal of Zhejiang University-SCIENCE B (Biomedicine & Biotechnology)	2016年9月13日	SCI
19	动物科学技术学院	基础兽医	宫净灌注剂急性毒性和长期毒性试验研究	吕 安	刘凤华	《中国畜牧兽医杂志》	2016年8月29日	核心期刊
20	动物科学技术学院	基础兽医	LPS诱导奶牛子宫内膜上皮细胞氧化损伤模型的建立	吕 安	刘凤华	《北京农学院学报》	2016年7月14日	核心期刊
21	动物科学技术学院	基础兽医	宫净灌注剂急性毒性和长期毒性试验研究	张志聪	刘凤华	《中国畜牧兽医杂志》	2016年8月29日	核心期刊
22	动物科学技术学院	基础兽医	阿魏酸抗LPS诱导的奶牛子宫内膜上皮细胞炎性作用	张志聪	刘凤华	《北京农学院学报》	2016年7月14日	核心期刊

（续）

序号	学院	专业	论文名称	作者	指导教师	发表刊物	发表时间	刊物级别
23	动物科学技术学院	基础兽医	猪细小病毒2型荧光定量PCR检测方法的优化	杨倩	周双海	《北京农学院学报》	2016年3月1日	核心期刊
24	动物科学技术学院	基础兽医	葡萄籽原花青素生物学功能及其在畜禽生产上应用的研究进展	常肖肖	蒋林树	《中国农学通报》	2015年第11期	一级核心期刊
25	动物科学技术学院	基础兽医	茶皂素对雏鸡胃微生物发酵及原虫数量的影响	常肖肖	蒋林树	《中国农学通报》	2016年第9期	一级核心期刊
26	动物科学技术学院	基础兽医	地鳖肽提取物对小鼠体内抗氧化酶活性和mRNA表达的影响	谢梦恋 邱思奇	沈红 孙英健	《北京农学院学报》	2016年4月1日	中文核心
27	动物科学技术学院	基础兽医	地鳖多糖提取物的体内外抗氧化作用	谢梦恋 邱思奇	沈红	《实验动物学报》	2016年8月1日	中文核心
28	动物科学技术学院	基础兽医	艾美耳属不同球虫对凋亡诱导抑制的研究	赵晨璐	安健	中国畜牧兽医学会兽医病理学分会、中国病理生理专业委员会、中国实验动物学会实验病理学专业委员会2016年学术研讨会论文集	2016年	会议文章
29	动物科学技术学院	临床兽医学	按摩脊背区对小鼠免疫功能的影响	王芸	董虹	《北京农学院学报》	2016年9月1日	核心期刊
30	动物科学技术学院	临床兽医学	中药治疗奶牛乳房炎的META分析和疗效评价	杨健	董书伟	《南方农业学报》	2016年5月1日	核心期刊
31	动物科学技术学院	临床兽医学	不同浓度促透剂对绿原酸体外透皮吸收的影响	朱雯宇	穆祥	《中兽医医药杂志》	排版中	核心期刊

（续）

序号	学院	专业	论文名称	作者	指导教师	发表刊物	发表时间	刊物级别
32	动物科学技术学院	临床兽医学	大鼠肺微血管内皮细胞的体外分离培养与纯化	朱雯宇	穆祥	《畜牧兽医学报》	2016年10月1日	核心期刊
33	动物科学技术学院	临床兽医学	MTT法检测大鼠外周血淋巴细胞增殖反应探讨与应用	朱雯宇	穆祥	《中国农学通报》	2016年9月1日	核心期刊
34	动物科学技术学院	基础兽医	LPS诱导奶牛子宫内膜上皮细胞氧化损伤模型的建立	刘蓓桦	刘凤华	《北京农学院学报》	2016年	核心期刊
35	动物科学技术学院	基础兽医	阿魏酸抗LPS诱导的奶牛子宫内膜上皮细胞炎症性作用	刘蓓桦	刘凤华	《北京农学院学报》	2016年	核心期刊
36	动物科学技术学院	基础兽医	黄芩对H9N2亚型禽流感病毒感染的上皮分泌I型IFN的影响	卫盼莹	胡格	中国畜牧兽医学会动物解剖及组织胚胎学分会	2016年	会议文章
37	动物科学技术学院	基础兽医	黄芩苷对感染H9N2亚型禽流感小鼠的T淋巴细胞亚群的影响	卫盼莹	胡格	中国畜牧兽医学会动物解剖及组织胚胎学分会	2016年	会议文章
38	动物科学技术学院	基础兽医	高效液相色谱法分析和制备黄芪中的黄芪甲苷	卫盼莹	胡格	中国畜牧兽医学会动物解剖及组织胚胎学分会	2016年	会议文章
39	动物科学技术学院	基础兽医	EDAR参与绵羊毛发性状与生长的调节	卫盼莹	胡格	中国畜牧兽医学会动物解剖及组织胚胎学分会	2016年	会议文章
40	动物科学技术学院	基础兽医	艾美耳属不同球虫对诱导凋亡抑制的研究	郑新枫	安健	中国实验动物学专业委员会实验病理学学术研讨会2016年学术研讨会论文集	2016年	会议文章

（续）

序号	学院	专业	论文名称	作者	指导教师	发表刊物	发表时间	刊物级别
41	动物科学技术学院	基础兽医	宫净灌注剂急性毒性和长期性试验研究	刘艺林	刘凤华	《北京农学院学报》《中国畜牧兽医》	2016 年	核心期刊
42	动物科学技术学院	基础兽医	LPS 诱导奶牛子宫内膜上皮细胞氧化损伤模型的建立	刘艺林	刘凤华	《北京农学院学报》《中国畜牧兽医》	2016 年	核心期刊
43	动物科学技术学院	基础兽医	阿魏酸抗 LPS 诱导的奶牛子宫内膜上皮细胞炎性作用	刘艺林	刘凤华	《北京农学院学报》《中国畜牧兽医》	2016 年	核心期刊
44	动物科学技术学院	基础兽医	地鳖多糖提取及其对免疫抑制小鼠免疫功能的影响	邱思奇	沈　红	第十一届北京畜牧兽医青年科技工作者"新思想、新观点、新方法"论坛论文集	2016 年	会议文章
45	动物科学技术学院	基础兽医	地鳖肽提取物对小鼠体内抗氧化酶活性和 mRNA 表达的影响	邱思奇	沈　红	第十一届北京畜牧兽医青年科技工作者"新思想、新观点、新方法"论坛论文集	2016 年	会议文章
46	动物科学技术学院	基础兽医	鳖多糖提取物的体内外抗氧化作用	邱思奇	沈　红	第十一届北京畜牧兽医青年科技工作者"新思想、新观点、新方法"论坛论文集	2016 年	会议文章
47	动物科学技术学院	养殖	茶皂素对奶牛瘤胃发酵及瘤胃微生物区系的影响	严淑红　赵士萍蒋琦晖　闵婉平	蒋林树	《动物营养学报》	2016 年	核心期刊
48	动物科学技术学院	养殖	利用 CNCPS 优化奶水牛泌乳高峰期日粮的效果评价	赵　茜　王继彤熊　颖　顾美超Laura Gasco	郭凯军	《中国农学通报》	2016 年	核心期刊

（续）

序号	学院	专业	论文名称	作者	指导教师	发表刊物	发表时间	刊物级别
49	动物科学技术学院	养殖	The Research on the Mechanism of Antioxidative and Growth-Promoting Effects of Polyphenols from the Involucres of CastaneaMollissimaBlume on IEC-6 Cells	Y. XIONG X. ZHAO S. DONG K. J. GUO	郭凯军	International Conference on Biological Sciences and Technology	2016 年	EI
50	动物科学技术学院	养殖	Gene expressions and metabolomic research on the effects of polyphenols from the involucres of Castanea mollissima Blume on heat-stressed broilers chicks	Y. Xiong S. Dong X. Zhao K. J. Guo Laura Gasco Ivo Zoccarato	郭凯军	*Poultry Science*	2016 年	SCI
51	动物科学技术学院	养殖	板栗总苞多酚对奶水牛抗氧化指标及生产性能的影响	王峰 王继彤 赵茜 熊茜 顾美超 Laura Gasco	郭凯军	《中国牛业科学》	2016 年	核心期刊
52	动物科学技术学院	养殖	CNCPS6.5 更新及预测我国肉牛干物质采食量及日增重的效果评价	熊茜 宋俊辽 赵茜	郭凯军	第三届中国肉牛选育改良与产业发展国际研讨会	2015 年	会议论文
53	动物科学技术学院	养殖	LPS 诱导奶牛子宫内膜上皮细胞氧化损伤模型的建立	李德玢 姜晓茜	刘凤华	《北京农学院学报》	2016 年	核心期刊
54	动物科学技术学院	养殖	阿魏酸抗 LPS 诱导的奶牛子宫内膜上皮细胞炎性作用	李德玢 姜晓茜	刘凤华	《北京农学院学报》	2016 年	核心期刊

（续）

序号	学院	专业	论文名称	作者	指导教师	发表刊物	发表时间	刊物级别
55	动物科学技术学院	养殖	青贮饲料添加剂的研究进展	赵士萍	蒋林树	《农学通报》	2016年	核心期刊
56	动物科学技术学院	养殖	茶皂素对奶牛瘤胃原虫区系的影响	赵士萍	蒋林树	《动物营养学报》	2016年	一级核心期刊
57	动物科学技术学院	养殖	茶皂素对奶牛瘤胃发酵及瘤胃微生物区系的影响	赵士萍	蒋林树	《动物营养学报》	2016年	一级核心期刊
58	动物科学技术学院	养殖	茶皂素对瘤胃微生物发酵及原虫数量的影响	赵士萍	蒋林树	《农学通报》	2016年	核心期刊
59	动物科学技术学院	养殖	茶皂素对奶牛瘤胃细菌、原虫区系的影响	赵士萍	蒋林树	第八届全国畜牧兽医青年科技工作者学术研讨会	2016年	会议期刊
60	动物科学技术学院	养殖	茶皂素对奶牛瘤胃细菌、原虫区系的影响	赵士萍	蒋林树	第八届全国畜牧兽医青年科技工作者学术研讨会	2016年	会议期刊
61	经济管理学院	农业经济管理	基于京津冀一体化的乳制品冷链物流发展研究	陈吉铭	刘　芳	《中国畜牧杂志》	2016年3月25日	核心期刊
62	经济管理学院	农业经济管理	北京奶牛融资问题分析	何向育	刘　芳	《中国食物与营养》	2016年7月28日	普通期刊
63	经济管理学院	农业经济管理	北京市生鲜产品电子商务的SWOT分析	高运安	胡宝贵	《安徽农业科学》	2016年5月17日	普通期刊
64	经济管理学院	农业经济管理	北京市西瓜种植收益的回归分析	高运安	胡宝贵	《湖南农业科学》	2016年5月27日	普通期刊

（续）

序号	学院	专业	论文名称	作者	指导教师	发表刊物	发表时间	刊物级别
65	经济管理学院	农业经济管理	北京地区鸡蛋价格波动特征及影响因素分析	郭世娟	李华	《经济师》	2016年9月5日	普通期刊
66	经济管理学院	农业经济管理	北京沟域经济发展趋势分析	栗卫清	何忠伟	《科技与产业》	2016年1月	普通期刊
67	经济管理学院	农业经济管理	北京市土地产出率分析与对策	栗卫清	何忠伟	《科技与产业》	2016年6月	普通期刊
68	经济管理学院	农业经济管理	北京市西瓜产业发展现状与对策	汤潜	胡宝贵	《中国果树》	2016年3月1日	中文核心期刊
69	经济管理学院	农业经济管理	农业产业化典型企业分析——北京老宋瓜王科技农业发展有限公司	汤潜	胡宝贵	《北京农业》	2016年2月1日	农业核心期刊
70	经济管理学院	农业经济管理	北京市西瓜生产经营模式比较研究	汤潜	胡宝贵	《现代农业科技》	2016年6月1日	普通期刊
71	经济管理学院	农业经济管理	国外农村一二三产业融合发展研究	李玉磊	李华	《世界农业》	2016年6月2日	中文核心期刊
72	经济管理学院	林业经济管理	家庭农场模式下的西瓜生产调查分析——以北京市延庆区某西瓜种植大户为例	张仲凯	胡宝贵	《安徽农业科学》	2016年9月18日	核心期刊
73	经济管理学院	农业经济管理	中国奶价波动分析：基于GARCH类模型	康海琪	何忠伟	《中国畜牧杂志》	2016年5月1日	北大核心期刊
74	经济管理学院	农业经济管理	基于DEA交叉模型的乳制品企业效率测量研究	康海琪	何忠伟	《中国畜牧杂志》	2016年7月1日	北大核心期刊

（续）

序号	学院	专业	论文名称	作者	指导教师	发表刊物	发表时间	刊物级别
75	经济管理学院	农业经济管理	内蒙古家庭牧场面临的问题与决策	康海琪	何忠伟	《中国奶牛》	2016年1月1日	核心期刊
76	经济管理学院	农村与区域发展	我国创新型企业知识产权管理问题研究	何兴安	周云	《中国市场》	2016年6月	普通期刊
77	经济管理学院	农村与区域发展	我国高校个性化创新创业人才培养策略探讨	何兴安	周云	《教育教学论坛》	2016年1月	普通期刊
78	经济管理学院	农村与区域发展	北京农学院研究生人文素质教育培养模式研究	李娟君	华玉武	《教育教学论坛》	2016年10月	教育类学术期刊
79	经济管理学院	农村与区域发展	北京农业产业化现状及发展对策	刘晴	黄映晖	《农业展望》	2016年6月	普通期刊
80	经济管理学院	农村与区域发展	北京市居民蔬菜购买行为分析	刘晴	黄映晖	《农业展望》	2015年8月	普通期刊
81	经济管理学院	农村与区域发展	北京肉鸡产业价格波动的实证研究	孙龙飞	曹暕	《安徽农学通报》	2016年第14期	省级期刊
82	经济管理学院	农村与区域发展	电子商务视角下我国肉鸡供应链的应用模式研究	孙龙飞	曹暕	《河南畜牧兽医》	2016年第9期	省级期刊
83	经济管理学院	农村与区域发展	北京农业科技发展特点及展望	王磊 乔洪民 张楠 杨培	赵海燕	《农业展望》	2016年6月28日	农业核心期刊
84	经济管理学院	农村与区域发展	北京"互联网+休闲农业"新模式探讨	张孟骅	何忠伟	《农业展望》	2016年1月	农业核心期刊

（续）

序号	学院	专业	论文名称	作者	指导教师	发表刊物	发表时间	刊物级别
85	经济管理学院	农村与区域发展	北京市农业劳动生产率研究	张孟骅	何忠伟	《中国食物与营养》	2016年8月	农业核心期刊
86	经济管理学院	农村与区域发展	北京市农业能源利用率研究	张楠	赵海燕	《农业展望》	2016年5月	普通期刊
87	经济管理学院	农村与区域发展	中国农业节水灌溉技术研究进展	张璇	胡宝贵	《中国农学通报》	2016年6月	核心期刊
88	经济管理学院	农村与区域发展	北京市昌平区农民专业合作社融资问题研究及对策	程杰鑫	李瑞芬	《北京农学院学报》	2016年5月	科技核心期刊
89	经济管理学院	农村与区域发展	北京郊区"一村一品"发展动态变化与对策分析	李国飞	徐广才	《农学学报》	2016年7月	核心期刊
90	经济管理学院	农村与区域发展	基于Nerlove模型的我国蔬菜供给问题研究	李国飞	徐广才	《安徽农业科学》	2016年8月	核心期刊
91	经济管理学院	农村与区域发展	涞水县太行山区山地特色农业发展研究	李国飞	徐广才	《湖南农业科学》	2016年9月	核心期刊
92	经济管理学院	农村与区域发展	现代农业引入农业信托的运行模式分析	王自文	赵连静	《经济师》	2016年5月	国家级期刊
93	经济管理学院	农村与区域发展	上市公司股价影响因素分析	许宇博	李瑞芬	《中国农业会计》	2016年1月	普通期刊
94	经济管理学院	农村与区域发展	北京乡村旅游利益共享机制研究	郁娇	史亚军	《农学学报》	2016年8月	非核心期刊

（续）

序号	学院	专业	论文名称	作者	指导教师	发表刊物	发表时间	刊物级别
95	经济管理学院	农村与区域发展	农宅合作社发展模式及对策研究	汪辉	史亚军	《中国农学通报》	2016年9月	核心期刊
96	园林学院	植物与观赏园艺	百合新品种引种试验	吴杰	王文和	中国观赏园艺研究进展会议论文	2016年	非核心期刊
97	园林学院	林业	北京常见药用植物资源及其开发利用研究	李丹丹	田晔林	《中国农学通报》	2016年第16期	CSCD
98	园林学院	风景园林	北京怀柔天池峡谷风景区规划	林栎东	黄凯	《现代园林》	2016年第3卷第4期	非核心期刊
99	园林学院	风景园林	开放园林的景观质量评价方法研究——以北京9个开放园林为例	林栎东	黄凯	《北京农学院学报》	2016年第31卷第1期	非核心期刊
100	园林学院	风景园林	国家公园建设对我国生态文明建设的影响——以海南省建设为例	林栎东	黄凯	会议论文	2016年	非核心期刊
101	园林学院	风景园林	基于大学精神营造的农林高校校园景观小品应用研究	李菲菲	王先杰	《城市建设理论研究》	2016年	非核心期刊
102	园林学院	风景园林	基于雾霾视角下园林景观规划设计初探	李菲菲	王先杰	《山西建筑》	2016年	非核心期刊
103	园林学院	风景园林	农业嘉年华景观规划设计研究	李菲菲	王先杰	《北京农学院学报》	2016年6月23日	非核心期刊

（续）

序号	学院	专业	论文名称	作者	指导教师	发表刊物	发表时间	刊物级别
104	园林学院	林业	温室园艺研究现状及发展趋势分析	赵娟	高飞	现代农业研究文献分析论文集	2016年	非核心期刊
105	园林学院	园林植物与观赏园艺	基于超星发现的花香研究文献计量分析	吴琦	高飞	现代农业研究文献分析论文集	2016年	非核心期刊
106	园林学院	森林培育	城市林业研究现状及发展趋势分析	王萌	高飞	现代农业研究文献分析论文集	2016年	非核心期刊
107	园林学院	园林植物与观赏园艺	百合种质资源的研究现状及发展趋势分析	于金平	高飞	现代农业研究文献分析论文集	2016年	非核心期刊
108	园林学院	森林培育	百合研究现状与发展趋势分析	刘红	高飞	现代农业研究文献分析论文集	2016年	非核心期刊
109	园林学院	风景园林	水体的景观特性与应用	卜虹	马晓燕	《科技经济导刊》	2016年	非核心期刊
110	食品科学与工程学院	农产品加工及贮藏工程	Optimization of germination buckwheat for alkaloid extracted using response surface methodology	郭晓蒙	马挺军	Journal of Chemical and Pharmaceutical Research	2016年8月	核心期刊
111	食品科学与工程学院	食品加工与安全	NIR技术快速鉴定牛奶品牌与掺假识别	金垚	杜斌	《食品研究与开发》	2016年3月	核心期刊

（续）

序号	学院	专业	论文名称	作者	指导教师	发表刊物	发表时间	刊物级别
112	食品科学与工程学院	食品科学	双抗夹心酶联免疫吸附快速检测冷鲜肉中的 6 种血清型沙门氏菌	张　帅	张红星	《食品科学》	2016 年 8 月	EI
113	食品科学与工程学院	食品科学	快速检测生鲜肉中的三种食源性致病菌			《江苏农业学报》	2016 年 8 月	CSCD
114	食品科学与工程学院	农产品加工及贮藏工程	北京地区主要芹菜品种贮藏性的比较分析	郭振龙	陈湘宁	《食品与机械》	2016 年	CSCD
115	食品科学与工程学院	农产品加工及贮藏工程	叶类蔬菜气调包装保鲜技术及其机理的研究进展			《中国农学通报》	2016 年	
116	食品科学与工程学院	农产品加工及贮藏工程	Effect of total flavonoid and total polyphenol from tartary buckwheat sprouts and inhibitor activities on a-glycosidase	申佳欣	马挺军	ICMTMA	2016 年	EI
117	食品科学与工程学院	食品科学	绿豆饮料制备中 α-淀粉酶酶解工艺优化研究			《北京农学院学报》	2016 年	核心期刊
118	食品科学与工程学院	食品科学	1 株产细菌素植物乳杆菌的筛选及其细菌素抑菌性质研究	董雨馨	张红星	《食品与发酵工业》	2016 年	CSCD
119	计算机与信息工程学院	农业信息化	Suitable for The Construction of Leek Growth Forecast and Early Warning System	刘文制	张　娜	2016 服务科学技术与工程国际会议	2016 年 5 月	国际会议

（续）

序号	学院	专业	论文名称	作者	指导教师	发表刊物	发表时间	刊物级别
120	计算机与信息工程学院	农业信息化	Design and Implementation of Fresh Food Micro Marketing Model	孙若男 靳鑫磊	张娜	Proceedings of the 2016 International Conference on Computer Science and Electronic Technology	2016年5月	国际会议
121	计算机与信息工程学院	农业信息化	Design and Implementation of Agritourism System Based on NET	靳鑫磊 孙若男	张娜	2016 International Conference on Service Science, Technology and Engineering	2016年3月	国际会议
122	计算机与信息工程学院	农业信息化	影响谷物测产系统因素研究	李明璟	姚山	2016 服务科学技术与工程国际会议	2016年5月14日	国际会议
123	计算机与信息工程学院	农业信息化	增强现实技术在农业中的应用	王翠翠	郭新宇 王殿亮	科学与艺术研讨会（科学与艺术、绿色、创新与协调发展）	2016年9月	会议论文
124	计算机与信息工程学院	农业信息化	Crop production management information system Design and Implementation	张娜 孙若男 刘妍	张娜	2016 International Conference on Artificial Intelligence: Techniques and Applications	2016年8月	国际会议
125	文法学院	科技组织与服务	基于超星发现的工厂化生产研究文献计量分析	李新毅	高飞	《现代农业》	2016年6月	核心期刊

（续）

序号	学院	专业	论文名称	作者	指导教师	发表刊物	发表时间	刊物级别
126	文法学院	农业科技组织与服务	"城乡一体化"研究的现状及发展趋势分析——"城乡一体化"研究文献分析报告	刘梦实	高　飞	《现代农业》	2016 年 6 月	核心期刊
127	文法学院	农业科技组织与服务	我国城乡一体化研究文献现状及发展趋势	王立颖	叶春蕾	《现代农业》	2016 年 6 月	核心期刊
128	文法学院	农业科技组织与服务	北京市平原造林法律问题探讨	王海樱　姚　璐	童光法	《现代园林》	2016 年第 8 期	核心期刊

附录 6　北京农学院 2016 年研究生承担或参与科研项目清单

序号	项目名称	项目来源	承担或参与人	指导教师	研究生所学专业	所属学院	起止时间	备注
1	叶用莴苣高温抽薹过程中赤霉素作用研究	研究生创新科研项目—自然科学类	刘雪莹	韩莹琰	蔬菜学	植物科学技术学院	2016 年 4 月至 2017 年 4 月	
2	科技成果转化-提升计划-林下经济关键技术示范与转化	北京市教委	王晓	陈青君	园艺	植物科学技术学院	2016 年 3～12 月	
3	果树优质高效生产关键技术研究与示范	"十二五"农村领域国家科技计划课题	杨刚	姚允聪	园艺	植物科学技术学院	2014 年 1 月 1 日至 2018 年 12 月 31 日	
4	科技成果转化-提升计划-林下经济关键技术示范与转化	北京市教委	尹玉婷	陈青君	园艺	植物科学技术学院	2016 年 3～12 月	
5	钙离子信号在地被菊响应	北京市教委重点项目	张子鹤	沈漫	园艺	植物科学技术学院	2015—2017 年	
6	大豆种皮颜色的遗传分析和分子标记	国家自然科学基金	郭红鸽	谢皓	种业	植物科学技术学院	2014 年 7 月至 2017 年 12 月	
7	密云有害生物普查	北京市密云区园林绿化局	魏春花	杜艳丽	种业	植物科学技术学院	2015 年 4 月至 2016 年 12 月	

（续）

序号	项目名称	项目来源	承担或参与人	指导教师	研究生所学专业	所属学院	起止时间	备注
8	钙离子信号在地被菊响应	北京市教委重点项目	田爱菊	沈漫	种业	植物科学技术学院	2015—2017年	
9	中国野生小豆资源评价和基因进化分析	国家自然科学基金	王秀金	万平	种业	植物科学技术学院	2014—2017年	
10	华北地区小麦玉米两熟作物及马铃薯干旱防控综合技术研究 水分调控草莓果实产量和品质的生理及分子机制	国家科技支撑项目 国家自然科学基金	董瑞	郭家选	种业	植物科学技术学院	2011年1月至2015年12月 2015年1月至2018年12月	
11	主要农作物种子性状与种子活力关系研究	农业部公益性行业专项	高雪纯	李润枝	种业	植物科学技术学院	2013年1月至2017年12月	
12	北京草坪线虫的分离、群落特征分析与防治研究	2016年内涵发展定额项目	高利媛	郭魏	植物保护	植物科学技术学院	2016年3月至2016年12月	
13	国家果品质量安全风险评估	国家果品质量安全风险评估项目	马红枣	潘立刚 张志勇	植物保护	植物科学技术学院	2015年4月至今	
14	北京前寒枣新品种节水栽培示范与推广	北京市农委	时洁 王龙 代丽珍	王进忠 张铁强	植物保护、果树学	植物科学技术学院	2015—2016年	
15	北京怀柔区林业有害生物普查	怀柔区园林绿化局	时洁 王龙 代丽珍	王进忠 张爱环	植物保护、果树学	植物科学技术学院	2015—2016年	
16	北京西城区林业有害生物普查	西城区园林绿化局	时洁 王龙 代丽珍	王进忠 张爱环	植物保护、果树学	植物科学技术学院	2015—2016年	

（续）

序号	项目名称	项目来源	承担或参与人	指导教师	研究生所学专业	所属学院	起止时间	备注
17	北京密云区林业有害生物普查	密云区园林绿化局	时洁 代丽珍 王龙	王进忠 张爱环	植物保护、果树学	植物科学技术学院	2015—2016年	
18	去甲斑螯素诱导鳞翅目昆虫甲胞凋亡的线粒体途经研究	国家自然科学基金	时洁 代丽珍 王龙	王进忠 张钟强	植物保护、果树学	植物科学技术学院	2013—2016年	
19	14纵向甜菜夜蛾儿丁质脱乙酰酶抵御病毒侵染的分子机制研究	国家自然科学基金	郭魏	郭魏	果树学	植物科学技术学院	2014—2018年	
20	国家葡萄产业体系项目	农业部	李兴红	李兴红	果树学	植物科学技术学院	2015—2018年	
21	营养期杀虫蛋白 Vip3A 与敏感昆虫中肠 BBMV 互作的研究	青年拔尖人才项目	刘京国	师光禄 刘京国	果树学	植物科学技术学院	2015—2018年	
22	叶用莴苣高温胁迫响应因子 bHsp70 的功能研究	国家自然科学基金	李雅博	范双喜	蔬菜学	植物科学技术学院	2014—2017年	
23	现代农业产业技术体系北京市食用菌创新团队建设双孢菇工厂化关键技术研究（PXM2016-014207-000036）	北京市	秦改娟	陈青君 张国庆	蔬菜学	植物科学技术学院	2014年9月至2016年12月	

（续）

序号	项目名称	项目来源	承担或参与人	指导教师	研究生所学专业	所属学院	起止时间	备注
24	中俄主要蔬菜基因资源多样化比较研究	科技部	王帅　陈修花　段学粉	张喜春	蔬菜学	植物科学技术学院	2014—2018年	
25	蔗糖及类型番茄果实卸载路径及其蔗糖积累机理研究	国家自然科学基金	王帅　杨瑞	杨瑞	蔬菜学	植物科学技术学院	2014—2016年	
26	番茄抗旱及抗根结线虫砧木筛选与示范	北京市农委	姚学辉　李小曼	王绍辉　赵文强	蔬菜学	植物科学技术学院	2015年6月至2016年7月	
27	13 纵向—国家自然科学基金—连翘酯苷对鸡传染性支气管炎 toll 受体	国家自然科学基金	张彤	侯晓林	基础兽医学	动物科学技术学院	2013—2017年	
28	2016年北京农学院学位与研究生教育改革与发展项目——猪传染性胃肠炎病毒与流行性腹泻病毒多重荧光PRC方法的建立	北京农学院	杨倩	周双海	基础兽医学	动物科学技术学院	2016年3~12月	
29	2016年北京农学院学位与研究生教育改革与发展项目——地鳖肽抗氧化作用对肉鸡肉品质的影响	北京农学院	谢梦蕊	沈红	基础兽医学	动物科学技术学院	2016年1~12月	
30	电针改善椎间盘脱出犬脊髓微学环效应机制的研究	国家自然科学基金	孔学礼	陈武	临床兽医学	动物科学技术学院	2015—2016年	

（续）

序号	项目名称	项目来源	承担或参与人	指导教师	研究生所学专业	所属学院	起止时间	备注
31	木犀草素的抗炎机制	国家自然科学基金	孔学礼	姜代勋	临床兽医学	动物科学技术学院	2015 年至今	
32	电针改善椎间盘脱出犬脊髓微学环效应机制的研究	国家自然科学基金	丛心宇	陈　武	临床兽医学	动物科学技术学院		
33	猪口蹄疫免疫程序风险评估基础研究		吴明谦	任晓明	临床兽医学	动物科学技术学院	2015 年 3~12 月	
34	α-亚麻酸调节种公鸡睾丸睾酮生物合成的分子机理	国家自然科学基金	陈　晨	郭　勇 齐晓龙	养殖	动物科学技术学院	2016 年 1 月至 2018 年 12 月	参与前部分实验
35	京津冀乳制品冷链物流系统优化研究	国家社会科学基金	陈吉铭	刘　芳	农业经济管理	经济管理学院	2017—2019 年	
36	北京市创新团队奶牛团队项目	北京市农业局	陈吉铭	刘　芳	农业经济管理	经济管理学院	2013—2017 年	
37	北京市创新团队奶牛团队项目	北京市农业局	何向育	刘　芳	农业经济管理	经济管理学院	2013—2017 年	
38	北京市西甜瓜产业创新团队项目	北京市农业局	高运安	胡宝贵	农业经济管理	经济管理学院	2013—2017 年	
39	北京市创新团队家禽团队项目	北京市农业局	郭世娟	李　华	农业经济管理	经济管理学院	2013—2017 年	

（续）

序号	项目名称	项目来源	承担或参与人	指导教师	研究生所学专业	所属学院	起止时间	备注
40	门头沟区环境监测现状与发展	门头沟区环保局	栗卫清　张孟骅	何忠伟	农业经济管理	经济管理学院	2015年11月至2016年12月	
41	北京市西瓜生产经营效益研究	北京农学院学位与研究生教育改革与发展项目	汤滢	胡宝贵	农业经济管理	经济管理学院	2016年6~12月	
42	中国奶牛产业安全预警体系研究	国家自然科学面上项目	康海琪	何忠伟	农业经济管理	经济管理学院	2014年9月至今	
43	基于熵理论的政府品牌管理结构体系定量评价研究	学校	何兴安	周云	农村与区域发展	经济管理学院	2016年4~12月	
44	北京农学院教改发展项目	学校	黄桦	李华	农村与区域发展	经济管理学院	2016年3月至2017年3月	
45	农业部一二三产业融合	北京市农业局	李佳林	邓蓉	农村与区域发展	经济管理学院	2015年	
46	保障我国畜产品食品安全的对策研究	国家社会科学基金	李佳林	邓蓉	农村与区域发展	经济管理学院	2013—2016年	
47	北京畜牧企业管理创新研究	北京市学术创新团队	李佳林	邓蓉	农村与区域发展	经济管理学院	2013—2016年	
48	我国生猪补贴政策效应研究	国家自然科学基金	李杰	胡向东	农村区域发展	经济管理学院	2013—2015年	
49	粮改饲政策对我国农户的影响	农业部软科学	李杰	胡向东	农村区域发展	经济管理学院	2016年7~12月	

（续）

序号	项目名称	项目来源	承担或参与人	指导教师	研究生所学专业	所属学院	起止时间	备注
50	生态文明背景下京冀生态文化教育模式研究	研究生处学位与研究生教育改革与发展项目	李婷君	华玉武	农村与区域发展	经济管理学院	2015年3月至2016年12月	
51	门头沟区环保局委托项目—环境保护与生态文化发展研究	门头沟区环保局	李婷君	华玉武	农村与区域发展	经济管理学院	2015年3月至2016年3月	
52	绿色发展理念下农林院校研究生思政课生态文化教育模式研究	研究生处学位与研究生教育改革与发展项目	李婷君	华玉武	农村与区域发展	经济管理学院	2015年3月至2016年4月	
53	绿色发展理念下京冀生态农业人才培养体系创新研究	智库项目	李婷君	华玉武	农村与区域发展	经济管理学院	2015年3月至2016年5月	
54	北京农学院学位与研究生教育改革与发展项目	北京农学院	刘晴	黄映晖	农村与区域发展	经济管理学院	2016年3月	
55	"十三五"时期农村一二三产业融合发展宏观形势研究	农业部	鲁雨	邓蓉	农村与区域发展	经济管理学院	2015年	
56	保障我国畜产品食品安全的对策研究	国家社会科学基金	鲁雨	邓蓉	农村与区域发展	经济管理学院	2013—2016年	
57	北京畜牧企业管理创新研究	北京市学术创新团队项目	鲁雨	邓蓉	农村与区域发展	经济管理学院	2013—2017年	
58	现代农业产业技术体系北京市家禽产业创新团队	北京市农业局	孙龙飞	李华	农村与区域发展	经济管理学院	2015年10月至2016年9月	

（续）

序号	项目名称	项目来源	承担或参与人	指导教师	研究生所学专业	所属学院	起止时间	备注
59	基于质量结构的京津冀肉鸡安全生产调研	北京农学院	孙龙飞	曹暕	农村与区域发展	经济管理学院	2016年4~9月	
60	农林项目投资与案例分析课程建设	北京农学院	孙龙飞	曹暕	农村与区域发展	经济管理学院	2016年4~9月	
61	北京新型农业经营主体培育研究	北京市教委	王磊	赵海燕	农村与区域发展	经济管理学院	2015年4月至2017年12月	
62	2016年科创-科研计划（市级）——北京乡村旅游创意商品	北京市教委	田振 罗玲 吴静	桂琳	农村与区域发展	经济管理学院	2016年1~12月	
63	2016年北农"菜篮子"新型生产经营主体提升项目——北京分水岭山杏合作社对接项目	北京市农委	田振 罗玲 吴静	桂琳	农村与区域发展	经济管理学院	2016年1~12月	
64	2016年内涵发展定额项目（科技）-校级协同创新中心建设项目——蔬菜产业技术提升协同创兴中心	学校	田振 罗玲 吴静	桂琳	农村与区域发展	经济管理学院	2016年1~12月	
65	北京市养老机构调研	北京市机构养老服务案例调研组	荀天米	荀天米	农村与区域发展	经济管理学院	2016年7月至今	
66	科技促进北京农业"三率"提升路径课题	北京市科委项目	张孟晔	何忠伟	农村与区域发展	经济管理学院	2015—2016年	

（续）

序号	项目名称	项目来源	承担或参与人	指导教师	研究生所学专业	所属学院	起止时间	备注
67	门头沟环境监测与发展趋势研究	门头沟环保局	张孟晔	何忠伟	农村与区域发展	经济管理学院	2015—2016年	
68	北京市西甜瓜产业创新团队	北京市农业局	张璇	胡宝贵	农村与区域发展	经济管理学院	2016年	
69	北京农学院促进人才培养综合改革专项计划(BNRC&CC201405)	北京农学院	刘旋 刘树晨 马丽丽	杨为民	农村与区域发展	经济管理学院	2015年7月至2016年9月	
70	北京市自然科学基金项目	北京市优秀人才培养资助	马丽丽	杨为民	农村与区域发展	经济管理学院	2016年9月	
71	创新农经行动项目	北京农学院	王自文	刘芳	农村与区域发展	经济管理学院	2016年5月	
72	农民专业合作社资金互助风险机制研究	农业部	许宇博	李瑞芬	农村与区域发展	经济管理学院	2016年	
73	北京新型农业经营主体培育研究	北京市教委	张楠	赵海燕	农村与区域发展	经济管理学院	2015年4月至2017年12月	
74	百合 S-RNase 基因 cDNA 序列全长克隆及表达分析	2016年北京农学院学位与研究生教育改革与发展项目	丁格	赵和文	森林培育	园林学院	2016年4月至2017年3月	

（续）

序号	项目名称	项目来源	承担或参与人	指导教师	研究生所学专业	所属学院	起止时间	备注
75	基于场地精神的大同市矿业棕地公园景观设计初探——以大同晋华宫国家矿山公园为例	2016年北京农学院学位与研究生教育改革与发展项目	郭雅琪	付军	风景园林	园林学院	2016年4月至2017年4月	
76	基于生态理念的农林院校植物景观的规划设计研究——以北京农学院为例	2016年北京农学院学位与研究生教育改革与发展项目	靳远	付军	风景园林学	经济管理学院	2016年4月至2017年5月	
77	学生身边的实践基地——以北京农学院为例的大学校园植物园规划研究	2016年北京农学院学位与研究生教育改革与发展项目	高阳	马晓燕	风景园林学	经济管理学院	2016年4月至2017年6月	
78	基于雾霾视角下人为活动的园林景观规划设计评价研究——以马甸公园为例	2016年北京农学院学位与研究生教育改革与发展项目	李菲菲	王先杰	风景园林学	经济管理学院	2016年4月至2017年7月	
79	不同植物对城市污泥土壤酶及微生物多样性的影响	2016年北京农学院学位与研究生教育改革与发展项目	刘学娅	冷平生	园林植物与观赏园艺	经济管理学院	2016年4月至2017年8月	
80	北京地区汽车营地景观规划设计研究	2016年北京农学院学位与研究生教育改革与发展项目	马欢	张维妮	风景园林学	经济管理学院	2016年4月至2017年9月	

（续）

序号	项目名称	项目来源	承担或参与人	指导教师	研究生所学专业	所属学院	起止时间	备注
81	基于地域文化的张家口清雪场景观设计研究——以崇礼滑雪场为例	2016年北京农学院学位与研究生教育改革与发展项目	乔 博	付 军	风景园林学	经济管理学院	2016年4月至2017年10月	
82	研究生科研项目	北京农学院	张 敏	高秀芝	食品加工与安全	食品科学与工程学院	2015年10月至2016年11月	
83	研究生党建项目	北京农学院	寇莹莹	张明辉	农产品加工及贮藏工程	食品科学与工程学院	2015年10月至2016年11月	
84	食品安全知识宣讲	北京农学院	杨梦达	刘海燕	食品加工与安全	食品科学与工程学院	2015年10月至2016年11月	
85	国家科技计划课题研究任务"苹果结构型构建与应用"	14 创收（横）	许 静 刘文钊 靳鑫磊 孙若男 左 欢 李明环	徐 娜 张 跃 等	农业信息化	计算机与信息工程学院	2016年	
86	北京华耐农业发展有限公司对接项目	15 纵向	孙若男 左 欢	徐 娜 张 跃 等	农业信息化	计算机与信息工程学院	2016年	
87	2016年现代农业产业体系市创新团队建设经费	产业经济专家	许 静 刘文钊 靳鑫磊 孙若男 左 欢 李明环	徐 娜 张 跃 等	农业信息化	计算机与信息工程学院	2016年	
88	2015年市创新团队岗位专家工作经费物团队岗位专家经费	15 其他项目	许 静 刘文钊 靳鑫磊 孙若男 左 欢 李明环	徐 娜 张 跃 等	农业信息化	计算机与信息工程学院	2016年	

（续）

序号	项目名称	项目来源	承担或参与人	指导教师	研究生所学专业	所属学院	起止时间	备注
89	北京市农村残疾人（基地）科技服务网络平台服务	16 创收	许　静　靳鑫磊　孙若男　左　欢　李明璟	徐　畋　张　娜　等	农业信息化	计算机与信息工程学院	2016 年	
90	门头沟农业农村信息化现状调研及信息建设分层精准服务模式研究	16 创收	许　静　靳鑫磊　孙若男	徐　畋　张　娜　等	农业信息化	计算机与信息工程学院	2016 年	
91	成果转化计划—智车建设—门头沟农业农村信息化现状调研及信息建设分层	16 内涵发展定额项目（科技）	许　静　靳鑫磊　孙若男	徐　畋　张　娜　等	农业信息化	计算机与信息工程学院	2016 年	
92	北京市大学生科研训练计划深化项目	2015 人才培养质量提高经费	刘文创　靳鑫磊　李明璟	徐　畋　张　娜　等	农业信息化	计算机与信息工程学院	2016 年	
93	北京市大学生科研训练计划深化项目	2016 人才培养质量提高经费	靳鑫磊	徐　畋　张　娜　等	农业信息化	计算机与信息工程学院	2016 年	
94	2016 年北京农学院学位改革与研究生教育改革与发展项目	学校	马　静　储天熙	李　蕊	农业科技组织与服务	文法学院	2016 年 4 月至2017 年 4 月	
95	2016 年北京农学院学位改革与研究生教育改革与发展项目	学校	王立颖　刘梦实	韩　芳	农业科技组织与服务	文法学院	2016 年 4 月至2017 年 5 月	

（续）

序号	项目名称	项目来源	承担或参与人	指导教师	研究生所学专业	所属学院	起止时间	备注
96	高校学生党支部建设研究	北京农学院	储天熙 马 静 李鑫瑶 王 菲	张彦敏	农业科技组织与服务	文法学院	2015 年 12 月至 2016 年 12 月	
97	北京市生态补偿法律制度研究	北京市教委	王海樱 刘路晨	童光法	农业科技组织与服务	文法学院	2015—2017	
98	新环保法实施效果评估研究——子项目：企业环境守法评估研究	环境保护部	王海樱 刘路晨	童光法	农业科技组织与服务	文法学院	2015 年 12 月至 2016 年 2 月	

附录 7　北京农学院 2016 年研究生参与编写著作统计表

序号	学院	姓名	专业	著作名称	参著身份（著、主编、副主编、参编、编著等）	出版年月	出版单位	书号
1	植物科学技术学院	孙红	园艺	《现代农业研究文献分析》	参编	2016 年 5 月	中国质检出版社 中国标准出版社	ISBN 978-7-5026-4302-7
2	植物科学技术学院	刘梦雪	园艺	《现代农业研究文献分析》	参编	2016 年 5 月	中国质检出版社 中国标准出版社	ISBN 978-7-5026-4302-7
3	植物科学技术学院	高利媛	植物保护	《现代农业研究文献分析》	编著	2016 年 5 月	中国质检出版社 中国标准出版社	ISBN 978-7-5026-4302-7
4	动物科学技术学院	杨倩	基础兽医学	《种猪的重要疫病》	编著	2016 年 8 月 1 日	中国农业出版社	ISBN 978-7-109-22080-5
5	动物科学技术学院	詹同彤	临床兽医	《奶牛疾病防治手册》	参编	2015 年 11 月 1 日	中国农业出版社	ISBN 978-7-109-21076-9
6	动物科学技术学院	蒋琦晖	养殖	《奶牛饲料成分营养价值评价进展》	参编	2016 年 5 月 1 日	奶牛营养学北京重点实验室	ISBN 978-7-5116-2573-1

（续）

序号	学院	姓名	专业	著作名称	参著身份（著、主编、副主编、参编、编著等）	出版年月	出版单位	书号
7	动物科学技术学院	陈 晨	养殖	《奶牛疾病防治手册》	参编	2015 年 11 月	中国农业出版社	ISBN 978-7-109-21076-9
8	动物科学技术学院	陈 晨	养殖	《现代农业研究文献分析》	参编	2016 年 6 月	中国质检出版社中国标准出版社	ISBN 978-7-5026-4302-7
9	动物科学技术学院	赵 茜	养殖	《国际动物纪录委员会操作指南（肉牛分册）》	编译	2015 年 11 月	中国农业出版社	ISBN 978-7-109-20725-7
10	动物科学技术学院	赵 硕	养殖	《奶牛疾病防治手册》	参编	2015 年 11 月 1 日	中国农业出版社	ISBN 978-7-109-21076-9
11	动物科学技术学院	朱冠宇	养殖	《奶牛疾病防治手册》	参编	2015 年 11 月 2 日	中国农业出版社	ISBN 978-7-109-21076-9
12	经济管理学院	康海琪	农业经济管理	《北京山区生态产业发展研究》	参编	2015 年	中国农业出版社	ISBN 978-7-109-21074-5
13	经济管理学院	康海琪	农业经济管理	《重大动物疫情公共危机演化规律及其政策研究——以北京市为例》	参编	2016 年 6 月	中国农业出版社	ISBN 978-7-109-21777-5

（续）

序号	学院	姓名	专业	著作名称	参著身份（著、主编、副主编、参编、编著等）	出版年月	出版单位	书号
14	经济管理学院	孙龙飞	农村与区域发展	《农业科技与"三农"政策案例集》	参编	2016 年 8 月	中国农业出版社	ISBN 978-7-109-21912-0
15	经济管理学院	王 兰	农村与区域发展		副主编	2016 年 9 月	中国农业出版社	
16	经济管理学院	马丽丽	农村与区域发展	《农产品质量安全长效管理机制研究》	参编	2016 年 11 月	中国农业科学技术出版社	ISBN 978-7-5116-2673-8
17	计算机与信息工程学院	许 静	农业信息化	《农业应用系统开发案例》	参编	2016 年 3 月	中国林业出版社·教育出版分社	ISBN 978-7-5038-8404-7
18	计算机与信息工程学院	刘文钊	农业信息化	《农业应用系统开发案例》	参编	2016 年 3 月	中国林业出版社	ISBN 978-7-5038-8404-7
19	计算机与信息工程学院	靳鑫磊	农业信息化	《农业应用系统开发案例》	参编	2016 年 3 月	中国林业出版社·教育出版分社	ISBN 978-7-5038-8404-7

附录 8　北京农学院 2016 年研究生参与授权专利和软件著作权统计表

序号	学院	姓名	专业	专利名称	专利号	类型（发明、实用新型、外观设计、软件著作权）	授权时间	所有完成人
1	植物科学技术学院	高雪纯	种业	一种用于卷纸发芽试验的置种板	ZL 2016 2 0184394.5	实用新型	2016 年 7 月 20 日	李润枝　高雪纯 刘洪润　谢　皓 王　晔　康恩宽 王　程
2	植物科学技术学院	高雪纯	种业	一种种子老化装置	ZL 2016 2 0185183.3	实用新型	2016 年 7 月 20 日	李润枝　高雪纯 刘洪润　谢　皓 王　晔　康恩宽 王　程
3	植物科学技术学院	高利媛	植物保护	辣椒炭疽病的 RNA-seq 生物信息学分析软件	2016SR086401	软件著作权	2016 年 4 月 26 日	毕　扬　高利媛 郭　魏
4	植物科学技术学院	高利媛	植物保护	草莓炭疽病病原菌的 RNA-seq 生物信息学分析软件	2016SR081590	软件著作权	2016 年 4 月 20 日	毕　扬　高利媛 郭　魏

（续）

序号	学院	姓名	专业	专利名称	专利号	类型（发明、实用新型、外观设计、软件著作权）	授权时间	所有完成人
5	植物科学技术学院	张利利	蔬菜学	一种石蜡切片番红固绿染色装置	201620567625.0	实用新型	2016 年 9 月 27 日	张利利 郝敬虹 韩莹琰 刘超杰 苏贺楠 李盼盼 孙燕川 范双喜
6	植物科学技术学院	张利利	蔬菜学	一种用于小型材料石蜡切片前期脱水和透明的装置	201620563582.9	实用新型	正在申请中	张利利 郝敬虹 韩莹琰 刘超杰 苏贺楠 李盼盼 孙燕川 范双喜
7	园林学院	付 静	风景园林学	生态景观垃圾桶外观设计专利	ZL201630054378.X	外观设计	2016 年 7 月 6 日	
8	园林学院	马 欢	风景园林学	城市电子树木牌	ZL201630016318.0	外观设计	2016 年 8 月 1 日	
9	园林学院	李菲菲	风景园林学	渗透植草砖	ZL201630061319.5	外观设计	2016 年 6 月 29 日	
10	计算机与信息工程学院	刘文钊	农业信息化	保护地韭菜环境适宜度预测与预警系统	2016SR187749	软件著作权	2016 年	
11	计算机与信息工程学院	刘文钊	农业信息化	保护地韭菜环境适宜度预测与预警后台管理系统	2016SR1877507	软件著作权	2016 年	
12	计算机与信息工程学院	靳鑫磊	农业信息化	人事工资管理系统	2016SR100039	软件著作权	2016 年	

（续）

序号	学院	姓名	专业	专利名称	专利号	类型（发明、实用新型、外观设计、软件著作权）	授权时间	所有完成人
13	计算机与信息工程学院	靳鑫磊	农业信息化	个性化学习风格测试系统	2016SR187654	软件著作权	2016 年	
14	计算机与信息工程学院	靳鑫磊	农业信息化	个性化网络学习系统	2016SR187604	软件著作权	2016 年	
15	计算机与信息工程学院	靳鑫磊	农业信息化	个性化网络教师在线答疑系统	2016SR187601	软件著作权	2016 年	
16	计算机与信息工程学院	靳鑫磊	农业信息化	蔬菜适宜度评价系统	2016SR187367	软件著作权	2016 年	
17	计算机与信息工程学院	靳鑫磊	农业信息化	蔬菜适宜度评价系统后台管理系统 V1.0	2016SR187122	软件著作权	2016 年	
18	计算机与信息工程学院	李明環	农业信息化	基于 Web 的师生交流平台	2016SR178453	软件著作权	2016 年 7 月 12 日	
19	计算机与信息工程学院	李明環	农业信息化	基于 Web 的教学平台	2016SR178465	软件著作权	2016 年 7 月 12 日	
20	计算机与信息工程学院	孙若男	农业信息化	个性化学习风格测试系统	1366721	软件著作权		

附录 9　北京农学院 2016 年研究生参加学术交流统计表

序号	学院	参加人	专业	起止时间	地点	会议主题	主办单位	是否大会报告（如是，请同时填写报告题目）	备注
1	植物科学技术学院	刘雪莹	蔬菜学	2016 年 9 月 26～28 日	四川省成都市	第二届亚洲园艺大会	国际园艺学会、中国园艺学会、韩国园艺学会、日本园艺学会	海报，Endogenous Hormones Analysis of Bolting in Lettuce Caused by High Temperature	
2	植物科学技术学院	高晓静	蔬菜学	2015 年 6 月 15～18 日	上海市	双孢蘑菇工厂化生产技术高级研修班	上海市农业科学院食用菌研究所		
3	植物科学技术学院	高晓静	蔬菜学	2016 年 6 月 21～24 日	上海市	双孢蘑菇工厂化生产技术高级研修班	上海市农业科学院食用菌研究所		
4	植物科学技术学院	王琳	蔬菜	2016 年 9 月 26～28 日	四川省成都市	第二届亚洲园艺大会	国际园艺学会、中国园艺学会、韩国园艺学会、日本园艺学会	否	

（续）

序号	学院	参加人	专业	起止时间	地点	会议主题	主办单位	是否大会报告（如是，请同时填写报告题目）	备注
5	植物科学技术学院	王晓	园艺	2016 年 3 月 11~14 日	四川省成都市金堂县	第三届四川（金堂）食用菌博览会	成都市人民政府、四川省农业厅	否	
6	植物科学技术学院	王晓	园艺	2016 年 6 月 21~24 日	上海市	全国双孢蘑菇工厂化生产技术研讨会	国家食用菌工程技术中心	否	
7	植物科学技术学院	杨刚	园艺	2016 年 7 月 15 日	北京农学院	亚洲干岛生态系统和社会	林果业协同创新中心	否	
8	植物科学技术学院	杨刚	园艺	2016 年 4 月 14 日	北京农学院	Symbiotic interactions on and in roots: rhizobium, mycorrhizal and many others	北京农学院科学术处	否	
9	植物科学技术学院	尹玉婷	园艺	2016 年 3 月 11~14 日	四川省成都市金堂县	第三届四川（金堂）食用菌博览会	成都市人民政府、四川省农业厅	否	
10	植物科学技术学院	尹玉婷	园艺	2016 年 6 月 21~24 日	上海市	全国双孢蘑菇工厂化生产技术研讨会	国家食用菌工程技术中心	否	
11	植物科学技术学院	尹玉婷	园艺	2015 年 10 月 8 日	北京市	农产品品牌与新经济研讨会	北京农学院	否	

（续）

序号	学院	参加人	专业	起止时间	地点	会议主题	主办单位	是否大会报告（如是，请同时填写报告题目）	备注
12	植物科学技术学院	尹玉婷	园艺	2015 年 10 月 18 日	北京市	第四届北京农产品品牌与新经济学研讨会	北京农学院	否	
13	植物科学技术学院	尹玉婷	园艺	2015 年 10 月 25 日	北京市	2015 年中国园艺产业技术经济论坛	北京农学院	否	
14	植物科学技术学院	高利媛	植物保护	2016 年 4 月 26 日	北京市	昆虫学与健康生活	北京昆虫学会	否	
15	植物科学技术学院	贺佳	植物保护	2016 年 7 月 7～10 日	河北省保定市	京津冀地区植保科技协同发展与创新	中国植物病理学会青年委员会主办	否	
16	植物科学技术学院	马红枣	植物保护	2016 年 4 月 27 日	北京市	基于核相关分析的食品溯源与真实性鉴别技术发展与转化研讨会	中国农业科学院	否	
17	植物科学技术学院	马红枣	植物保护	2016 年 8 月 31 日	北京市农林科学院农业质量标准与检测技术研究中心	Modelling the dynamics and risks of metals in soils of the UK and China	北京市农林科学院	否	

（续）

序号	学院	参加人	专业	起止时间	地点	会议主题	主办单位	是否大会报告（如是，请同时填写报告题目）	备注
18	植物科学技术学院	秦伟英	植物保护	2016年7月7日~10日	河北省保定市	京津冀地区植保科技协同发展与创新	中国植物病理学会青年委员会主办	否	
19	植物科学技术学院	时洁	植物保护	2016年4月16日	北京农学院	2016年北京昆虫学会会员活动日暨"昆虫与健康生活"学术研讨会	北京昆虫学会	否	
20	植物科学技术学院	时洁	植物保护	2015年9月18~19日	北京市	2015年现场检测仪器前沿技术研讨会	中国仪器仪表学会、中国分析测试协会	否	
21	植物科学技术学院	李彦谕	植物保护	2015年8月8日	北京市农林科学院蔬菜中心	北京农产品质量安全学会第二届会员代表大会	北京市农林科学院	否	
22	植物科学技术学院	李彦谕	植物保护	2015年12月22日	北京农学院图书馆	京津冀一体化背景下的林果业与生态安全	林果业生态环境功能提升协同创新中心	否	
23	植物科学技术学院	李彦谕	植物保护	2016年4月16日	北京农学院	2016年北京昆虫学会会员活动日暨"昆虫与健康生活"学术研讨会	北京昆虫学会	否	

（续）

序号	学院	参加人	专业	起止时间	地点	会议主题	主办单位	是否大会报告（如是，请同时填写报告题目）	备注
24	植物科学技术学院	魏　然	植物保护	2016 年 7 月 7～10 日	河北省保定市	京津冀地区植保科技协同发展与创新	中国植物病理学会青年委员会主办	否	
25	植物科学技术学院	李　志	果树学	2016 年 9 月 29 日	北京市	数字 PCR 技术	伯乐公司	否	
26	植物科学技术学院	陈　莉	果树学	2016 年 7 月 5～9 日	北京大学	植物发育及分子生物学	北京大学	否	
27	植物科学技术学院	李元盛	果树学	2016 年 4 月 19 日	北京市	2016 年北京昆虫学会员活动日暨"昆虫学与健康生活"学术研讨会	北京农学院	否	
28	植物科学技术学院	秦改娟	蔬菜学	2016 年 1 月 22～27 日	四川省成都市	生物信息学最新技术——微生物专题培训	中国科学院计算技术研究所	否	
29	植物科学技术学院	秦改娟	蔬菜学	2016 年 5 月 21～25 日	上海市	全国双孢蘑菇工厂化生产技术研讨会	上海农业科学院食用菌研究所	否	
30	植物科学技术学院	王　帅	蔬菜学	2016 年 4 月 11～12 日	清华大学	细胞影像平台系列讲座	清华细胞影像平台	Imaris 生物显微图像分析软件高级培训	

（续）

序号	学院	参加人	专业	起止时间	地点	会议主题	主办单位	是否大会报告（如是，请同时填写报告题目）	备注
31	植物科学技术学院	李小曼	蔬菜学	2016 年 8 月 11～13 日	云南农业大学	针对线虫防控等热点问题，进行深入研讨，展示最新研究成果	中国植物病原线虫专业委员会	否	
32	植物科学技术学院	李小曼	蔬菜学	2016 年 4 月 14 日	北京农学院图书馆	根系微生物互作研究	北京农学院科学技术处	否	
33	植物科学技术学院	李小曼	蔬菜学	2016 年 4 月 20 日	北京农学院图书馆	植物表皮结构和功能的最近发现	北京农学院科学技术处	否	
34	植物科学技术学院	姚学辉	蔬菜学	2016 年 8 月 11～13 日	云南农业大学	线虫防治调控机理	中国植物病原线虫专业委员会	否	
35	植物科学技术学院	姚学辉	蔬菜学	2016 年 4 月 14 日	北京农学院图书馆	根系微生物互作研究进展	北京农学院科学技术处	否	
36	植物科学技术学院	姚学辉	蔬菜学	2016 年 4 月 20 日	北京农学院图书馆	植物表皮结构和功能的最新发现	北京农学院科学技术处	否	
37	动物科学技术学院	张彤	基础兽医学	2016 年 11 月 15～18 日	浙江省绍兴市	科技引领、创新发展	中国畜牧兽医学会	否	
38	动物科学技术学院	常肖肖	基础兽医学	2016 年 7 月 19～25 日	内蒙古自治区	首届高校牛精英挑战赛	内蒙古农业大学		

（续）

序号	学院	参加人	专业	起止时间	地点	会议主题	主办单位	是否大会报告（如是，请同时填写报告题目）	备注
39	动物科学技术学院	常青青	基础兽医学	2016年10月21~24日	湖北省武汉市	动物营养学研讨会	中国畜牧兽医学会动物营养学分会		
40	动物科学技术学院	卢文童	临床兽医学	2016年8月27日	北京市	猪疫病控制与健康养殖	北京畜牧兽医学会	否	
41	动物科学技术学院	丛心宇	临床兽医学	2015年9月	北京国际会议中心	第十一届北京宠物医师大会	小动物诊疗协会	否	
42	动物科学技术学院	丛心宇	临床兽医学	2016年8月	北京国际会议中心	第十二届北京宠物医学大会	小动物诊疗协会	否	
43	动物科学技术学院	丛心宇	临床兽医学	2016年8月	北京国际会议中心	第六届亚洲传统兽医学术研讨会		否	
44	动物科学技术学院	丛心宇	临床兽医学	2016年8月	北京国际会议中心	第十八届世界中兽医大会		否	
45	动物科学技术学院	丛心宇	临床兽医学	2016年8月	北京国际会议中心	第一届国际马兽医大会		否	
46	动物科学技术学院	丛心宇	临床兽医学	2017年8月	北京农学院	第六届中西兽医小动物临床病例研讨会	北京农学院动物科学技术学院	否	

（续）

序号	学院	参加人	专业	起止时间	地点	会议主题	主办单位	是否大会报告（如是，请同时填写报告题目）	备注
47	动物科学技术学院	孔学礼	临床兽医学	2016年8月	北京国际会议中心	第十二届北京宠物医师大会	小动物诊疗协会	否	
48	动物科学技术学院	孔学礼	临床兽医学	2016年8月	北京国际会议中心	第六届亚洲传统兽医学术研讨会		否	
49	动物科学技术学院	孔学礼	临床兽医学	2016年8月	北京国际会议中心	第十八届世界中兽医大会		否	
50	动物科学技术学院	孔学礼	临床兽医学	2016年8月	北京国际会议中心	第一届国际马兽医大会		否	
51	动物科学技术学院	孔学礼	临床兽医学	2017年8月	北京农学院	第六届中西医小动物临床病例研讨会	北京农学院动物科学技术学院	否	
52	动物科学技术学院	杨健	临床兽医学	2016年8月27日	北京市	猪疫病控制与健康养殖	北京畜牧兽医学会	否	
53	动物科学技术学院	杨健	临床兽医学	2016年6月1日	山东省青岛市	第七届奶业大会	中国奶业协会	否	
54	动物科学技术学院	朱雯宇	临床兽医学	2016年8月	北京国际会议中心	第六届亚洲传统兽医学术研讨会		否	
55	动物科学技术学院	朱雯宇	临床兽医学	2016年8月27日	北京市	猪疫病控制与健康养殖	北京畜牧兽医学会	否	

（续）

序号	学院	参加人	专业	起止时间	地点	会议主题	主办单位	是否大会报告（如是，请同时填写报告题目）	备注
56	动物科学技术学院	朱玉欣	临床兽医学	2016年8月27日	北京市	猪疫病控制与健康养殖	北京畜牧兽医学会	否	
57	动物科学技术学院	朱玉欣	临床兽医学	2016年8月	北京国际会议中心	第六届亚洲传统兽医学术研讨会		否	
58	动物科学技术学院	朱玉欣	临床兽医学	2016年8月20日	河南省郑州市	中国畜牧兽医组织与胚胎学术交流会	中国畜牧兽医学会组织与胚胎分会	否	
59	动物科学技术学院	朱雯宇	临床兽医学	2016年8月20日	河南省郑州市	中国畜牧兽医组织与胚胎学术交流会	中国畜牧兽医学会组织与胚胎分会	否	
60	动物科学技术学院	邱思奇	基础兽医学	2016年6月1日	北京市丰台区中牧总部	第十一届北京畜牧兽医青年科技工作者"新思想、新观点、新方法"论坛	中牧集团	地鳖多糖提取及其对免疫抑制小鼠免疫功能的影响	
61	动物科学技术学院	蒋裔晖	养殖	2016年7月19~25日	内蒙古自治区	首届高校牛精英挑战赛	内蒙古农业大学		
62	动物科学技术学院	蒋裔晖	养殖	2016年10月21~24日	湖北省武汉市	动物营养学术研讨会	中国畜牧兽医学会动物营养学分会		

（续）

序号	学院	参加人	专业	起止时间	地点	会议主题	主办单位	是否大会报告（如是，请同时填写报告题目）	备注
63	动物科学技术学院	陈晨	养殖	2015 年 8 月 28~30 日	北京市	北京畜牧兽医工程科技高峰论坛	北京畜牧兽医学会	否	
64	动物科学技术学院	陈晨	养殖	2016 年 6 月 2~4 日	山东省青岛市	第七届中国奶业大会	中国奶业协会	否	
65	动物科学技术学院	赵硕	养殖	2016 年 6 月 2~4 日	山东省青岛市	第七届中国奶业大会	中国奶业协会	否	
66	动物科学技术学院	武丽	养殖	2016 年 8 月 17~21 日	江苏省南京市	繁殖会议	中国畜牧兽医学会	小檗碱及 miRNA 对猪体外成熟的作用	会议摘要
67	动物科学技术学院	龙川 潘登科	养殖	2016 年 10 月 10~11 日	广西壮族自治区南宁市	第十二届中国实验动物科学年会	中国实验动物学会		优秀论文
68	经济管理学院	陈吉铭	农业经济管理	2016 年 5 月 28 日	北京市	中国城乡发展一体化论坛		否	
69	经济管理学院	何向肯	农业经济管理	2016 年 5 月 28 日	北京市	中国城乡发展一体化论坛		否	
70	经济管理学院	栗卫清	农业经济管理	2016 年 5 月 29 日	北京市	中国城乡发展一体化论坛		否	

（续）

序号	学院	参加人	专业	起止时间	地点	会议主题	主办单位	是否大会报告（如是，请同时填写报告题目）	备注
71	经济管理学院	汤莹	农业经济管理	2016年8月3~8日	重庆市	企业运筹学	中国企业运筹学会	否	
72	经济管理学院	郭燕婷	农村与区域发展	2016年7月22~24日	天津市	数字化时代的市场营销：变革与趋势	中国高校市场学研究学会	否	
73	经济管理学院	李佳林	农村与区域发展	2016年6月15~18日	江苏省扬州市	种养结合、高效循环、优质安全	国家牧草产业技术创新战略联盟	否	
74	经济管理学院	李佳林	农村与区域发展	2016年7月23~25日	山西省太原市	新常态下农村区域发展专业的综合改革与专业提升	全国高等院校农村区域发展专业教学协作委员会	否	
75	经济管理学院	刘晴	农村与区域发展	2016年5月	北京市	第十九届中国北京国际科技产业博览会	中国北京国际科技产业博览会	否	
76	经济管理学院	刘晴	农村与区域发展	2016年9月	北京市	2016北京市一村一品及示范镇培训	北京市农委北京农学院	否	
77	经济管理学院	刘晴	农村与区域发展	2016年9月	北京市	2016全国都市现代农业发展研讨会	中国农学会北京农学院	否	

（续）

序号	学院	参加人	专业	起止时间	地点	会议主题	主办单位	是否大会报告（如是，请同时填写报告题目）	备注
78	经济管理学院	鲁 雨	农村与区域发展	2016 年 6 月 15～18 日	江苏省扬州市	第一届"草畜一体化学术交流暨产业发展研讨会	国家牧草产业技术创新战略联盟；北京华夏草业产业技术创新战略联盟	否	
79	经济管理学院	鲁 雨	农村与区域发展	2016 年 6 月 24～25 日	北京联合大学应用文理学院	京津冀文脉传承与协同发展——第十八次北京学学术年会	北京学研究基地；首都博物馆	否	
80	经济管理学院	鲁 雨	农村与区域发展	2016 年 7 月 23～25 日	山西省太原市	新常态下农村区域发展专业的综合改革与专业提升	全国高等院校农村区域发展专业教学协作委员会	否	
81	经济管理学院	鲁 雨	农村与区域发展	2016 年 8 月 4～7 日	重庆市	中国企业运筹学第十一届学术交流大会	中国运筹学会企业运筹学分会	否	
82	经济管理学院	孙龙飞	农村与区域发展	2016 年 5 月 15～17 日	辽宁省沈阳	第五届中国白羽肉鸡产业发展大会	中国畜牧兽医协会	否	
83	经济管理学院	孙龙飞	农村与区域发展	2016 年 6 月 21 日	北京市	首届中国蛋品流通大会	北京市蛋品加工销售行业协会	否	
84	经济管理学院	孙龙飞	农村与区域发展	2016 年 7 月 19 日	北京市	2016 中国肉鸡产业经济分析研讨会	中国畜牧业协会禽业分会	否	

（续）

序号	学院	参加人	专业	起止时间	地点	会议主题	主办单位	是否大会报告（如是，请同时填写报告题目）	备注
85	经济管理学院	王自文	农村与区域发展	2016 年 9 月 20 日	北京市	2016 年都市现代农业发展研讨会	中国农学会	否	
86	经济管理学院	王自文	农村与区域发展	2016 年 5 月 20 日	北京市	2016 年第十一届中国循环经济发展论坛	科学技术部	否	
87	经济管理学院	许宇博	农村与区域发展	2016 年 5 月	北京市	循环经济论坛	中国北京国际科技产业博览会	否	
88	园林学院	林栋东	风景园林	2016 年 7 月 13～16 日	甘肃省天水市	中国林学会森林公园分会 2016 年年会暨森林公园主体功能与国家公园建设研讨会	中国林学会森林公园分会和甘肃省林业厅、天水市人民政府	国家公园建设对我国生态文明建设的影响以海南省建设为例	无
89	园林学院	林栋东	风景园林	2016 年	中国林学会森林公园分会	"中国林学会森林公园分会 2016 年年会暨森林公园主体功能与国家公园建设"研讨会	中国林学会森林公园分会	园林	
90	食品科学与工程学院	王根杰	农产品加工及贮藏	2016 年 4 月 8～9 日	北京市	第九届中国北京国际食品安全高峰论坛	北京食品学会、北京食品协会	否	
91	食品科学与工程学院	马涌航	农产品加工及贮藏	2016 年 4 月 8～9 日	北京市	第九届中国北京国际食品安全高峰论坛	北京食品学会、北京食品协会	否	

（续）

序号	学院	参加人	专业	起止时间	地点	会议主题	主办单位	是否大会报告（如是，请同时填写报告题目）	备注
92	食品科学与工程学院	张乙博	农产品加工及贮藏	2016年4月8~10日	北京市	第九届中国北京国际食品安全高峰论坛	北京食品学会、北京食品协会	否	
93	食品科学与工程学院	李小卫	农产品加工及贮藏	2016年4月8~11日	北京市	第九届中国北京国际食品安全高峰论坛	北京食品学会、北京食品协会	否	
94	食品科学与工程学院	郭晓蒙	农产品加工及贮藏	2016年4月8~12日	北京市	第九届中国北京国际食品安全高峰论坛	北京食品学会、北京食品协会	否	
95	食品科学与工程学院	寇莹莹	农产品加工及贮藏	2016年4月8~13日	北京市	第九届中国北京国际食品安全高峰论坛	北京食品学会、北京食品协会	否	
96	食品科学与工程学院	王国庆	农产品加工及贮藏	2016年4月8~14日	北京市	第九届中国北京国际食品安全高峰论坛	北京食品学会、北京食品协会	否	
97	食品科学与工程学院	刘晓雪	农产品加工及贮藏	2016年4月8~15日	北京市	第九届中国北京国际食品安全高峰论坛	北京食品学会、北京食品协会	否	
98	计算机与信息工程学院	孙若男	农业信息化	2016年4月16~17日	北京市	第三届计算机科学与信息化国际学术会议	美国ASSE协会	否	

附录 10　北京农学院 2016 年研究生参加学术科技竞赛的获奖情况

序号	项目名称	获奖名称和级别	授奖单位	获得荣誉年份	获奖人员	指导教师	研究生所学专业	所属学院
1	首届高校牛精英挑战赛	二等奖	内蒙古农业大学、中国农业大学	2016	常肖肖	方洛云 蒋林树	基础兽医	动物科学技术学院
2	首届高校牛精英挑战赛	二等奖	内蒙古农业大学、中国农业大学	2016	蒋琦晖	蒋林树 方洛云	养殖	动物科学技术学院
3	2016 年全国牛精英挑战赛	二等奖	中国奶业协会、中国畜牧兽医协会、牛精英联盟指导委员会	2016	赵士萍	蒋林树 方洛云	养殖	动物科学技术学院
4	2016 第十一届北京畜牧兽医青年科技工作者"新思想、新观点、新方法"论坛	二等奖	北京畜牧兽医协会	2016	赵士萍	蒋林树 方洛云	养殖	动物科学技术学院
5	"大北农杯"第一届全国农林院校研究生学术科技作品竞赛	一等奖	中国学位与研究生教育学会农林学科工作委员会	2016	康海琪	何忠伟		经济管理学院
6	2016"移动互联网下的京津冀农产品安全生产与流通"演讲比赛	三等奖	北京市农村专业技术协会	2016	孙龙飞	曹暕	农村与区域发展	经济管理学院

（续）

序号	项目名称	获奖名称和级别	授奖单位	获得荣誉年份	获奖人员	指导教师	研究生所学专业	所属学院
7	2016"创青春"首都大学生创业大赛	银奖	中国共产主义青年团、北京市教委、北京市科委、北京市科学技术协会、中关村科技园区管理委员会、北京市青年联合会、北京市学生联合会	2016	吴静 田振 张芝理 张启森 高彬斌	桂琳 骆金娜 赵金芳	农村与区域发展	经济管理学院
8	2016年北京农学院"农林杯"大学生创业大赛	一等奖	北京农学院	2016	吴静 田振 张芝理 张启森 高彬斌	桂琳 骆金娜 赵金芳	农村与区域发展	经济管理学院
9	2016麦田景观设计大赛	三等奖	北京农学院园林学院	2016	乔博		风景园林学	园林学院
10	2016北京农学院学士学位证书设计创意征集比赛	三等奖	北京农学院	2016	乔博		风景园林学	园林学院
11	2016"金月季杯"手捧花花艺设计大赛	优秀奖	北京农学院	2016	赵娟		林业	园林学院
12	北京市研究生英语演讲比赛	优秀奖	北京农学院北京市高等教育学会、研究生英语教学研究分会	2016	张荣		动物医学	动物科学技术学院

（续）

序号	项目名称	获奖名称和级别	授奖单位	获得荣誉年份	获奖人员	指导教师	研究生所学专业	所属学院
13	第一届"大北农杯"全国农林院校研究生学术科技作品竞赛	一等奖	中国学位与研究生教育学会农林学科工作委员会、全国农业专业学位研究生教育指导委员会	2016	康海琪	何忠伟	农业经济管理	经济管理学院
14	第一届"大北农杯"全国农林院校研究生学术科技作品竞赛	二等奖	中国学位与研究生教育学会农林学科工作委员会、全国农业专业学位研究生教育指导委员会	2016	李宇轩	邢宇	园艺	植物科学技术学院
15	第一届"大北农杯"全国农林院校研究生学术科技作品竞赛	三等奖	中国学位与研究生教育学会农林学科工作委员会、全国农业专业学位研究生教育指导委员会	2016	邢云峰	王绍辉	园艺	植物科学技术学院
16	第一届"大北农杯"全国农林院校研究生学术科技作品竞赛	三等奖	中国学位与研究生教育学会农林学科工作委员会、全国农业专业学位研究生教育指导委员会	2016	姚宇辉	姚允聪	园艺学	植物科学技术学院
17	第一届"大北农杯"全国农林院校研究生学术科技作品竞赛	三等奖	中国学位与研究生教育学会农林学科工作委员会、全国农业专业学位研究生教育指导委员会	2016	付静	付军	风景园林	园林学院

附录 11　北京农学院 2016 年研究生参加社会实践统计表

序号	学院	姓名	专业	实践名称	起止时间	地点	具体内容	备注
1	生物科学与工程学院	赵倩彦	生物工程	北京市主要农产品价格波动情况研究与探索	2016 年 4~12 月	北京市七大农产品批发市场	有关主要农产品价格数据的收集与处理及价格波动规律的探索	
2	生物科学与工程学院	钟 婳	生物工程	京郊农药使用情况调查分析及对策	2016 年 4~12 月	北京市延庆区唐家堡村设施葡萄园	葡萄园农药使用情况	
3	植物科学技术学院	高晓静	蔬菜学	密云太师庄种植专业合作社双孢蘑菇生产实践	2016 年 7~9 月	北京市密云区大师庄	生产进程管理与学习、毕设采样	
4	植物科学技术学院	李盼盼	蔬菜学	研究生暑期社会实践	2016 年 6~8 月	北京农学院	对 16 届优秀毕业生进行采访并撰写采访稿	
5	植物科学技术学院	李盼盼	蔬菜学	研究生改革与发展项目社会实践	2016 年 7~8 月	北京市各高校	新时期研究生会对研究生思政教育的效果研究	
6	植物科学技术学院	郝江伟	园艺	毕业设计	2016 年 2 月至 2017 年 5 月	北京市农林科学院	科研实践、论文写作	
7	植物科学技术学院	杨 刚	园艺	苹果栽培管理技术实践	2016 年 3 月 17 日	北京市顺义区	苹果树拉枝	

（续）

序号	学院	姓名	专业	实践名称	起止时间	地点	具体内容	备注
8	植物科学技术学院	杨 刚	园艺	苹果栽培管理技术实践	2016 年 4 月 16 日	北京市顺义区	苹果树刻芽	
9	植物科学技术学院	杨 刚	园艺	苹果栽培管理技术实践	2016 年 4 月 24 日	北京市顺义区	苹果树刻芽	
10	植物科学技术学院	姚城城	园艺	实验设计实践	2015 年 9 月至 2016 年 10 月	北京市昌平区流村镇王家园有机苹果观光园	实验设计及相关植物的种植管理	
11	植物科学技术学院	陈 祐	果树学	院研究生会就业部采访优秀校友	2016 年 7～8 月	校园	采访优秀应届研究生毕业生	
12	植物科学技术学院	陈 琦	果树学	世界田径挑战赛志愿者	2016 年 5 月 18 日	国家体育场	为运动员加油呐喊、维持秩序	
13	植物科学技术学院	施胜利	农业资源利用	项目实施	2016 年 6 月 30 日至 7 月 22 日	北京金六环、顺义区仓上	项目布置与实施	
14	植物科学技术学院	王 帅	蔬菜学	设施园艺技能实践	2014 年 9 月至 2017 年 7 月	亭自庄	育苗、移栽、田间管理、取样	
15	植物科学技术学院	隗 微	果树学	抗战胜利 70 周年	2016 年 10 月 9 日	军事博物馆	军事博物馆地道战参观	
16	植物科学技术学院	游子敬	果树学	抗战胜利 71 周年	2016 年 10 月 9 日	军事博物馆	军事博物馆地道战参观	
17	植物科学技术学院	张凯淅	作物遗传育种	亭子庄拔草	2016 年	亭子庄	葡萄地拔草	无

（续）

序号	学院	姓名	专业	实践名称	起止时间	地点	具体内容	备注
18	植物科学技术学院	祖祎祎	作物遗传育种	亭子庄拔草	2016年	亭子庄	葡萄地拔草	无
19	植物科学技术学院	李晓明	作物遗传育种	亭子庄拔草	2016年	亭子庄	葡萄地拔草	无
20	植物科学技术学院	纪艺红	作物遗传育种	亭子庄拔草	2016年	亭子庄	葡萄地拔草	无
21	动物科学技术学院	常肖肖	基础兽医学	饲养管理	2015年7月至2016年1月	北京诚远胜隆养殖有限责任公司	饲养管理	
22	动物科学技术学院	孔学礼	临床兽医学	暑期"三下乡"社会活动	2016年7~8月	北京市昌平区八口村		
23	动物科学技术学院	孔学礼	临床兽医学	宠福鑫动物医院学习	2015年至今	龙禧三街		
24	动物科学技术学院	丛心宇	临床兽医学	动物医院实习	2015年10月至2016年7月	宠福鑫动物医院		
25	动物科学技术学院	杨健	临床兽医学	北京顺阳光牧场实习	2015年9月至今	北京市平谷区	安格斯、西门塔尔牛饲养打针	
26	经济管理学院	李玉磊	农林经济管理	古北水镇美丽乡村发展模式研究	2016年7~9月	北京市密云区	调查古北水镇美丽乡村发展模式	
27	经济管理学院	潘晓佳	农林经济管理	古北水镇美丽乡村发展模式研究	2016年7~9月	北京市密云区	调查古北水镇美丽乡村发展模式	

（续）

序号	学院	姓名	专业	实践名称	起止时间	地点	具体内容	备注
28	经济管理学院	康海琪	农林经济管理	古北水镇美丽乡村发展模式研究	2016 年 7～9 月	北京市密云区	调查古北水镇美丽乡村发展模式	
29	经济管理学院	汤　澄	农林经济管理	古北水镇美丽乡村发展模式研究	2016 年 7～9 月	北京市密云区	调查古北水镇美丽乡村发展模式	
30	经济管理学院	张仲凯	农林经济管理	古北水镇美丽乡村发展模式研究	2016 年 7～9 月	北京市密云区	调查古北水镇美丽乡村发展模式	
31	经济管理学院	潘晓佳	农业经济管理	鲟鱼鲑鳟鱼调研	2014 年 9 月至今	全国各地	鲟鱼鲑鳟鱼产业链研究	
32	经济管理学院	汤　澄	农业经济管理	北京市西瓜流通调研	2016 年 7 月	北京市	调查北京市西瓜批发商、零售商的流通情况和消费情况	
33	经济管理学院	陈吉铭	农业经济管理	北京市古村落文化开发与保护	2016 年 7～8 月	北京市门头沟区	调查北京古村落保护现状及存在问题	
34	经济管理学院	郭世娟	农业经济管理	北京市古村落文化开发与保护	2016 年 7～8 月	北京市门头沟区	调查北京古村落保护现状及存在问题	
35	经济管理学院	何向育	农业经济管理	北京市古村落文化开发与保护	2016 年 7～8 月	北京市门头沟区	调查北京古村落保护现状及存在问题	
36	经济管理学院	栗卫清	农业经济管理	北京市古村落文化开发与保护	2016 年 7～8 月	北京市门头沟区	调查北京古村落保护现状及存在问题	
37	经济管理学院	高运安	农业经济管理	北京市古村落文化开发与保护	2016 年 7～8 月	北京市门头沟区	调查北京古村落保护现状及存在问题	

（续）

序号	学院	姓名	专业	实践名称	起止时间	地点	具体内容	备注
38	经济管理学院	罗玲	农业经济管理	2016 年北农"菜篮子"新型生产经营主体提升项目——北京市天安农业发展有限公司对接项目	2016 年 1 月	北京市昌平分水岭	调查北京市天安农业的经营发展现状及问题	
39	经济管理学院	夏岚	农业经济管理	2016 年北农"菜篮子"新型生产经营主体提升项目——北京市天安农业发展有限公司对接项目	2016 年 1 月	北京市昌平分水岭	调查昌平分水岭地区农产品发展现状及问题	
40	经济管理学院	夏岚	农业经济管理	小微企业信贷现状	2016 年 1 月	北京市海淀区	调查商业银行对小微企业信贷供给现状及信贷要求	
41	经济管理学院	王娜	农业经济管理	京津冀奶业冷链物流调研	2016 年 8～9 月	天津市、河北省	调查消费者以及乳品企业对冷链物流相关情况的认知	
42	经济管理学院	郭瑞珊	农业经济管理	北京市扶贫调研	2016 年 9 月 16 日	北京市密云区	调查北京密云区低收入村发展与贫困情况	
43	经济管理学院	郭瑞珊	农业经济管理	北京市西瓜流通	2016 年 7 月	北京市昌平区、通州区、朝阳区	北京市西瓜消费者、批发商、零售商	
44	经济管理学院	郭瑞珊	农业经济管理	北京市消费者猪肉消费行为调查	2016 年 1 月	全国农业展览馆	北京市消费者关于猪肉消费偏好、行为的调查	
45	经济管理学院	赵雪阳	农业经济管理	北京市西瓜流通	2016 年 7 月	北京市昌平区、通州区、朝阳区	北京市西瓜消费者、批发商、零售商	

（续）

序号	学院	姓名	专业	实践名称	起止时间	地点	具体内容	备注
46	经济管理学院	赵雪阳	农业经济管理	重庆第六届管理科学与工程高水平研究能力提升班	2016 年 8 月	重庆市	参与管理学方面知识的培训	
47	经济管理学院	杨培珍	农业经济管理	扶贫调研	2016 年 9～10 月	北京市密云区	调查密云区塔沟村贫困居民的主要收入来源以及生活状态	
48	经济管理学院	于　琦	农业经济管理	猪肉可追溯调研	2016 年 11 月 25～27 日	河北省秦皇岛市	调查秦皇岛猪肉质量可追溯的发展情况	
49	经济管理学院	张　龙	农业经济管理	京津冀乳制品消费调查	2016 年 7～9 月	北京市、天津市、河北省	研究京津冀地区居民乳制品消费情况	
50	经济管理学院	张　龙	农业经济管理	北京乡村旅游产业融合调查	2016 年 7～9 月	北京市昌平区、怀柔区、延庆区	研究北京市乡村旅游产业融合情况	
51	经济管理学院	张　龙	农业经济管理	北京市环境监测调查	2016 年 7～9 月	北京市昌平区、怀柔区、延庆区	研究北京市环境监测情况	
52	经济管理学院	孔阿飞	农村与区域发展	奶业冷链物流调研	2016 年 8 月	天津市、河北省石家庄市	奶业冷链物流调研	
53	经济管理学院	孔阿飞	农村与区域发展	奶业冷链物流调研	2016 年 11 月	北京市大兴区	奶业冷链物流调研	
54	经济管理学院	田　明	农村与区域发展	奶业冷链物流调研	2016 年 8 月	天津市、河北省石家庄市	奶业冷链物流调研	
55	经济管理学院	田　明	农村与区域发展	奶业冷链物流调研	2016 年 11 月	北京市大兴区	奶业冷链物流调研	

（续）

序号	学院	姓名	专业	实践名称	起止时间	地点	具体内容	备注
56	经济管理学院	王赢	农村与区域发展	北京都市型现代农业示范镇（特色产业村）培训	2016 年 9 月	北京市昌平区	组织会务	
57	经济管理学院	王赢	农村与区域发展	河南农业调研	2016 年 1 月	河南省	考察新蔡、新乡	
58	经济管理学院	王赢	农村与区域发展	示范镇评价	2016 年 12 月	北京市	参与示范镇评价会议	
59	经济管理学院	王赢	农村与区域发展	南阳都市农业（北京）培训	2016 年 12 月	北京市	组织会务	
60	经济管理学院	王赢	农村与区域发展	黎平农业调研	2017 年 1 月	贵州省	黎平农业发展现状考察	
61	经济管理学院	15 专硕 5 人	农村与区域发展	现代服务业综合实训	2016 年 9 月 5～14 日	北京农学院	现代服务业实训	
62	经济管理学院	15 学硕 32 人	农业经济管理	现代服务业综合实训	2016 年 9 月 5～14 日	北京农学院	现代服务业实训	
63	园林学院	高肇	风景园林学	北京国贸商圈公共空间规划设计的调查	2016 年 4 月至 2017 年 3 月			
64	园林学院	薛晓霞	园林植物与观赏园艺	北京市昌平区农业栽培设施使用情况调查	2016 年 4 月至 2017 年 3 月			
65	园林学院	周田田	森林培育	"铭记历史、缅怀先烈、珍爱和平"党员教育实践活动	2016 年 4 月至 2017 年 3 月			

（续）

序号	学院	姓名	专业	实践名称	起止时间	地点	具体内容	备注
66	食品科学与工程学院	研究生党支部		北农科技园义务劳动	2016 年 5 月 28 日	北农科技园	义务劳动（除草）	
67	食品科学与工程学院	研究生党支部		唱红歌，庆国庆	2016 年 9 月 23 日	风雅园社区（一区）	唱红歌	
68	食品科学与工程学院	研究生党支部		新食品安全法宣传	2016 年 9 月 24 日	风雅园社区（一区）	宣传新食品安全法、发放问卷	
69	计算机与信息工程学院	左　欢	农业信息化	Java 实训	2016 年 7 月	大连东软信息学院	Java WEB	
70	计算机与信息工程学院	许　静	农业信息化	暑期顶岗实习	2016 年 7~8 月	大连东软集团	云观信息技术有限公司数字产品制作	
71	计算机与信息工程学院	刘文钊	农业信息化	暑期顶岗实习	2016 年 7~8 月	大连东软集团	云观信息技术有限公司数字产品制作	
72	计算机与信息工程学院	靳鑫磊	农业信息化	PHP 实训	2016 年 7 月	大连东软信息学院	PHP 开发	
73	计算机与信息工程学院	李明寰	农业信息化	暑期顶岗实习	2016 年 7~8 月	大连东软集团	云观信息技术有限公司数字产品制作	
74	计算机与信息工程学院	王翠翠	农业信息化	北京市第四届农业嘉年华	2016 年 3~5 月	北京市昌平区	负责设备检查与维护以及负责解说各种设备的使用方法	
75	计算机与信息工程学院	孙若男	农业信息化	Java 实训	2016 年 7 月	大连东软信息学院	Java WEB	

（续）

序号	学院	姓名	专业	实践名称	起止时间	地点	具体内容	备注
76	文法学院	李新毅	农业科技组织与服务	小毛驴开锄节仪式活动	2016 年 4 月	小毛驴实践基地	参加小毛驴实践基地开锄节仪式	
77	文法学院	李新毅	农业科技组织与服务	农业嘉年华参观活动	2016 年 4 月	昌平区农业嘉年华	参观现代农业成果	
78	文法学院	李新毅	农业科技组织与服务	小毛驴农园农耕活动	2016 年 5 月	小毛驴实践基地	参加农园农耕活动	
79	文法学院	刘梦实	农业科技组织与服务	小毛驴开锄节仪式活动	2016 年 4 月	小毛驴实践基地	参加小毛驴实践基地开锄节仪式	
80	文法学院	刘梦实	农业科技组织与服务	农业嘉年华参观活动	2016 年 4 月	昌平区农业嘉年华	参观现代农业成果	
81	文法学院	刘梦实	农业科技组织与服务	小毛驴农园农耕活动	2016 年 5 月	小毛驴实践基地	参加农园农耕活动	
82	文法学院	刘梦实	农业科技组织与服务	莲语学堂义务助教	2016 年 7～9 月	莲语山房和昌平城区内部分学校		
83	文法学院	周 婷	农业科技组织与服务	小毛驴开锄节仪式活动	2016 年 4 月	小毛驴实践基地	参加小毛驴实践基地开锄节仪式	
84	文法学院	周 婷	农业科技组织与服务	农业嘉年华参观活动	2016 年 4 月	昌平区农业嘉年华	参观现代农业成果	
85	文法学院	周 婷	农业科技组织与服务	小毛驴农园农耕活动	2016 年 5 月	小毛驴实践基地	参加农园农耕活动	

（续）

序号	学院	姓名	专业	实践名称	起止时间	地点	具体内容	备注
86	文法学院	翟迪	农业科技组织与服务	小毛驴开锄节仪式活动	2016年4月	小毛驴实践基地	参加小毛驴实践基地开锄节仪式	
87	文法学院	翟迪	农业科技组织与服务	农业嘉年华参观活动	2016年4月	昌平区农业嘉年华	参观现代农业成果	
88	文法学院	翟迪	农业科技组织与服务	小毛驴农园农耕活动	2016年5月	小毛驴实践基地	参加农园农耕活动	
89	文法学院	马静	农业科技组织与服务	小毛驴开锄节仪式活动	2016年4月	小毛驴实践基地	参加小毛驴实践基地开锄节仪式	
90	文法学院	马静	农业科技组织与服务	农业嘉年华参观活动	2016年4月	昌平区农业嘉年华	参观现代农业成果	
91	文法学院	马静	农业科技组织与服务	小毛驴农园农耕活动	2016年5月	小毛驴实践基地	参加农园农耕活动	
92	文法学院	马静	农业科技组织与服务	首都大中专学生暑期社会实践	2016年7~8月	石家庄市、定州市	调研土地流转、农业发展情况	
93	文法学院	王立颖	农业科技组织与服务	小毛驴开锄节仪式活动	2016年4月	小毛驴实践基地	参加小毛驴实践基地开锄节仪式	
94	文法学院	王立颖	农业科技组织与服务	农业嘉年华参观活动	2016年4月	昌平区农业嘉年华	参观现代农业成果	
95	文法学院	王立颖	农业科技组织与服务	小毛驴农园农耕活动	2016年5月	小毛驴实践基地	参加农园农耕活动	
96	文法学院	周宏	农业科技组织与服务	小毛驴开锄节仪式活动	2016年4月	小毛驴实践基地	参加小毛驴实践基地开锄节仪式	

（续）

序号	学院	姓名	专业	实践名称	起止时间	地点	具体内容	备注
97	文法学院	周宏	农业科技组织与服务	农业嘉年华参观活动	2016 年 4 月	昌平区农业嘉年华	参观现代农业成果	
98	文法学院	周宏	农业科技组织与服务	小毛驴农园农耕活动	2016 年 5 月	小毛驴实践基地	参加农园农耕活动	
99	文法学院	储天熙	农业科技组织与服务	小毛驴开锄节仪式活动	2016 年 4 月	小毛驴实践基地	参加小毛驴实践基地开锄节仪式	
100	文法学院	储天熙	农业科技组织与服务	农业嘉年华参观活动	2016 年 4 月	昌平区农业嘉年华	参观现代农业成果	
101	文法学院	储天熙	农业科技组织与服务	小毛驴农园农耕活动	2016 年 5 月	小毛驴实践基地	参加农园农耕活动	
102	文法学院	姚璐	农业科技组织与服务	小毛驴开锄节仪式活动	2016 年 4 月	小毛驴实践基地	参加小毛驴实践基地开锄节仪式	
103	文法学院	姚璐	农业科技组织与服务	农业嘉年华参观活动	2016 年 4 月	昌平区农业嘉年华	参观现代农业成果	
104	文法学院	姚璐	农业科技组织与服务	小毛驴农园农耕活动	2016 年 5 月	小毛驴实践基地	参加农园农耕活动	
105	文法学院	王海樱	农业科技组织与服务	小毛驴开锄节仪式活动	2016 年 4 月	小毛驴实践基地	参加小毛驴实践基地开锄节仪式	
106	文法学院	王海樱	农业科技组织与服务	农业嘉年华参观活动	2016 年 4 月	昌平区农业嘉年华	参观现代农业成果	
107	文法学院	王海樱	农业科技组织与服务	小毛驴农园农耕活动	2016 年 5 月	小毛驴实践基地	参加农园农耕活动	

附录 12　经济管理学院 2016 年毕业研究生论文发表情况统计表

序号	研究生	导师	发表论文题目	期刊名称/会议	发表年份	已接收/已发表	是否国内一级学术期刊（是/否）
1	范宣丽	刘　芳	北京种子企业市场竞争力研究	《中国种业》	2015	已发表	是
2	范宣丽	刘　芳	国内外籽种产业发展比较研究	《世界农业》	2015	已发表	是
3	范宣丽	刘　芳	北京市籽种消费者满意度实证研究	《农业展望》	2015	已发表	是
4	范宣丽	刘　芳	乳制品进口激增背景下乳品企业时空变化的影响研究	《世界农业》	2015	已发表	是
5	罗　丽	何忠伟	畜禽养殖场疫病防控行为影响因素分析	《中国畜牧杂志》	2015	已发表	是
6	罗　丽	何忠伟	北京市昌平山区沟域经济发展路径研究	《科技和产业》	2015	已发表	是
7	罗　丽	何忠伟	重大动物疫情公共危机下养殖户的疫病防控行为研究——基于博弈论的分析	《世界农业》	2016	已发表	是
8	罗　丽	何忠伟	北京市畜禽养殖疫病防控的影响因素研究——基于最优尺度回归分析	《中国畜牧杂志》	2016	已发表	是
9	何　薇	郑文堂	北京昌平山区农民收入现状及增收对策研究	《科技和产业》	2016	已发表	是
10	庞　洁	胡宝贵	农业龙头企业技术协同创新的政策研究	《农业经济》	2015	已发表	是

（续）

序号	研究生	导师	发表论文题目	期刊名称/会议	发表年份	已接收/已发表	是否国内一级学术期刊（是/否）
11	孙自标	陈娆	农超对接供应链模式合作行为分析	农村经济发展问题研究（2014—2015）	2016	已发表	否
12	李占雪	李瑞芬	北京农村社区股份合作制改革问题研究	《北京农学院学报》	2015	已发表	是
13	张旭辉	华玉武	《马克思主义与社会科学方法论》教学实效性探索	《教育教学论坛》	2015	已发表	是
14	莫莹灵	刘瑞涵	北京市小麦籽种生产质量控制调研报告	《中国种业》	2016	已发表	是
15	胡雨苏	黄映晖	北京市居民蔬菜购买行为分析	《农业展望》	2015	已发表	是
16	罗小红	刘芳	中国奶业经济形势分析与展望	《农业展望》	2015	已发表	是
17	白雪	邓蓉	中国猪肉产品国际竞争力的研究	农村经济发展问题研究（2014—2015）	2016	已发表	否
18	张玥琦	隋文香	北京农产品地理标志认知的实证分析	《北京农学院学报》	2015	已发表	是
19	郭洁	胡宝贵	多元化农业技术推广体系研究进展	《中国农学通报》	2015	已发表	是
20	王泽	刘芳	北京奶业可持续发展研究	《中国食物与营养》	2016	已发表	是
21	王泽	刘芳	北京奶业可持续发展能力评价研究	《中国奶牛》	2016	已发表	是
22	王泽	刘芳	基于DEMATEL模型的北京奶业可持续发展影响因素分析	《中国畜牧杂志》	2016	已发表	是
23	王泽	刘芳	基于利益相关者理论的北京奶业可持续发展分析	中国农林牧渔产业学术年会（2015）	2016	已发表	否
24	王盼盼	赵连静	工商资本投资现代农业的模式分析	《经济师》	2016	已发表	否

（续）

序号	研究生	导师	发表论文题目	期刊名称/会议	发表年份	已接收/已发表	是否国内一级学术期刊（是/否）
25	张晓	胡向东	豆粕价格、玉米价格和活猪价格的短期动态关系与长期均衡	《江苏农业科学》	2016	已发表	否
26	张晓	胡向东	华东地区消费者对包装禽类产品购买意愿分析——基于上海和杭州的消费者	《中国畜牧杂志》	2016	已发表	是
27	韩梦杰	胡宝贵	农业龙头企业技术协同创新的政策研究	《农业经济》	2016	已发表	是
28	邱明明	徐广才	农耕文化及其产业化发展研究	《农学学报》	2016	已发表	否
29	邱明明	徐广才	京津冀协同发展背景下北京小城镇发展路径研究	《中国农学通报》	2016	已发表	是
30	于杰	邓蓉	北京地域特色农产品分析——以平谷佛见喜梨为例	农村经济发展问题研究（2014—2015）	2016	已发表	否
31	张旭峰	胡向东	H7N9禽流感的爆发对消费者消费意愿的影响	《黑龙江畜牧兽医杂志》	2016	已发表	否
32	张振	何忠伟	如何稳定我国奶业可持续发展——基于内蒙古自治区调研数据的实证分析	中国农林牧渔产业学术年会（2015）	2016	已发表	否

附录 13 经济管理学院 2016 年毕业研究生参加课题情况统计表

序号	研究生	导师	课题（项目）名称	主持人	来源单位	课题（项目）起止时间
1	范宣丽	刘 芳	乳制品进口对中国奶业影响机理：国际传导、产业链冲击及对策研究	刘 芳	国家自然科学基金委员会	2015—2018 年
2	范宣丽	刘 芳	昌平区经济发展及主要指标变化规律与"十三五"期间经济社会发展主要指标测算	刘 芳	北京市昌平区发改委	2014 年 10 月至 2015 年 4 月
3	范宣丽	刘 芳	北京籽种产业发展研究	刘 芳	北京市哲学社会科学规划办公室	2014—2016 年
4	罗 丽	何忠伟	中国奶牛产业安全预警体系研究	何忠伟	国家自然科学基金委员会	2013—2017 年
5	罗 丽	何忠伟	肉牛肉羊生产保障机制及扶持政策研究	何忠伟	农业部	2013 年 4～12 月
6	罗 丽	何忠伟	重大动物疫情公共危机演化规律及其政策研究——以北京为例	何忠伟	北京市自然科学基金委员会	2014 年 1 月至 2015 年 12 月
7	罗 丽	何忠伟	北京市沟域经济发展问题研究	何忠伟	北京市农委	2015 年 1～12 月
8	罗 丽	何忠伟	"十三五"期间昌平山区农民增收途径及对策研究	刘 芳	北京市昌平区发改委	2014—2015 年
9	庞 洁	胡宝贵	北京市社会科学基金项目	胡宝贵	北京农学院	
10	孙自标	陈 娆	北京市蔬菜流通体系研究	杨为民	北京市农委	2015 年 5 月至 2016 年 5 月
11	余 珊	李 华	北京市家禽创新团队	李 华		2013—2016 年

（续）

序号	研究生	导师	课题（项目）名称	主持人	来源单位	课题（项目）起止时间
12	刘蓬勃	史亚军	北京市鲟鱼、鲑鳟鱼创新团队	史亚军	北京市农业局	2012—2016 年
13	李玉磊	李　华	2015 年农业产业体系家禽创新团队	李　华	北京市农业局	2011—2015 年
14	李玉磊	李　华	农村一二三产业融合发展研究	肖红波	农业部农产品加工局	2015 年 4～12 月
15	康海琪	何忠伟	百善镇五年（2016—2020）发展行动计划	何忠伟	北京市昌平区百善镇	2015 年 4～12 月
16	高可心	陈　娆	基于博弈的京津冀节水型农业产业协同发展研究	陈　娆	北京市社会科学基金研究基地	2014 年 11 月至2015 年 12 月
17	李占雪	李瑞芬	北京新型农民合作社联合社运行机制研究	李瑞芬	北京市	2014 年
18	莫莹灵	刘瑞涵	2015 年北京农学院学位与研究生教育改革与发展项目	刘　芳	北京农学院	2015 年
19	张旭辉	华玉武	北京都市型现代农业文化创新发展比较研究	华玉武	北京哲学社会科学规划办公室	2013 年 5 月至2015 年 5 月
20	张旭辉	华玉武	北京市门头沟区休闲农业创新发展研究	华玉武	北京市门头沟区农委	2013 年 6 月至2015 年 6 月
21	张旭辉	华玉武	北京市门头沟区生态文化创新发展研究	华玉武	北京市门头沟区环保局	2015 年 9 月至2016 年 12 月
22	杨　培	赵海燕	北京市农业三率测算研究	何忠伟	北京市农委	2014 年 10 月至今
23	杨　培	赵海燕	北京市部分少数民族食用支出补贴研究	赵海燕	北京市民委	2015 年 3～9 月
24	杨　培	赵海燕	北京市新型农业经营主体研究	赵海燕	北京市教委	2014 年 10 月至今
25	胡雨苏	黄映晖	北京市蔬菜调控目录制度压就	黄映晖	北京市农委	2015 年 3～12 月

（续）

序号	研究生	导师	课题（项目）名称	主持人	来源单位	课题（项目）起止时间
26	罗小红	刘 芳	北京奶牛养殖业水资源利用绩效研究——以北京43个示范牛场为例	罗小红	北京农学院研究生处	2015年3月至2016年3月
27	罗小红	刘 芳	昌平区经济发展及主要指标变化规律与"十三五"期间经济社会发展主要指标测算	刘 芳	北京市昌平区发改委	2014年10月至2015年4月
28	吴 婵	唐 衡	全国都市农业发展报告（2014）	唐 衡	农业部	2013年12月至2014年12月
29	吴 婵	唐 衡	北京市市民农园游客满意度调查报告	唐 衡	北京市农业局	2013年10月至2014年12月
30	吴 婵	唐 衡	全国都市农业发展报告（2015）	唐 衡	农业部	2014年12月至2015年12月
31	吴 婵	唐 衡	北京市都市农业示范镇发展监测评价	唐 衡	北京市农业局	2015年9~12月
32	席雁潇	曹 均	产业融合典型沟域经济发展技术集成与示范	曹 均	北京市农林科学院	2013年1月1日至2015年12月31日
33	刘 淼	曹 暕	15市创新团队家禽团队岗位专家工作	李 华	北京市农业局	2015年1~12月
34	牛 悦	吕晓英	湖南省农业保险现行模式应对大灾风险的模拟研究	吕晓英	湖南省农业保险研究会	2015年
35	朱海楠	苟天来	京内远郊区留守儿童问题研究	苟天来	北京市哲学社会科学基金	2015—2017年
36	郭 洁	胡宝贵	现代农业产业技术体系北京市西甜瓜创新团队项目	胡宝贵	北京市农业局	2014年至今
37	杜 鲲	陈 娆	京津冀大中型水库移民后期扶持农业政策研究	王宏伟	中国社会科学院	2014—2015年
38	韩梦杰	胡宝贵	北京市社会科学基金项目	胡宝贵	北京农学院	
39	邱明明	徐广才	北京市重点小城镇发展梯次推进战略研究	徐广才	北京市教委	2014年1月至2015年12月

（续）

序号	研究生	导师	课题（项目）名称	主持人	来源单位	课题（项目）起止时间
40	王泽	刘芳	北京奶业可持续发展评价研究	王泽	国家自然科学基金委员会	2015—2018 年
41	于杰	邓蓉	朝阳区城乡结合部农村集体资产产权改革	何志立	北京市朝阳区农村集体经济办公室	2015 年 2~5 月
42	张晓	胡向东	生猪补贴政策效应研究	胡向东	国家自然科学基金青年项目	2013 年 1 月至2015 年 12 月
43	张旭峰	胡向东	生猪政策补贴效益研究	胡向东	国家自然科学基金青年项目	2013 年 1 月至2015 年 12 月
44	张振	何忠伟	"十三五"时期昌平山区农民增收途径与对策研究	何忠伟	北京市昌平区发改委	2014—2015 年
45	张振	何忠伟	北京市昌平区百善镇国民经济和社会发展行动计划（2016—2020）	何忠伟	北京市昌平区百善镇政府	2015—2016 年
46	张芝理	杨为民	北京市蔬菜流通体系研究	杨为民	北京市农委	2015 年 5 月至2016 年 5 月

附录14 计算机与信息工程学院2016年 研究生论文发表情况统计表

研究生	导师	发表论文题目	期刊名称/会议
左 欢	徐 践	The Study Research on Indoor Positioning Technique	Advances In Engineering Research
许 静、曹 伟、陕娟娟	张 娜	小麦不同生育期水肥管理与产量模型构建研究	《北京农学院学报》
刘文钊	张 娜	Suitable For The Construction Of Leek Growth Forecast And Early Warning System	2016 服务科学技术与工程国际会议
刘文钊	张 娜	基于物联网技术的设施蔬菜形态建成模型应用平台研究	《赤峰学院学报》
孙若男、靳鑫磊、陕娟娟	张 娜	Design and Implementation of Fresh Food Micro Marketing Model	Proceedings of the 2016 International Conference on Computer Science and Electronic Technology
靳鑫磊、孙若男	张 娜	Design And Implementation Of Agritourism System Based On . NET	2016 International Conference on Service Science，Technology and Engineering
李明環	姚 山	影响谷物测产系统因素研究	2016 服务科学技术与工程国际会议
王翠翠	郭新宇 王殿亮	增强现实技术在农业中的应用	科学与艺术研讨会（科学与艺术．绿色、创新与协调发展）
孙若男	徐 践	基于单片机的汽车灯光控制电路设计	《信息工程期刊》
孙若男、刘 妍	张 娜	Crop production management information system Design and Implementation	2016 International Conference on Artificial Intelligence：Techniques and Applications

附录 15　计算机与信息工程学院 2016 年研究生参加课题情况统计表

研究生姓名	导师姓名	课题（项目）名称	主持人
许　静、刘文钊、靳鑫磊、孙若男、左　欢、李明環	徐　践、张　娜等	14 创收（横）——国家科技计划课题研究任务"苹果结构模型构建与应用"	张　娜
孙若男、左　欢	徐　践、张　娜等	15 纵向——北京华耐农业发展有限公司对接项目	徐　践
许　静、刘文钊、靳鑫磊、孙若男、左　欢、李明環	徐　践、张　娜等	2016 年现代农业产业体系市创新团队建设经费——产业经济专家	徐　践
许　静、刘文钊、靳鑫磊、孙若男、左　欢、李明環	徐　践、张　娜等	15 其他项目——15 年市创新团队粮经作物团队岗位专家工作经费	徐　践
许　静、靳鑫磊、孙若男、左　欢、李明環	徐　践、张　娜等	16 创收——北京市农村残疾人（基地）科技服务网络平台服务	徐　践
许　静、靳鑫磊、孙若男	徐　践、张　娜等	16 创收——门头沟农业农村信息化现状调研及信息建设分层精准服务模式研究	张　娜
许　静、靳鑫磊、孙若男	徐　践、张　娜等	16 内涵发展定额项目（科技）—成果转化计划—智库建设—门头沟农业农村信息化现状调研及信息建设分层	张　娜
刘文钊、靳鑫磊、李明環	徐　践、张　娜等	2015 人才培养质量提高经费——北京市大学生科研训练计划深化项目	张　娜
靳鑫磊	徐　践、张　娜等	2016 人才培养质量提高经费——北京市大学生科研训练计划深化项目	张　娜

附录 16　计算机与信息工程学院 2016 年研究生参编专业著作统计表

序号	姓名	著作名称	出版年月	出版单位
1	许　静、刘文钊、靳鑫磊	《农业应用系统开发案例》	2016 年 3 月	中国林业出版社·教育出版分社

附录 17　计算机与信息工程学院 2016 年研究生参与软件著作权统计表

姓名	专利名称	专利号	类型（发明、实用新型、外观设计、软件著作权）
刘文钊	保护地韭菜环境适宜度预测与预警系统	2016SR187749	软件著作权
刘文钊	保护地韭菜环境适宜度预测与预警后台管理系统	2016SR1877507	软件著作权
靳鑫磊	人事工资管理系统	2016SR100039	软件著作权
靳鑫磊	个性化学习风格测试系统	2016SR187654	软件著作权
靳鑫磊	个性化网络学习系统	2016SR187604	软件著作权
靳鑫磊	个性化网络教师在线答疑系统	2016SR187601	软件著作权
靳鑫磊	蔬菜适宜度评价系统	2016SR187367	软件著作权
靳鑫磊	蔬菜适宜度评价系统后台管理系统 V1.0	2016SR187122	软件著作权
李明環	基于 Web 的师生交流平台	2016SR178453	软件著作权
李明環	基于 Web 的教学平台	2016SR178465	软件著作权
孙若男	个性化学习风格测试系统	1366721	软件著作权

图书在版编目（CIP）数据

都市型农林高校研究生培养模式改革与实践.2016/
姚允聪，何忠伟，姬谦龙主编.—北京：中国农业出版
社，2017.8
ISBN 978-7-109-22500-8

Ⅰ.①都⋯　Ⅱ.①姚⋯②何⋯③姬⋯　Ⅲ.①农业院
校－研究生教育－培养模式－教育改革－中国　Ⅳ.
①G643

中国版本图书馆 CIP 数据核字（2017）第 222601 号

中国农业出版社出版
（北京市朝阳区麦子店街 18 号楼）
（邮政编码 100125）
责任编辑　冀　刚

北京中兴印刷有限公司印刷　新华书店北京发行所发行
2017 年 8 月第 1 版　2017 年 8 月北京第 1 次印刷

开本：720mm×960mm 1/16　印张：27.25
字数：500 千字
定价：70.00 元
（凡本版图书出现印刷、装订错误，请向出版社发行部调换）